国家林业局普通高等教育"十三五"规划教材
普通高等教育"十一五"国家级规划教材
高等院校园林与风景园林专业规划教材

园林工程制图（第2版）

Landscape Engineering Cartography

张远群　穆亚平◎主编

中国林业出版社
China Forestry Publishing House

内容简介

本教材的编写密切结合园林与风景园林专业主干课程对制图课教学的基本要求,采用新修订的有关工程建设制图标准。全书共分12章,内容包括画法几何与阴影透视和园林工程制图两部分。详细论述了绘制园林工程图常用的4种投影法的作图原理和画法,较系统介绍了园林建筑、水景、园路、园桥、地形、园林绿化和计算机绘制园林图等专业制图内容。

本教材由教学经验丰富的园林制图课教师和专业课教师合作编写,结合园林与风景园林专业的特点,力求满足不同层次的教学、社会培训和自学的需要。本书可作为园林、风景园林、园艺、环境艺术设计、城乡规划、森林工程、林学等专业的教材,亦可用于相关专业岗位技术培训、自学或工程技术人员参考。与本书配套的《园林工程制图习题集》(第2版)由中国林业出版社同时出版,供选用。

图书在版编目(CIP)数据

园林工程制图/张远群,穆亚平主编. —2版. —北京:中国林业出版社,2016.7(2024.3重印)

国家林业局普通高等教育"十三五"规划教材. 普通高等教育"十一五"国家级规划教材. 高等院校园林与风景园林专业规划教材

ISBN 978-7-5038-8639-3

Ⅰ.①园… Ⅱ.①张… ②穆… Ⅲ.①园林设计-工程制图-高等学校-教材 Ⅳ.①TU986.2

中国版本图书馆 CIP 数据核字(2016)第169400号

国家林业局生态文明教材及林业高校教材建设项目

中国林业出版社·教育出版分社

策划、责任编辑:康红梅

电话:83143551　　　　　　　　传真:83143516

出版发行	中国林业出版社(100009　北京市西城区德内大街刘海胡同7号) E-mail:jiaocaipublic@163.com　电话:(010)83143550 http://www.forestry.gov.cn/lycb.html
经　销	新华书店
印　刷	中农印务有限公司
版　次	2009年4月第1版(共印3次) 2016年7月第2版
印　次	2024年3月第5次印刷
开　本	889mm×1194mm　1/16
印　张	19.25
字　数	531千字
定　价	58.00元

未经许可,不得以任何方式复制或抄袭本书之部分或全部内容。

版权所有　侵权必究

高等院校园林与风景园林专业规划教材
编写指导委员会

顾 问
孟兆祯

主 任
张启翔

副主任
王向荣　包满珠

委 员
（以姓氏笔画为序）

弓 弼	王 浩	王莲英	包志毅
成仿云	刘庆华	刘青林	刘 燕
朱建宁	李 雄	李树华	张文英
张彦广	张建林	杨秋生	芦建国
何松林	沈守云	卓丽环	高亦珂
高俊平	高 翅	唐学山	程金水
蔡 君	戴思兰		

《园林工程制图》(第2版)编写人员

主　　编　张远群　穆亚平
副 主 编　段大娟　张万荣
编写人员（以姓氏笔画为序）
　　　　　王　瑛（西北农林科技大学）
　　　　　尼姝丽（东北林业大学）
　　　　　刘志科（青岛农业大学）
　　　　　张万荣（浙江林学院）
　　　　　张远群（西北农林科技大学）
　　　　　段大娟（河北农业大学）
　　　　　蒲亚锋（西北农林科技大学）
　　　　　穆亚平（西北农林科技大学）

《园林工程制图》(第 1 版)编写人员

主　　编　穆亚平　张远群
副 主 编　段大娟　张万荣
编写人员(以姓氏笔画为序)
　　　　　王　瑛(西北农林科技大学)
　　　　　尼姝丽(东北林业大学)
　　　　　刘志科(青岛农业大学)
　　　　　张万荣(浙江林学院)
　　　　　张远群(西北农林科技大学)
　　　　　段大娟(河北农业大学)
　　　　　蒲亚锋(西北农林科技大学)
　　　　　穆亚平(西北农林科技大学)

第2版前言

工程图是工程界的技术语言,是表达设计思想的重要工具,园林工程图是园林工程建设的重要技术文件。为适应我国园林工程与景观设计的发展和新形势教学的需求,特修订本教材。在保留第1版教材主体内容的基础上,第2版主要依据最新的制图国家标准,修订了相关图例;采用 AutoCAD 2014 绘图软件重新编写了第12章计算机绘图;依据教学使用中发现的错误,对全书进行了检查和修改。

本次修订由张远群、穆亚平任主编,西北农林科技大学的王峥、蒲亚锋、王文宁参与了修订工作。

限于编者水平,书中缺点和错误在所难免,衷心期待使用本书的教师、学生和有关工程技术人员批评指正,以便再版时完善。

编 者
2016 年 5 月

第1版前言

在工程建设和科学研究过程中,对于设计和施工中的工程物体,如地面、园林建筑物、水景构筑物、园桥和园路等的形状、大小、位置和其他有关资料,很难用语言和文字表达清楚,需要用图形来表达。按照投影的方法和有关规定所绘制的图样称为工程图。园林工程图是园林工程建设的重要技术文件,园林工程技术人员必须能够绘制和阅读园林工程图。

当研究如何用图样表达工程物体时,由于空间物体的形状、大小和位置各不相同,不便以个别物体来逐一研究。本课程将采用几何学中的方法,把空间物体抽象概括为点、线、面、体等几何形体;先研究这些几何形体的图示方法,并研究在平面上如何运用几何作图的方法解决空间几何问题;然后把工程上的具体物体视为由几何形体所组成,研究它们的图形表达问题。这种研究在平面上表达空间形体的图示法和解答空间几何问题的图解法称为画法几何。画法几何为工程制图提供了基本原理和方法,也是学习其他许多课程和促进空间概念的发展所必需的。

园林工程与景观设计兼有科学性、技术性和艺术性,为了形象逼真地表达设计的对象,还需要画出它们的透视图。为表达工程竣工后的实际效果,要对其立面或立体透视进行渲染,渲染图样需要先绘制出建筑物在一定光线照射下的阴影。阴影和透视是图样渲染的基础。园林工程与景观设计要求掌握较为宽广的工程图学基本知识和技能。

工程图学这门学科是在生产实践的推动下发展起来的。在我国最早的一本工艺著作,春秋时代的《考工记》中已记述了使用规矩、绳墨等绘图工具;我国古代最完整的建筑技术规范书籍,北宋年间颁布的《营造法式》对房屋、园林建造已绘制有平面图、立体图、断面图和构件详图等图样。今天随着电子技术的飞速发展,计算机绘图(CG)和计算机辅助设计(CAD)已成为工程图学的新领域,园林设计绘图已普遍使用计算机。本课程将介绍计算机绘制园林图的基本知识。

工程图在工程技术中具有重要作用,它被人们誉为"工程技术的语言"。工程制图课是一门技术基础课程,学习本课程的目的主要是培养学生绘图和读图的技能,并获得空间想象和构思的能力。本课程的主要任务是:

1. 学习画法几何与阴影透视的基本原理和应用。
2. 培养绘制和阅读园林工程图样的能力。
3. 培养三维空间的逻辑思维和形象思维能力。
4. 培养计算机绘图的初步能力。
5. 贯彻国家有关工程建设制图标准,培养认真负责的工作态度和严谨细致的工作作风。

学习本课程要遵循"从空间形体到平面图形,再由平面图形想象空间形体"的学习方法,建立平面图形和空间形体间的对应关系。工程制图是一门实践性很强的课程,投影制图技能要通过系统的和一定分量的练习才能获得。为配合教材进行教学,另编《园林工程制图习题集》。做习题作业时,应在掌握基本概念的基础上按照正确的方法和步骤作图,养成正确使用绘图工具和仪器的习惯,循序渐进、不断努力。

本书的编写密切结合园林专业制图课教学大纲的要求,主要依据新修定的有关工程建设制图标准:《房屋建筑制图统一标准》GB/T 50001—2001、《总图制图标准》GB/T 50103—2001、《建筑制图标准》GB/T 50104—2001、《建筑结构制图标准》GB/T 50105—2001、《给水排水制图标准》GB/T 50106—2001、《风景园林图例图示标准》(CJJ 67—1995)等。在叙述上力求文字表述简练,图形清晰具有代表性,作图步骤的解析突出重点。教材根据"削枝强干、精讲多练、加强制图技能训练"的原则和多年的教学实践,对工程制图的教学内容和课程体系作了适当的调整,便于不同专业层次根据其培养要求精选教材内容组织教学。

本书共分12章,由园林制图课教师和园林专业课教师合作编写,图文密切联系园林专业实际,教材有明显的特色。参加编写的有西北农林科技大学张远群(第7~8章),河北农业大学段大娟(第4~5章),浙江林学院张万荣(第2,11章),东北林业大学尼姝丽(第6章),西北农林科技大学王瑛(第3章),西北农林科技大学蒲亚锋(第9~10章),青岛农业大学刘志科(第1,12章)。

由于编者水平有限,缺点和错误在所难免,衷心期待使用本书的教师、学生和有关工程技术人员批评指正。

编 者
2008 年 8 月

目 录

第 2 版前言
第 1 版前言

第1章 制图基本知识 ……………… (1)
  1.1 绘图工具及使用 ……………… (1)
    1.1.1 图板、丁字尺和三角板 … (1)
    1.1.2 比例尺 ……………………… (1)
    1.1.3 圆规和分规 ……………… (1)
    1.1.4 铅笔 ………………………… (3)
    1.1.5 曲线板 ……………………… (4)
  1.2 制图基本标准 ………………… (4)
    1.2.1 图纸幅面 …………………… (4)
    1.2.2 字体 ………………………… (6)
    1.2.3 图线 ………………………… (8)
    1.2.4 比例 ……………………… (11)
    1.2.5 尺寸标注 ………………… (11)
  1.3 几何作图 ……………………… (16)
    1.3.1 正多边形画法 …………… (16)
    1.3.2 椭圆画法 ………………… (18)
    1.3.3 圆弧连接 ………………… (18)
  1.4 平面图形的画法 ……………… (21)
    1.4.1 平面图形的尺寸分析 …… (21)
    1.4.2 平面图形的图线分析 …… (21)
    1.4.3 平面图形的画法举例 …… (23)
    1.4.4 平面图形的尺寸标注 …… (23)
  1.5 制图步骤 ……………………… (24)
    1.5.1 绘图前的准备工作 ……… (24)
    1.5.2 画底稿的方法和步骤 …… (24)
    1.5.3 用铅笔加深 ……………… (24)
    1.5.4 上墨线 …………………… (24)

第2章 投影基础 ………………… (26)
  2.1 正投影的基本知识 …………… (26)
    2.1.1 投影法概述 ……………… (26)
    2.1.2 正投影的基本特性 ……… (27)
    2.1.3 物体的三面正投影 ……… (27)
  2.2 点 ……………………………… (29)
    2.2.1 点的投影规律 …………… (29)
    2.2.2 两点的相对位置 ………… (30)
    2.2.3 重影点 …………………… (31)
    2.2.4 特殊位置点的投影 ……… (32)
  2.3 直 线 ………………………… (32)
    2.3.1 直线对投影面的相对位置 ……………………………… (32)
    2.3.2 一般位置直线的实长及对投影面的倾角 ……………… (34)
    2.3.3 直线上的点 ……………… (35)
    2.3.4 两直线的相对位置 ……… (37)
    2.3.5 直角的投影 ……………… (38)

2.4 平面 (39)
2.4.1 平面对投影面的相对位置 (39)
2.4.2 平面上的点和直线 (41)
2.4.3 平面上的圆 (44)
2.5 曲线和曲面 (44)
2.5.1 回转曲面 (46)
2.5.2 几种常用的非回转曲面 (49)
2.6 圆柱螺旋线和螺旋面 (52)
2.6.1 圆柱螺旋线 (52)
2.6.2 圆柱螺旋面 (53)
2.6.3 螺旋楼梯的画法 (53)

第3章 图解方法 (56)
3.1 几何元素的辅助投影 (56)
3.1.1 概述 (56)
3.1.2 点的辅助投影 (57)
3.1.3 直线的辅助投影 (58)
3.1.4 平面的辅助投影 (60)
3.2 几何元素的旋转 (62)
3.2.1 点的旋转 (62)
3.2.2 直线的旋转 (63)
3.2.3 平面的旋转 (64)
3.3 相交问题 (65)
3.3.1 直接作图法 (65)
3.3.2 辅助线法 (67)
3.3.3 辅助投影法 (67)
3.3.4 辅助平面法 (68)
3.4 平行问题 (70)
3.4.1 直线与平面平行 (70)
3.4.2 平面与平面平行 (71)
3.5 垂直问题 (72)
3.5.1 直线与平面垂直 (72)
3.5.2 平面与平面垂直 (74)
3.6 距离和夹角问题 (75)
3.6.1 距离问题 (75)
3.6.2 夹角问题 (75)

第4章 基本立体及表面交线 (79)
4.1 基本立体的投影 (79)
4.1.1 平面立体 (79)
4.1.2 曲面立体 (80)
4.2 平面与立体相交 (81)
4.2.1 平面与平面立体相交 (81)
4.2.2 平面与曲面立体相交 (82)
4.3 立体与立体相交 (88)
4.3.1 平面立体与平面立体相交 (89)
4.3.2 平面立体与曲面立体相交 (90)
4.3.3 曲面立体与曲面立体相交 (91)

第5章 投影制图 (98)
5.1 组合体的三视图 (98)
5.1.1 组合体的形体分析 (98)
5.1.2 组合体视图的画法 (100)
5.1.3 组合体视图的读法 (101)
5.1.4 由两视图补画第三视图 (104)
5.2 组合体的尺寸标注 (107)
5.2.1 基本形体的尺寸标注 (107)
5.2.2 组合体的尺寸标注 (107)
5.2.3 尺寸的配置 (107)
5.3 视图 (109)
5.3.1 六面基本视图 (109)
5.3.2 辅助视图 (111)
5.4 剖面图 (112)
5.4.1 剖面图的基本概念和画法 (112)
5.4.2 常用剖面图 (114)
5.5 断面图 (117)
5.5.1 断面图的基本概念 (117)
5.5.2 常用断面图 (117)
5.5.3 断面图与剖面图的区别 (118)
5.6 简化画法 (120)

5.6.1 较长图形的简化画法 …… (120)
5.6.2 相同构造要素的简化画法
　　　 …… (120)
5.6.3 对称图形的简化画法 …… (120)
5.6.4 斜度不大的倾斜面简化
　　　 画法 …… (120)

第6章　轴测投影 …… (122)
6.1 轴测图的基本知识 …… (122)
　　6.1.1 轴测投影的形成 …… (122)
　　6.1.2 轴测投影的特性 …… (123)
　　6.1.3 轴测投影的分类 …… (123)
6.2 正轴测投影图 …… (123)
　　6.2.1 正轴测投影图的轴间角和
　　　　　 轴向变化率 …… (123)
　　6.2.2 基本画法 …… (124)
　　6.2.3 圆的轴测投影 …… (125)
　　6.2.4 回转体的正轴测图 …… (127)
6.3 斜轴测投影图 …… (128)
　　6.3.1 正面斜轴测图 …… (128)
　　6.3.2 水平面斜轴测图 …… (129)
6.4 轴测图的剖切 …… (130)
　　6.4.1 画剖切轴测图的规定 …… (130)
　　6.4.2 剖切轴测图的画法 …… (131)
6.5 轴测图的选择 …… (132)
　　6.5.1 轴测类型的选择 …… (132)
　　6.5.2 投射方向的选择 …… (132)

第7章　标高投影 …… (135)
7.1 点和直线的标高投影 …… (135)
　　7.1.1 点的标高投影 …… (135)
　　7.1.2 直线的标高投影 …… (135)
7.2 平面的标高投影 …… (137)
　　7.2.1 平面的等高线和坡度 …… (137)
　　7.2.2 平面的常用表示法 …… (138)
　　7.2.3 两平面的交线 …… (140)
7.3 曲面的标高投影 …… (140)
　　7.3.1 正圆锥面 …… (140)
　　7.3.2 同坡曲面 …… (141)
　　7.3.3 地形面 …… (142)
7.4 建筑物与地面的交线 …… (144)
　　7.4.1 建筑物与水平地面的交线
　　　　　 …… (144)
　　7.4.2 建筑物与地形面的交线
　　　　　 …… (147)

第8章　透视投影 …… (150)
8.1 透视的基本知识 …… (150)
　　8.1.1 透视图的形成和特点 …… (150)
　　8.1.2 基本术语和符号 …… (150)
　　8.1.3 点的透视 …… (151)
8.2 直线的透视 …… (152)
　　8.2.1 直线透视的特性 …… (152)
　　8.2.2 基面上直线的透视 …… (154)
　　8.2.3 透视高度的量取 …… (157)
　　8.2.4 几种常见空间直线的透视
　　　　　 …… (158)
8.3 平面立体的透视 …… (160)
　　8.3.1 平面的透视 …… (160)
　　8.3.2 平面立体的透视 …… (162)
8.4 曲面立体的透视 …… (164)
　　8.4.1 平面曲线的透视 …… (164)
　　8.4.2 圆的透视 …… (164)
　　8.4.3 回转体的透视 …… (166)
8.5 视点和画面位置选择 …… (169)
　　8.5.1 视点选择 …… (169)
　　8.5.2 画面位置选择 …… (172)
　　8.5.3 在平面图上确定视点和画面
　　　　　 的步骤 …… (173)
8.6 建筑透视 …… (174)
　　8.6.1 透视图的分类 …… (174)
　　8.6.2 基本作图法 …… (176)
　　8.6.3 辅助作图法 …… (179)
8.7 鸟瞰图 …… (182)
　　8.7.1 一点透视鸟瞰图 …… (183)
　　8.7.2 两点透视鸟瞰图 …… (183)

第9章　投影图中阴影 …… (189)

9.1 阴影的基本知识 …………… (189)
　9.1.1 阴和影的形成 ………… (189)
　9.1.2 阴影的作用 …………… (189)
　9.1.3 点和直线的落影规律 …… (190)
9.2 正投影图中的阴影 ………… (192)
　9.2.1 常用光线 ……………… (192)
　9.2.2 落影的基本画法 ……… (193)
　9.2.3 直线的落影 …………… (194)
　9.2.4 平面图形的落影 ……… (194)
　9.2.5 立体的阴影 …………… (196)
　9.2.6 建筑细部的阴影 ……… (198)
9.3 透视图中的阴影 …………… (199)
　9.3.1 画面平行光线下的阴影
　　　　　　　　　　　　…… (199)
　9.3.2 画面相交光线下的阴影
　　　　　　　　　　　　…… (201)
9.4 透视图中的倒影 …………… (203)
　9.4.1 倒影的形成和规律 …… (203)
　9.4.2 建筑形体在水中的倒影
　　　　　　　　　　　　…… (203)

第 10 章　园林建筑图 …………… (205)
10.1 概　述 …………………… (205)
　10.1.1 房屋的组成和作用 …… (205)
　10.1.2 建筑施工图的有关规定
　　　　　　　　　　　　…… (206)
10.2 建筑施工图 ……………… (209)
　10.2.1 建筑总平面图 ……… (209)
　10.2.2 建筑平面图 ………… (212)
　10.2.3 建筑立面图 ………… (216)
　10.2.4 建筑剖面图 ………… (219)
　10.2.5 建筑详图 …………… (221)
10.3 结构施工图 ……………… (223)
　10.3.1 钢筋混凝土结构的基本
　　　　　知识 ……………… (223)
　10.3.2 钢筋混凝土结构详图
　　　　　　　　　　　　…… (225)
　10.3.3 结构平面图 ………… (228)
　10.3.4 基础图 ……………… (230)

10.4 园林建筑图的绘制 ……… (233)
　10.4.1 建筑图的产生 ……… (233)
　10.4.2 初步设计图的绘制 … (233)
　10.4.3 施工图的绘制 ……… (233)

第 11 章　园林工程图 …………… (236)
11.1 园林工程图的基本知识 …… (236)
　11.1.1 园林工程图及其作用
　　　　　　　　　　　　…… (236)
　11.1.2 园林工程图的内容 …… (236)
11.2 园林构景要素的画法 …… (237)
　11.2.1 水　体 ……………… (237)
　11.2.2 植　物 ……………… (237)
　11.2.3 其他配景 …………… (241)
11.3 水景工程图 ……………… (242)
　11.3.1 水景工程图的表达方法
　　　　　　　　　　　　…… (242)
　11.3.2 水景工程图的尺寸标注
　　　　　法 ………………… (245)
　11.3.3 水景工程图的内容 …… (245)
　11.3.4 喷水池工程图 ……… (247)
11.4 园路工程图 ……………… (254)
　11.4.1 路线平面图 ………… (254)
　11.4.2 路线纵断面图 ……… (255)
　11.4.3 路基横断面图 ……… (257)
　11.4.4 铺装详图 …………… (257)
　11.4.5 园路布局设计实例 …… (257)
11.5 园桥工程图 ……………… (260)
　11.5.1 石拱桥的一般构造 …… (260)
　11.5.2 拱桥工程图的表示方法
　　　　　　　　　　　　…… (261)
11.6 园林工程图的绘制 ……… (263)
　11.6.1 绘图前的准备工作 …… (263)
　11.6.2 总平面图绘制 ……… (263)
　11.6.3 竖向设计图的绘制 …… (264)
　11.6.4 种植设计图的绘制 …… (265)
　11.6.5 园林建筑物和构筑物
　　　　　工程图 …………… (266)

第12章 计算机绘图 (267)

12.1 AutoCAD 操作环境 (267)
12.1.1 软件界面介绍 (267)
12.1.2 基本操作方法 (268)

12.2 基本图形绘制与编辑 (269)
12.2.1 绘制基本图形 (269)
12.2.2 图形编辑 (271)
12.2.3 块和图案填充 (273)
12.2.4 文字注写 (273)

12.3 标注尺寸与图形输出 (274)
12.3.1 尺寸的标注方法 (274)
12.3.2 图形的输出 (276)

12.4 绘图实例讲解 (276)
12.4.1 设置绘图环境 (276)
12.4.2 绘制图形 (277)

附录一 (283)

附录二 (291)

参考文献 (294)

第1章 制图基本知识

[**本章提要**] 工程图是工程建设的重要技术资料，是设计、施工的依据。为了使工程制图基本统一，中华人民共和国建设部颁布了重新修订的国家标准《房屋建筑制图统一标准》GB/T 50001—2010。绘制园林工程图必须遵守制图标准的规定并遵循正确的绘图程序，为了提高绘图质量应正确地使用绘图工具并掌握平面图形的画法。

1.1 绘图工具及使用

"工欲善其事，必先利其器。"园林工程制图应当置备必需的绘图工具，如图板、丁字尺、三角板、比例尺、圆规、分规、铅笔、曲线板等。正确、熟练地使用绘图工具会大大加快制图速度，提升图纸质量。

1.1.1 图板、丁字尺和三角板

(1)图板

图板是铺放和固定图纸的垫板，常用的图板有0号、1号、2号3种规格，见表1-1。为保证作图的准确，图板要求平滑，工作边平整、垂直。固定图纸用透明胶纸，不宜用图钉，图纸下方应留有一个丁字尺宽度的空间。

表1-1 图板的规格　　　　　mm

图板尺寸规格代号	A0	A1	A2
图板尺寸(宽×长)	900×1200	600×900	450×600

(2)丁字尺

丁字尺主要用于画水平线或配合三角板作图。使用时，丁字尺的尺头紧靠图板左边的工作边上下移动，自左向右画水平线，如图1-1所示。

(3)三角板

三角板与丁字尺配合使用可以画垂直线及与水平线成15°、30°、45°、60°、75°等的斜线，如图1-2所示。两块三角板配合使用可以画已知直线的平行线和垂直线，如图1-3所示。

1.1.2 比例尺

比例尺是刻有不同比例的直尺，绘图时用它直接量取物体的实际长度。常用的三棱比例尺，其3个棱面上刻有6种常用比例：1:100、1:200、1:250、1:300、1:400、1:500，尺上刻度所注数字的单位是米(m)，如图1-4所示。

绘图时要先选定采用什么比例。例如，度量尺寸3300mm，采用1:100的比例来画图，可以用比例尺1:100一面的刻度直接量得3.30m。若采用1:50的比例来画图，可以用比例尺1:500的刻度。由于1:50比1:500放大10倍，则应将1:500尺上的刻度10m缩小10倍(为1m)量的3.30m。

比例尺只能用来量尺寸，不能作直尺用，以免损坏刻度。

1.1.3 圆规和分规

(1)圆规

圆规是用以画圆和圆弧的工具，有两个规脚，

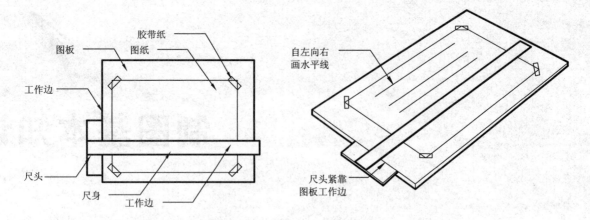

图1-1 图板和丁字尺的用法

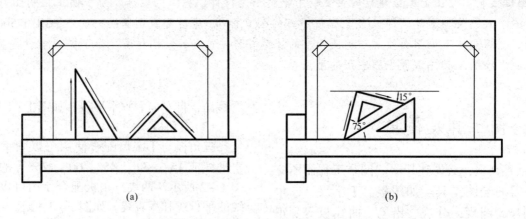

图1-2 丁字尺和三角板配合画线
(a)垂直线,30°,45°,60°的斜线画法 (b)15°,75°的斜线画法

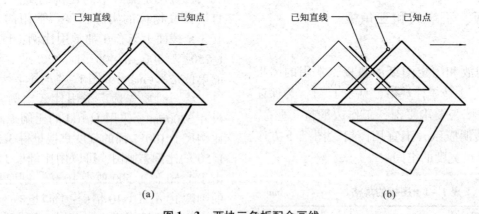

图1-3 两块三角板配合画线
(a)画已知线的平行线 (b)画已知线的垂直线

一个装有钢针,另一个装铅芯。使用前先调整针脚,使针尖略长于铅芯。

画圆或圆弧时,规身应稍向前倾斜,按顺时针方向转动圆规一次画完,如图1-5(a)所示。当圆或圆弧的半径过大时,应连接套杆,针尖与铅笔尖要垂直于纸面,如图1-5(b)所示。铅芯硬度

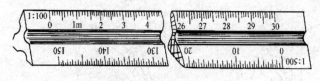

图 1-4 三棱比例尺

比画同种直线的铅笔软一号,以保证图线深浅一致。铅芯用细砂纸磨成单斜面状,斜面向外。

(2) 分规

分规是用以量取长度和等分线段的工具,分规的两个规脚均为针脚,并拢后应对齐,如图 1-6(a) 所示。用分规量取长度和等分线段的使用方法,如图 1-6(b)(c) 所示。

1.1.4 铅笔

绘图铅笔按硬度划分成不同的等级,"H"表示硬质,"B"表示软质,"HB"表示软硬适中,制图使用的铅笔一般在 2B~2H 之间。

绘图前铅笔通常削成楔形或圆锥状,如图 1-7(a) 所示。绘制线条时,为保证所绘线条的质量,应将铅笔紧贴尺缘且向运笔方向稍倾,在运笔过程中稍微转动铅笔,如图 1-7(b) 所示。

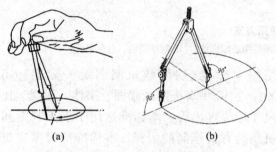

图 1-5 圆规的使用方法
(a) 小圆画法 (b) 大圆画法

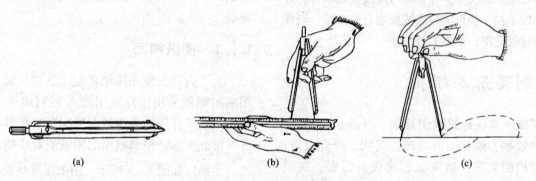

图 1-6 分规及其使用方法
(a) 分规 (b) 量取长度 (c) 等分线段

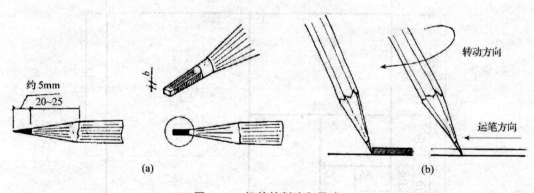

图 1-7 铅笔的削法和用法
(a) 铅笔的削法 (b) 铅笔的用法

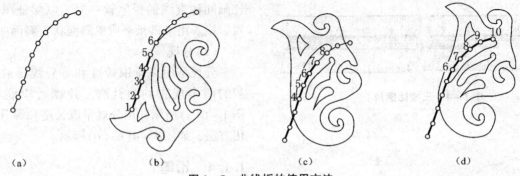

图 1-8 曲线板的使用方法
(a)徒手连曲线 (b)从一端开始,描绘第一段曲线 (c)描绘第二段曲线 (d)继续描绘,直至完成

1.1.5 曲线板

曲线板是用来画非圆曲线的工具。作图时,先在曲线上绘出一定数量的控制点,用铅笔徒手轻轻地将各点光滑连接起来。然后选择曲线板上曲率相同的部分,分段描绘。每次至少有3点与曲线板相吻合,并留下一小段不描,待再次与曲线板吻合后描绘,以保证各段衔接处光滑,如图1-8所示。

1.2 制图基本标准

为了统一房屋建筑制图规则,保证制图质量,提高制图效率,做到图面清晰、简明,符合设计、施工、存档的要求,适应工程建设的需要,我国先后制定颁布了一系列制图国家标准。本节主要介绍国家标准《房屋建筑制图统一标准》GB/T 50001—2010中有关图纸幅面、字体、图线、比例和尺寸标注等内容。本标准适用于手工制图和计算机制图方式绘制的图样。本标准是房屋建筑制图的基本规定,适用于总图、建筑、结构等各专业制图,园林工程制图必须严格遵守制图标准的规定。

1.2.1 图纸幅面

为了合理地使用图纸和便于管理、装订,工程图纸的幅面采用国际通用的A系列规格,A0、A1幅面的图纸分别称为零号图纸(0#)、壹号图纸(1#)等,以此类推。相邻幅面的图纸的对应边之比符合$\sqrt{2}$的关系,如图1-9所示。图纸还需要根据图幅大小确定图框,图纸幅面和图框尺寸详见表1-2。

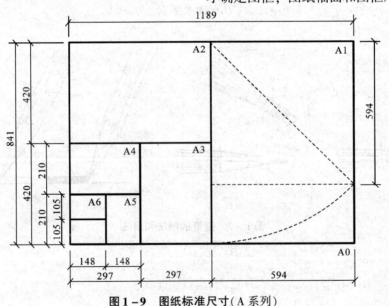

图 1-9 图纸标准尺寸(A系列)

表1-2 幅面及图框尺寸   mm

尺寸代号＼幅面代号	A0	A1	A2	A3	A4
$b \times l$	841×1189	594×841	420×594	297×420	210×297
c	10			5	
a	25				

注：b 为图纸宽度，l 为图纸长度，c 为非装订边各边缘到相应图框线的距离，a 为装订边宽度。

表1-3 图纸长边加长后的尺寸   mm

幅面代号	长边尺寸	长边加长后尺寸						
A0	1189	1486	1635	1783	1932	2080	2230	2378
A1	841	1051	1261	1471	1682	1892	2102	
A2	594	743	891	1041	1189	1338	1486	1635
A2	594	1783	1932	2080				
A3	420	630	841	1051	1261	1471	1682	1892

注：有特殊需要的图纸，可采用 $b \times l$ 为 841×891 与 1189×1261 的幅面。

必要时幅面长边可以加长，图纸长边加长后的尺寸见表1-3。

图框的形式有两种，如图1-10所示。图纸以短边作为垂直边称为横式，以短边作为水平边称为立式。一般 A0~A3 图纸宜横式使用，必要时也可立式使用。A4 图幅通常采用立式，如图1-10所示。

需要微缩复制的图纸，其一个边上应附有一段准确米制尺度，4个边上均附有对中标志。米制尺度的总长应为100mm，分格应为10mm。对中标志应画在图纸各边长的中点处，线宽应为0.35mm，伸入框内应为5mm。

为使绘制的图样便于管理及查阅，每幅图都必须有标题栏，用来简要说明图纸的内容。标题栏除立式 A4 图幅位于图的下方外，其余均位于图的右下角，如图1-10所示。可根据工程需要确定

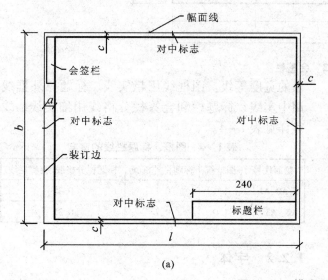
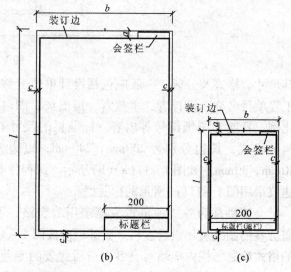

图1-10 横式和立式图纸布局

(a) A0~A3 横式幅面　(b) A0~A3 立式幅面　(c) A4 立式幅面

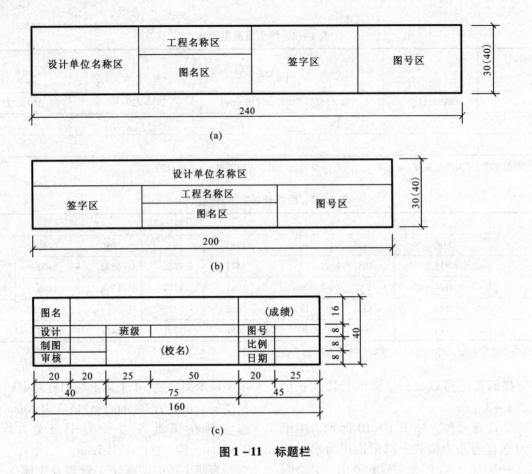

图1-11 标题栏

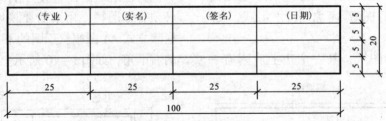

图1-12 会签栏

其尺寸、格式及分区。一般应包括设计单位名称、工程项目名称、设计者、审核者、描图员、图名、比例、日期和图纸编号等内容。标题栏的尺寸有两种格式，长边分别为200mm、240mm，短边为40mm、30mm，如图1-11(a)(b)所示。课程作业建议采用图1-11(c)所示的标题栏。

会签栏是为各工种负责人签字用的表格，不需会签的图纸可不设会签栏。会签栏应按图1-12的格式绘制，栏内应填写会签人员所代表的专业、姓名、日期(年、月、日)。

在绘制图框、标题栏和会签栏时还应考虑线条的宽度等级。图框线用粗实线、标题栏外框线用中实线、标题栏和会签栏分格线用细实线，线宽详见表1-4。

表1-4 图框、标题栏线的宽度   mm

幅面代号	图框线	标题栏外框线	标题栏分格线、会签栏线
A0、A1	1.4	0.7	0.35
A2、A3、A3	1.0	0.7	0.35

1.2.2 字体

园林工程图中常用的文字有汉字、阿拉伯数字、拉丁字母，有时也用罗马数字、希腊字母等。

图纸上所需书写的文字、数字或符号等，均应笔画清晰、字体端正、排列整齐，标点符号应清楚正确。

1.2.2.1 汉字

字体高度（用 h 表示），应从如下系列中选用：3.5、5、7、10、14、20mm，字体的号数就是字体的高度。如需书写更大的字，其高度应按 $\sqrt{2}$ 的比值递增，并取毫米的整数。

图样及说明中的汉字，宜采用长仿宋体，宽度与高度的关系应符合表 1-5 所示的规定。汉字高度不应小于 3.5mm，其字宽一般为 $h/\sqrt{2}$。

表 1-5　长仿宋体字高宽关系　　　　　　mm

字高	20	14	10	7	5	3.5
字宽	14	10	7	5	3.5	2.5

注：大标题、图册封面、地形图等的汉字，也可书写成其他字体，但应易于辨认。

长仿宋字的基本笔画有 8 种：点、横、竖、撇、捺、挑、折、钩。书写方法如图 1-13 所示。书写时注意笔画的起笔、收笔及转角处都要顿一下笔，自然形成一个小的三角。

长仿宋字书写要领：横平竖直、注意起落、结构匀称、填满方格，如图 1-14 所示。但应注意对于外框笔画与稿线框平行的汉字，如国字，应适当缩格，如图 1-15 所示。为使字体排列整齐，书写大小一致，事先应在图纸适当位置上用铅笔打好方格，字格的高宽比为 3:2，字的行距为字高的 1/3，字距为字高的 1/4，写完后再把方格线擦掉。

1.2.2.2 字母与数字

字母和数字分为 A 型和 B 型。A 型字体的笔画宽度（d）为字高（h）的 1/14；B 型字体的笔画宽度（d）为字高（h）的 1/10。用于题目或者标题的字母和数字可分为等线体和截线体两种写法，如图 1-16(a)(b) 所示。

字母和数字可书写成直体和斜体两种，字高均应不小于 2.5mm，如图 1-16(c)(d) 所示。斜体字字头向右上倾斜 75°。数字、字母与汉字并列书写时，数字及字母一般应采用小一号字体。

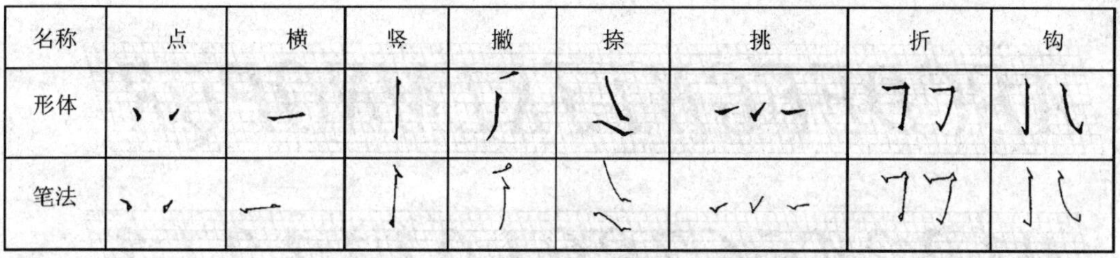

名称	点	横	竖	撇	捺	挑	折	钩
形体	丶丶	一	丨	丿	㇏	㇀	𠃍乛	亅ㄣ
笔法	丶丶	一	丨	丿	㇏	㇀	𠃍乛	亅ㄣ

图 1-13　仿宋字的基本笔画书写方法

10 号字

字体工整笔画清楚间隔均匀排列整齐

7 号字

横平竖直注意起落结构均匀填满方格

5 号字

技术制图机械电子汽车航舶土木建筑矿山井坑港口纺织服装

图 1-14　汉字书写

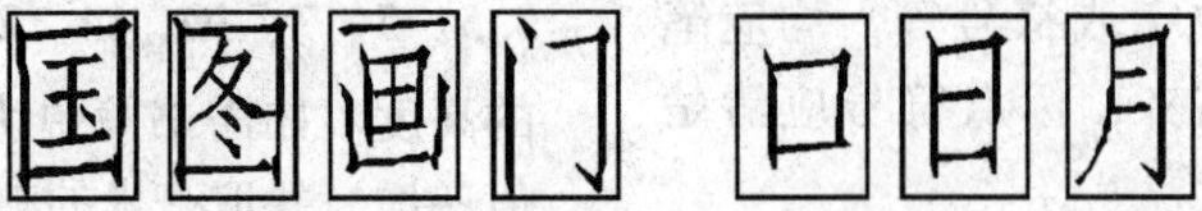

国图画门 口日月

图1-15 笔画与稿线框平行

ABCDEFG **1234567** ABCDEFG 1234567
ABCDEFG 1234567 ABCDEFG 1234567

(a)

A B X Δ E Φ Γ 1234567 ABCDEFG 1234567
ABCDEFG 1234567 A B X Δ E Φ Γ 1234567

(b)

ABCDEFGHIJKLMNOPQR
01234567891011 1213

(c)

ABCDEFGHIJKLMNOPQR
01234567891011 1213

(d)

图1-16 字体示例
(a)等线体字母与数字示例　(b)截线体字母与数字示例
(c)直体字母与数字示例　(d)斜体字母与数字示例

1.2.3 图线

绘制园林工程图时，为了表示图中的不同内容，并能分清主次，必须使用不同线型和不同宽度的图线。

工程图一般使用3种线宽，且互成一定的比例，即粗、中、细的比例规定为$b：0.5b：0.25b$。图线的基本线宽b，宜从下列线宽系列中选取：

2.0、1.4、1.0、0.7、0.5、0.35mm。每个图样，应根据复杂程度与比例大小，先选定基本线宽 b，再选用表 1-6 中相应的线宽组。在同一张图纸内，相同比例的各图样，应选用相同的线宽组。绘制较简单的图样时，可采用两种线宽的线宽组，其线宽比宜为 $b:0.25b$，即不用中实线。

工程制图中还采用不同的线宽和线型组合，形成不同类型的图线，代表了不同的含义，详见表 1-7。图 1-17 是几种常用图线的应用举例。

表 1-6 线宽组   mm

线宽比	线宽组					
b	2.0	1.4	1.0	0.7	0.5	0.35
$0.5b$	1.0	0.7	0.5	0.35	0.25	0.18
$0.25b$	0.5	0.35	0.25	0.18		

表 1-7 图 线

名称		线型	线宽	用途
实线	粗	———————	b	主要可见轮廓线，剖面图中被剖到的轮廓线，建筑立面图的外轮廓线，结构图中的钢筋线，剖切位置线，地面线，新设计的排水给水管线，总平面图中的公路、铁路路线等
	中	———————	$0.5b$	可见轮廓线，剖面图中未被剖到但仍能看到而需要画出的轮廓线，建筑立面图中建筑构配件的轮廓线，原有的排水给水管线等
	细	———————	$0.25b$	可见轮廓线，图例线，尺寸线和尺寸界线，引出线，标高符号线，可见的钢筋混凝土构件的轮廓线，总平面图中拟拆除的建筑物和构筑物的轮廓线等
虚线	粗	— — — — —	b	见各有关专业制图标准
	中	– – – – –	$0.5b$	不可见轮廓线，需要画出的看不到的轮廓线，拟扩建的建筑物和构筑物的轮廓线等
	细	- - - - - -	$0.25b$	不可见轮廓线，图例线，总平面图中原有建筑物和构筑物不可见的轮廓线等
单点长画线	粗	—·—·—·	b	见各有关专业制图标准
	中	—·—·—	$0.5b$	见各有关专业制图标准
	细	—·—·—	$0.25b$	中心线、对称线、定位轴线等
双点长画线	粗	—··—··—	b	见各有关专业制图标准
	中	—··—··—	$0.5b$	见各有关专业制图标准
	细	—··—··—	$0.25b$	假想轮廓线、成型以前原始轮廓线
折断线		—⋏—	$0.25b$	断开界线
波浪线		～～～	$0.25b$	断开界线

工程制图中画线时应注意以下几点：

①相互平行的图线，其间隙不宜小于其中的粗线宽度，且不宜小于 0.7mm。

②实线的接头应准确，不可偏离或超出。

③虚线、单点长画线或双点长画线的线段长度和间隔，宜各自相等。

④在较小图形中绘制单点长画线或双点长画线有困难时，可用实线代替。

⑤虚线与虚线交接或虚线与其他图线交接时，应是线段交接。虚线为实线的延长线时，相接处

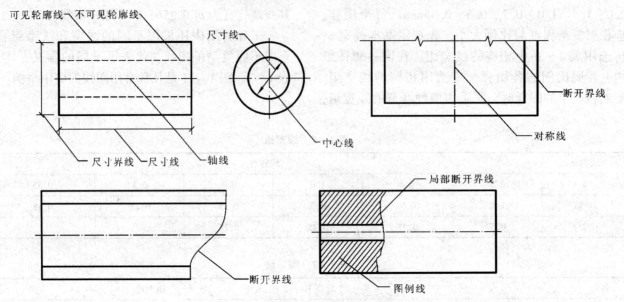

图 1-17 几种常用图线的应用举例

应留有空隙，如图 1-18 所示。

⑥单点长画线或双点长画线的两端不应是点。点画线与点画线交接或点画线与其他图线交接时，应是线段交接，如图 1-19 所示。

⑦折断线应通过被折断的全部并超出 2~3mm，波浪线用徒手流畅地画出。

⑧图线不得与文字、数字或符号重叠、混淆，不可避免时，应首先保证后者的清晰。

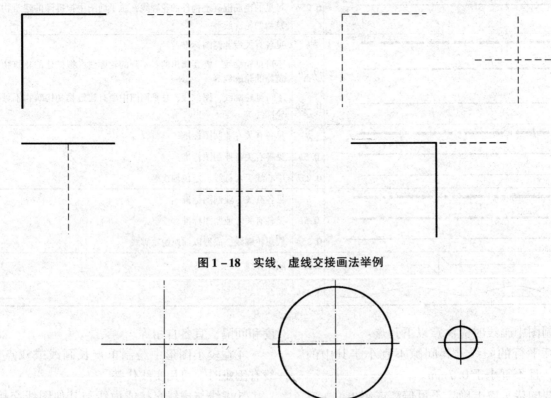

图 1-18 实线、虚线交接画法举例

图 1-19 点画线画法举例

1.2.4 比例

图样的比例，是指图形与实物相对应的线性尺寸之比。比例用阿拉伯数字表示，如1:1、1:2、1:100 等。比例的大小，是指其比值的大小，如1:50大于1:100。

比例宜注写在图名的右侧，字的基准线应取平；比例的字高宜比图名的字高小一号或二号，如图1－20 所示。当一张图纸中的各图只有一种比例时，也可以把比例单独书写在图纸标题栏内。

平面图 1:200　　⑥ 1:20

图1－20　比例的注写

绘图所用的比例，应根据图样的用途与被绘对象的复杂程度，从表1－8 中选用，优先选用表中常用比例。

表1－8　绘图所用的比例

常用比例	1:1，1:2，1:5，1:10，1:20，1:50，1:100，1:150，1:200，1:500，1:1000，1:2000，1:5000，1:10 000，1:20 000，1:50 000
可用比例	1:3，1:4，1:6，1:15，1:25，1:30，1:40，1:60，1:80，1:250，1:300，1:400，1:600

1.2.5 尺寸标注

绘制园林工程图中应标注工程物体完整的实际尺寸，作为施工的依据。

1.2.5.1 尺寸的组成

图纸上完整的尺寸标注由尺寸界线、尺寸线、尺寸起止符号和尺寸数字组成，如图1－21(a)所示。

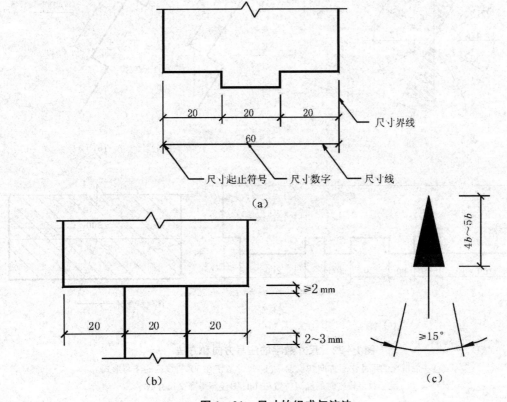

图1－21　尺寸的组成与注法

(a)尺寸的组成　(b)尺寸界线　(c)箭头尺寸起止符号

(1) 尺寸界线

表示所注尺寸的范围。尺寸界线用细实线绘制，一般应与被注长度垂直，其一端离开图样轮廓线不小于 2mm，另一端宜超出尺寸线 2~3mm。总尺寸的尺寸界线应靠近所指部位，中间分尺寸的尺寸界线可稍短，但其长度应相等，如图 1-21(a) 所示。允许用轮廓线、中心线作尺寸界线，如图 1-21(b) 所示。

(2) 尺寸线

表示所注尺寸的方向。尺寸线用细实线绘制，应与被注方向平行。尺寸线一般不得超出尺寸界限（小尺寸除外）。图样本身的任何图线均不得用作尺寸线，也不能画在其他图线的延长线上。互相平行的尺寸线间距宜为 7~10mm，同一张图或同一图形上的这种间距应保持一致，如图 1-21(a) 所示。小尺寸在内，大尺寸在外，与轮廓线的间距不宜小于 10mm。

(3) 尺寸起止符号

表示尺寸线起始和终止的位置。一般用中粗斜短线绘制，其倾斜方向与尺寸界线成顺时针 45°，长度一般为 2~3mm，如图 1-21(b) 所示。半径、直径、角度与弧长的尺寸起止符号，宜用箭头表示，如图 1-21(c) 所示。当相邻尺寸界线间隔都很小时，尺寸起止符号可用涂黑的小圆点表示。

(4) 尺寸数字

园林工程图上标注的尺寸是物体的实际大小，图样上的尺寸应以尺寸数字为准，不得从图上直接量取。图样上的尺寸单位，除标高及总平面图以米为单位外，其他一般以毫米为单位，并不注单位名称。

尺寸数字应按图 1-22(a) 规定的方向注写。当尺寸线为竖直时，尺寸数字注写在尺寸线的左侧，字头朝左；其他任何方向，尺寸数字的字头应保持向上。若尺寸数字在 30°斜线区内，宜按

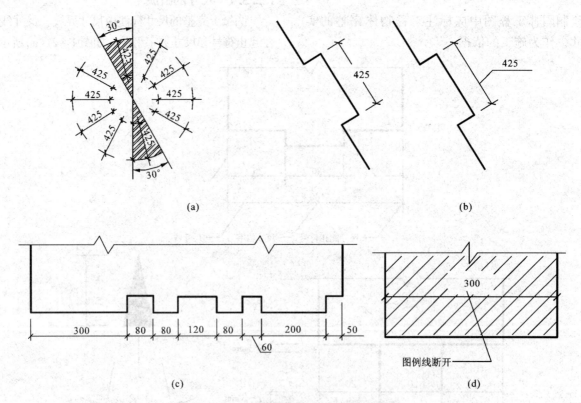

图 1-22 尺寸数字的注写方向和方法
(a) 一般情况的尺寸注写方向和位置　(b) 尺寸数字在 30°斜线区的注写形式
(c) 尺寸数字较密时的注写位置　(d) 图线不得穿交尺寸数字

图1-22(b)的形式注写。

尺寸数字应尽量注写在尺寸线的上方中部。当尺寸线间距较小时，可把最外边的尺寸数字注写在尺寸界线的外侧；对于中间的这种尺寸数字，可把相邻的尺寸数字错开注写，必要时也可以引出标注，如图1-22(c)所示。

同一图中，尺寸数字的字高应一致。尺寸宜标注在图样轮廓以外，不宜与图线、文字及符号等相交，当不可避免时，图线必须断开，如图1-22(d)所示。

1.2.5.2 常见的尺寸标注法

以下列出制图标准规定的一些常见尺寸注法。

(1) 半径、直径的尺寸标注

小于或等于半圆的圆弧标半径。半径的尺寸线必须从圆心画起或对准圆心，另一端画箭头指向圆弧。半径数字前应加注半径符号"R"，如图1-23(a)所示。较小圆弧的半径可按图1-23(b)的形式标注，较大圆弧的半径可按图1-23(c)的形式标注。

圆和大于半圆的圆弧标直径。标注圆的直径尺寸时，直径数字前应加直径符号"φ"。在圆内标注的尺寸线应通过圆心，两端画箭头指至圆弧，如图1-23(d)所示。较小圆的直径尺寸可标注在圆外，如图1-23(e)所示。

标注球的半径尺寸时，应在尺寸前加注符号"SR"。标注球的直径尺寸时，应在尺寸数字前加注符号"Sφ"。注写方法与圆弧半径和圆直径的尺寸标注方法相同。

(2) 角度、弧长、弦长的标注

角度的尺寸线应以圆弧表示，该圆弧的圆心应是该角的顶点，角的两条边为尺寸界线。起止符号应以箭头表示，如没有足够位置画箭头，可用圆点代替。角度数字应按水平方向注写，如图1-24(a)所示。

标注圆弧的弧长时，尺寸线应以与该圆弧同心的圆弧线表示，尺寸界线应垂直于该圆弧的弦，起止符号用箭头表示，弧长数字上方应加注圆弧

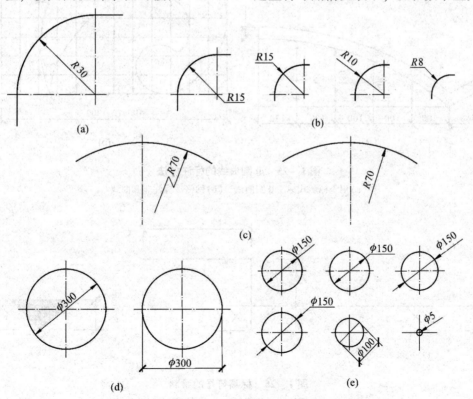

图1-23 半径、直径的标注方法

(a) 半径的标注方法　(b) 小圆弧半径的标注方法　(c) 大圆弧半径的标注方法
(d) 圆直径的标注方法　(e) 小圆直径的标注方法

符号"⌒",如图1-24(b)所示。

标注圆弧的弦长时,尺寸线应以平行于该弦的直线表示,尺寸界线应垂直于该弦,起止符号用中粗斜短线表示,如图1-24(c)所示。

(3)非圆曲线的尺寸标注

外形为非圆曲线的构件,可用坐标形式标注尺寸,如图1-25(a)所示。复杂的图形,可用网格形式标注尺寸,如图1-25(b)所示。

(4)标高标注

标高符号应以等腰直角三角形表示,用细实线绘制,高3mm,如图1-26(a)所示。如标注位置不够,也可按图1-26(b)所示形式绘制。总平面图室外地坪标高符号,宜用涂黑的三角形表示,如图1-26(c)所示。

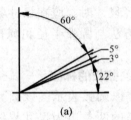 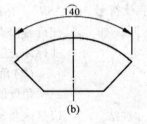 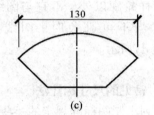

(a) (b) (c)

图1-24 角度、弧长、弦长的标注方法
(a)角度标注方法 (b)弧长标注方法 (c)弦长标注方法

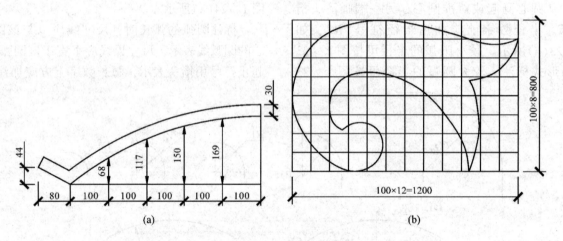

图1-25 非圆曲线的标注方法
(a)用坐标形式标注非圆曲线 (b)网格法标注非圆曲线

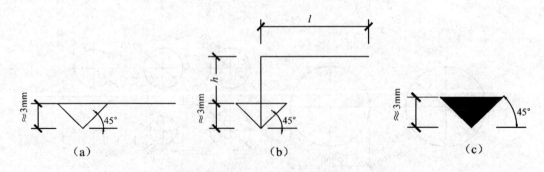

图1-26 标高符号的绘制
l:取适当长度注写标高数字;h:根据需要取适当高度
(a)标高符号的绘制 (b)位置不够时标高符号的绘制 (c)室外地坪标高符号的绘制

标高符号的尖端应指至被注高度的位置,尖端一般应向下,也可向上。标高数字注写在标高符号的左侧或右侧,如图1-27(a)所示。标高数字应以米为单位,注写到小数点后3位,总平面图可注写到小数点后2位。零点标高应注写成±0.000,正数标高不注"+",负数标高应注"-"。在图样的同一位置需表示几个不同标高时,标高数字可按图1-27(b)的形式注写。同一张图纸上,标高符号应大小相同,对正画出,如图1-27(c)所示。

(5)坡度标注

标注坡度时,应沿坡度画出指向下坡的单面箭头,在箭头的一侧或箭头一端的附近注写坡度数字(百分数、小数或比例),如图1-28(a)所示。坡度也可用直角三角形式标注,如图1-28(b)所示。

(6)多层结构的标注

多层结构用指引线引出标注各层的名称和厚度。指引线是细实线应通过并垂直于被引出的各层,文字说明的顺序应与构造层次一致,如图1-29所示。如层次为横向排列,则由上至下的说明顺序应与由左至右的层次相互一致。

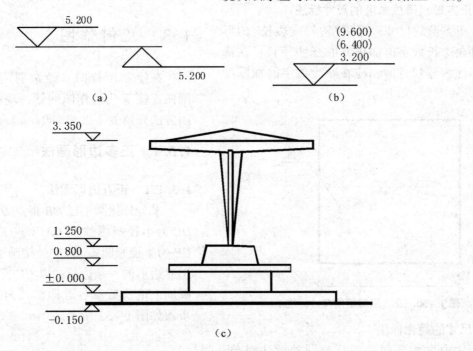

图1-27 标高的标注方法
(a)标高的指向 (b)同一位置表示不同标高 (c)标高数字需对正统一

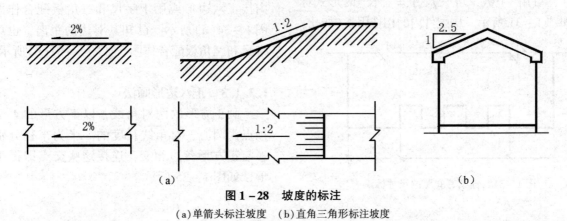

图1-28 坡度的标注
(a)单箭头标注坡度 (b)直角三角形标注坡度

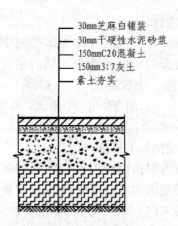

图 1-29 多层结构的标注方法

（7）正方形、薄板厚度的尺寸标注

标注正方形的尺寸，可用"边长×边长"的形式，也可在边长数字前加正方形符号"□"；在薄板板面标注板厚尺寸时，应在厚度数字前加厚度符号"t"，如图 1-30 所示。

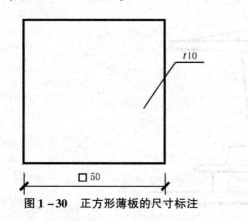

图 1-30 正方形薄板的尺寸标注

（8）尺寸的简化标注

在标注中可能遇到一系列相同的标注对象，这时可以采用简化的标注方法。如连续排列的等长尺寸，可用"个数×等长尺寸=总长"的形式标注，如图 1-31 所示。构配件内的构造因素（如孔、

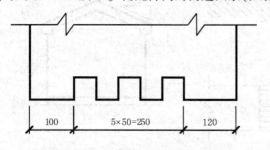

图 1-31 连续等间距的尺寸标注

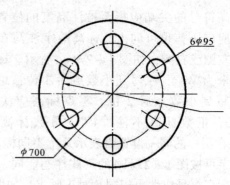

图 1-32 相同要素的尺寸标注

槽等）相同，仅标注其中一个要素的尺寸，如图 1-32 所示。

1.3 几何作图

在绘制图样时，经常遇到正多边形、椭圆、圆弧连接等几何作图问题，现将其中常遇到的作图方法介绍如下。

1.3.1 正多边形画法

1.3.1.1 正五边形画法

平分外接圆半径 OB 得点 D，以 D 为圆心，以 DC 为半径画圆弧交 OA 于点 E；再以 C 为圆心、CE 为半径画圆弧 EF 交外接圆于点 F，则 CF 即为正五边形的一条边长；以 CF 长度为弦，用分规在圆周上依次截取各点即得圆内接正五边形。具体步骤如图 1-33 所示。

1.3.1.2 正六边形画法

已知正六边形的对角线长度，可用圆规作圆内接正六边形或用丁字尺和三角板配合作图，如图 1-34（a）所示。已知其对边的距离，也可用丁字尺和三角板配合作图，如图 1-34（b）所示。

1.3.1.3 正八边形画法

画正方形的两对角线，以正方形的 4 个角的顶点为圆心，对角线长度的一半为半径分别作圆弧与正方形各边相交，连接这些交点即得正八边形，如图 1-35 所示。

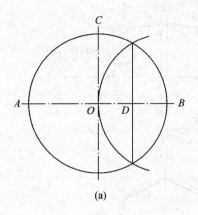 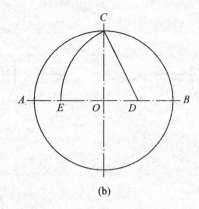 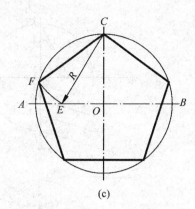

图 1-33　圆内接正五边形的画法

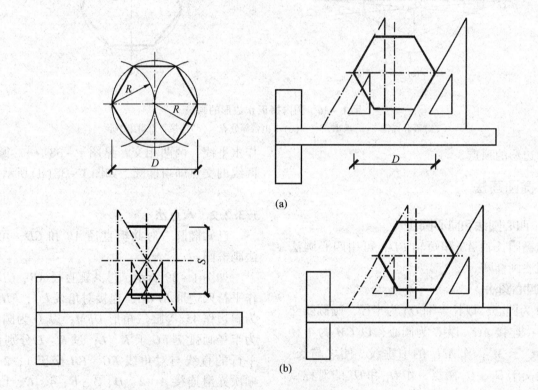

图 1-34　正六边形画法
(a) 根据对角线长度作图　(b) 根据两对边间的距离作图

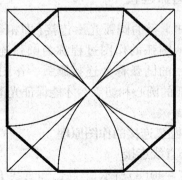

图 1-35　正八边形画法

1.3.1.4　正 n 边形画法

现以正七边形为例,说明圆内接任意多边形的画法,如图 1-36 所示。

七等分外接圆直径 AP;然后以 P 为圆心,以 PA 为半径画圆,交水平线 MN 于点 M 和点 N;将点 M 和点 N 与偶数点 2′、4′、6′(或奇数点)连接并延长与圆相交,得到点 B、C、D、E、F、G,

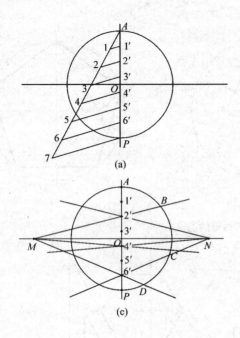
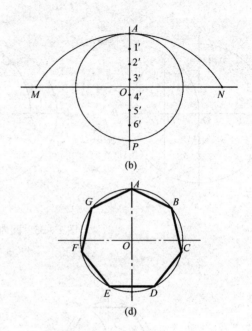

图 1-36 圆内接正 n 边形的画法
(a)等分直径　(b)求出交点　(c)求出各等分点　(d)连接各点得出图形

即为正七边形的顶点。

1.3.2 椭圆画法

1.3.2.1 四心圆法和同心圆法

已知椭圆长轴 AB 和短轴 CD，可用四心圆法或同心圆法画椭圆。

(1) 四心圆法

以 O 为圆心，以长半轴 OA 为半径，画圆弧交 Y 轴于 M；连接 AC，以 C 为圆心，以 CM 为半径画弧交 AC 于 M_1；作 AM_1 的中垂线，使之与长、短轴分别交于 O_1、O_2 两点，作 O_1 和 O_2 的对称点 O_3 和 O_4。

分别以 O_1、O_3 为圆心，以 O_1A、O_3B 为半径画圆弧；再分别以 O_2、O_4 为圆心，以 O_2C、O_4D 为半径画圆弧，交 O_1O_2、O_1O_4、O_3O_4、O_3O_2 的延长线上，如图 1-37 所示。

(2) 同心圆法

已知椭圆的长短轴，分别以长轴 AB 和短轴 CD 画两同心圆，如图 1-38(a)所示。绘制数条直径(图中每 30°画一条)，与两圆相交，如图 1-38(b)所示。

过外圆上的交点作铅垂线，过内圆上的交点作水平线，两两相交，见图 1-38(c)。圆滑连接两线的交点即得椭圆，如图 1-38(d)所示。

1.3.2.2 八点法

已知椭圆一对共轭直径 AB 和 CD，可用八点法画椭圆。

如图 1-39 所示，过共轭直径 AB、CD 的端点作平行四边形 EFGH，连接对角线 EG、FH；以 DF 为斜边作 45°等腰三角形 DFM；以 D 为圆心，DM 为半径画弧交 FG 于 K、L；过 K、L 分别作与 CD 平行的直线与对角线 EG、FH 交于 1、2、3、4；顺次光滑连接 A、2、D、3、B、4、C、1、A，即为所求椭圆。

1.3.3 圆弧连接

用已知半径的圆弧光滑连接(即相切)两已知线段或其他圆弧的作图过程称为圆弧连接，这种起连接作用的圆弧称为连接圆弧。作图时必须找出连接圆弧的圆心和切点，才能保证光滑连接。

1.3.3.1 圆弧连接的作图原理

(1) 与直线连接

如图 1-40(a)所示，与已知直线 l 相切的圆

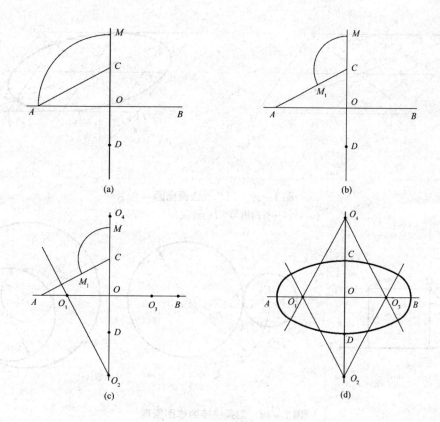

图 1-37 用四心圆法画椭圆
(a)求 M 点 (b)求 M_1 点 (c)求圆心 (d)绘制椭圆

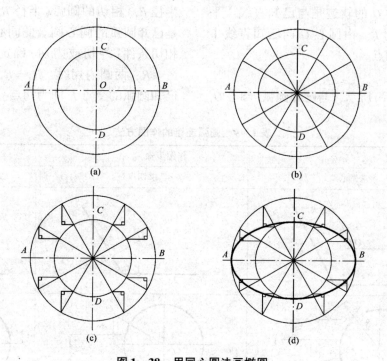

图 1-38 用同心圆法画椭圆
(a)绘制圆 (b)取直径 (c)绘制交点 (d)绘制椭圆

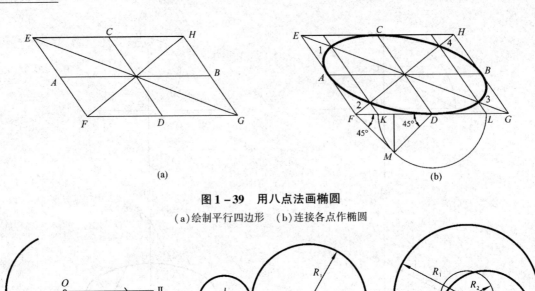

图 1-39 用八点法画椭圆
(a)绘制平行四边形 (b)连接各点作椭圆

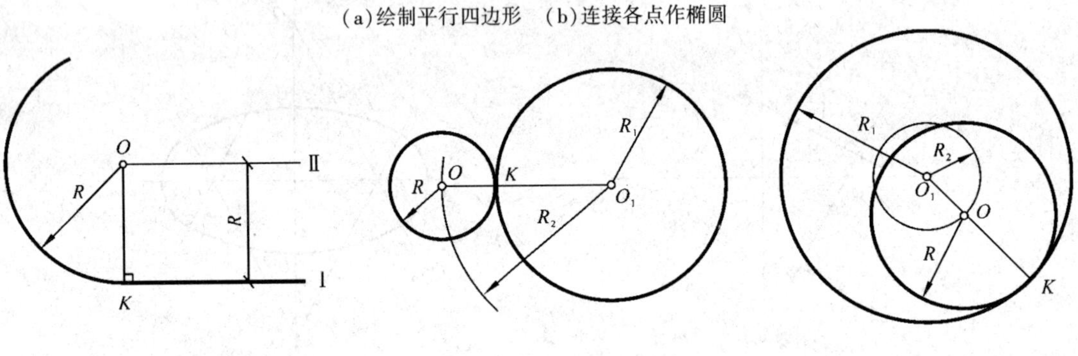

图 1-40 圆弧连接的作图原理
(a)直线连接圆弧 (b)外切 $R_2 = R_1 + R$ (c)内切 $R_2 = R_1 - R$

弧(半径 R),其圆心 O 的轨迹是与已知直线 Ⅰ 平行的直线 Ⅱ,距离为 R。由圆心 O 向已知直线 Ⅰ 作垂线,垂足 K 是切点。

(2)与圆弧连接

如图 1-40(b)(c)所示,与已知圆弧(圆心 O_1、半径 R_1)相切的圆弧(半径 R),其圆心 O 的轨迹是已知圆弧的同心圆。此同心圆的半径 R_2,根据相切条件(外切或内切)确定:两圆外切时 $R_2 = R_1 + R$;两圆内切时,$R_2 = R_1 - R$。连心线 OO_1 与已知圆弧的交点 K 即为切点。

表 1-9 圆弧连接的作图方法

方法 要求	作图步骤		
	求圆心	求切点	画连接圆弧
连接两相交直线	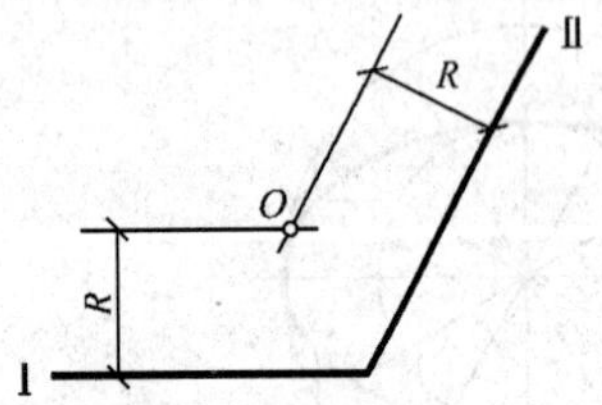	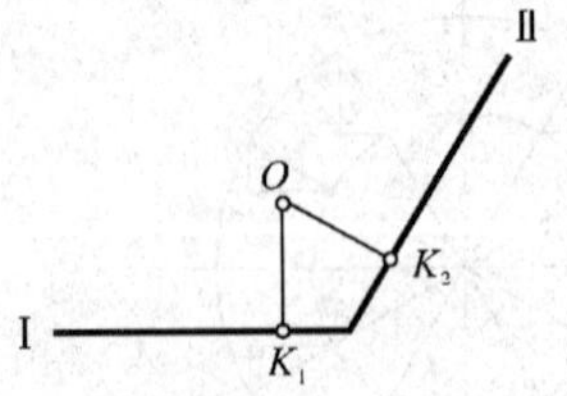	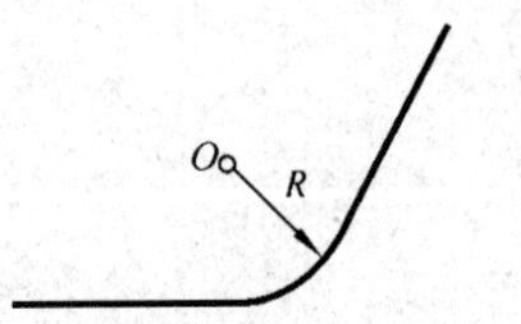
连接一直线和一圆弧	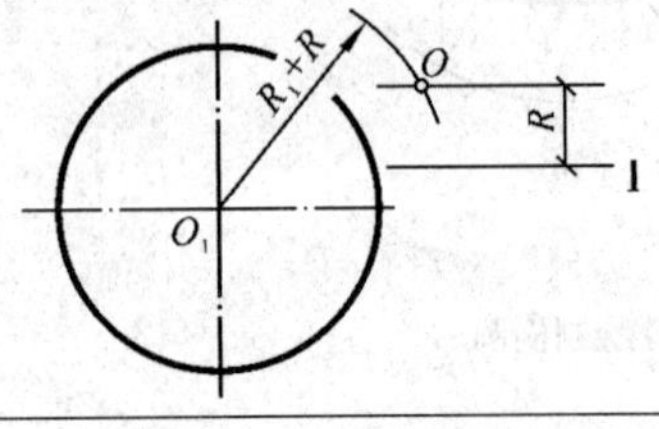	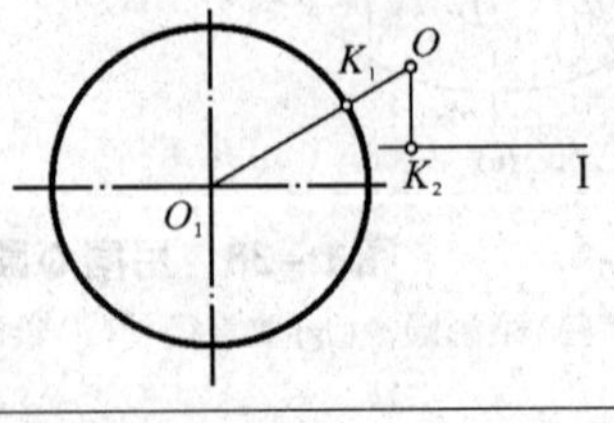	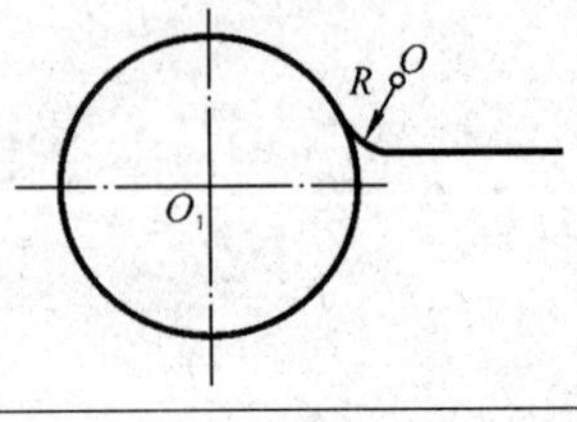

(续)

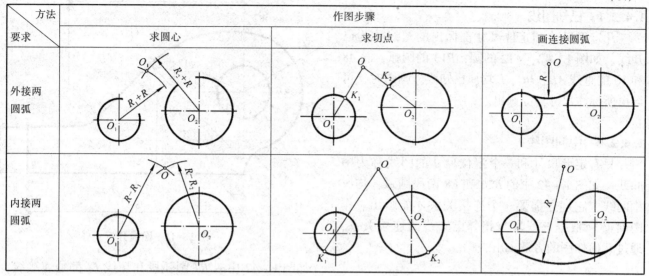

1.3.3.2 圆弧连接的作图方法

表1-9中列举了常见的4种圆弧连接的作图方法。作图条件为：已知连接圆弧的半径 R 以及被连接的线段或圆弧。

1.4 平面图形的画法

为便于讨论，可将平面图形分析成由若干几何图形（圆、矩形、正方形等）和一些图线（包括直线和圆弧）组成。绘制平面图形，应先进行尺寸分析和图线分析，以确定绘图的先后顺序。

1.4.1 平面图形的尺寸分析

平面图形上所标注的尺寸，按作用可分为定形尺寸和定位尺寸两大类，标注尺寸应先确定尺寸基准。

1.4.1.1 尺寸基准

标注尺寸时，必须以图形中的某些点（如圆心）或某些线段（如图形的边线、对称线、中心线等）作为起点。这种作为尺寸标注的起始位置的点、线称为尺寸基准。平面图形中一般要有水平方向和垂直方向两个尺寸基准。尺寸基准常常选用图形的对称线、底边、侧边、圆周或圆弧的中心线等。图1-41中，水平线的尺寸基准是对称中心线，垂直方向的尺寸基准是下边线。

1.4.1.2 定形尺寸与定位尺寸

定形尺寸是确定图形各组成部分的形状和大小的尺寸。如直线长度、圆的直径、圆弧半径、正多边形的边长、矩形的长和宽两个尺寸等。图1-41中的尺寸100、200、$\phi 30$ 都是定形尺寸。定位尺寸是确定图形各组成部分相对位置的尺寸。图1-41中的尺寸110、40都是定位尺寸。

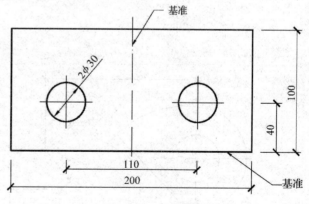

图1-41 尺寸分析

1.4.2 平面图形的图线分析

根据图形所标注的尺寸和图线间的连接关系，可将平面图形中的图线分为以下三大类。

1.4.2.1 已知图线

凡定形尺寸和定位尺寸都标出的图线称为已知线。如图 1-42，ϕ12 的圆，R13 的圆弧，长 48 和 10 的直线 AB、BC、L 均属已知线。画图时，可以由所标注尺寸独立画出。

1.4.2.2 中间图线

只有定形尺寸和一个定位尺寸的图线称为中间线。如图 1-42 中的 R26 和 R8 两段圆弧，均属中间线，它们还需要一个连接关系才能画出。作图时必须根据该线段与相邻已知线的连接关系，通过几何作图的方法求出。

1.4.2.3 连接图线

只有定形尺寸没有定位尺寸的图线，或者需要根据两个连接关系才能画出的图线称为连接线。

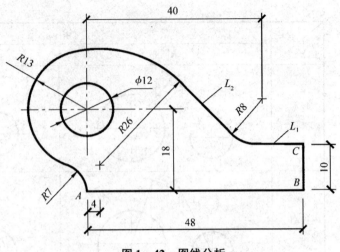

图 1-42 图线分析

如图 1-42 中的 R7 圆弧段和切线 L_2 都是连接线，其定位尺寸需根据与该线相邻的两线段的连接关系，通过几何作图的方法求出。作图时，只能最后画出。

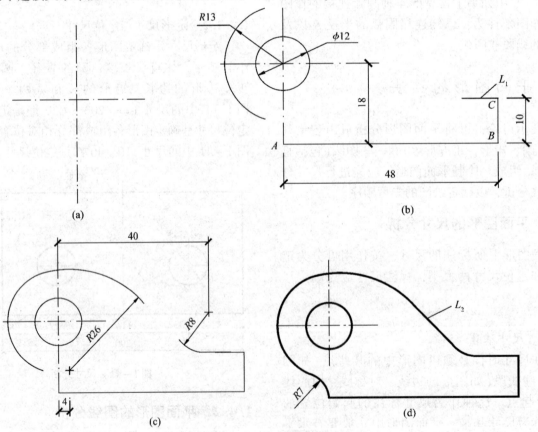

图 1-43 平面图形的作图步骤
(a) 画出基准线 (b) 画出已知线 (c) 画出中间线 (d) 画出连接线

1.4.3 平面图形的画法举例

平面图形一般由许多线段连接而成，应通过分析图线及其尺寸，确定画图的先后顺序。

① 先对平面图形所注的尺寸进行图线分析，找出已知图线、中间图线和连接图线；

② 画平面图形的对称线、中心线或基准线；

③ 顺次画出已知线、中间线、连接线，最后加深图线。

以画图 1-42 所示平面图形为例；作图步骤如图 1-43 所示。

1.4.4 平面图形的尺寸标注

平面图形中标注的尺寸必须能唯一地确定图形的形状和大小。标注尺寸时，先要对图形进行分析，选定尺寸基准，确定已知线、中间线和连接线。在标注尺寸进行图线分析时要注意：两已知图线之间只能有一条连接线。尺寸标注步骤如图 1-44 所示。

图形的尺寸标注要做到正确、完整、清晰。

——正确是指尺寸标注应符合制图标准的有关规定。

——完整是指图形的尺寸要齐全；没有遗漏和多余的尺寸，也不能有矛盾的尺寸。

——清晰是指尺寸的标注布局整齐、清楚，安排在看图明显的位置。

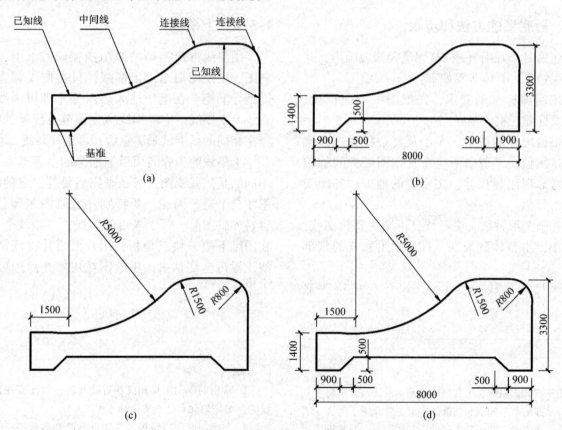

图 1-44 平面图形的尺寸标注
(a) 选定尺寸基准线进行图线分析 (b) 标注已知线的尺寸
(c) 标注中间线和连接线的尺寸 (d) 完成尺寸注写

1.5 制图步骤

为保证图样质量、提高制图速度，除正确使用绘图工具和仪器、熟悉绘图标准及方法外，还必须掌握正确的绘图步骤。

1.5.1 绘图前的准备工作

①画图前先了解所画图样的内容和要求，准备好绘图工具，清理桌面，擦净工具。

②估计图形大小，选定绘图比例，确定图纸图幅。

③用胶带纸把图纸固定在图板左下方，图纸下边离图板下边缘的距离大于丁字尺的宽度。

1.5.2 画底稿的方法和步骤

画底稿时，宜用 H 或 2H 铅笔轻淡地画出，并经常磨削铅笔。具体步骤如下：

①按制图标准的要求，先把图纸幅面框线、图框线及标题栏稿线画好。

②根据图样的数量、大小及复杂程度选择比例，安排图位；一般图形应布置在图纸中间的位置，并考虑到注写尺寸、文字等的地方，各图安排需疏密匀称。

③先画图形轴线、中心线，再画主要轮廓线；由大到小，由整体到局部，直至画出所有的细部图线。

④画尺寸界线、尺寸线、尺寸起止符等底稿线。

⑤最后进行仔细的检查，擦去多余的底稿线和污垢。

1.5.3 用铅笔加深

完成各图稿线后，应认真校对底稿，修正错误和缺点，方可加深铅笔线。加深粗实线用 B 或 2B 铅笔，加深细线用 H 铅笔。

加深图线的顺序是，先曲后直、由上到下、由左到右，所有图形同时加深。将同一类图线加深完后，再加深另一线型。图形加深完，再加深图框和标题栏，最后标注尺寸和书写文字。注写文字时，按照字体要求，画好格子稿线，然后用铅笔书写各图名称、比例、注释文字等字稿。

1.5.4 上墨线

用墨线将铅笔画的原图描在硫酸纸上，称为底图。用绘图墨水笔上墨线，只需按线宽选用不同型号的笔，在笔中注入碳素墨水即可画线。用直线笔上墨线，应根据线宽先调节直线笔的螺母，经在相同的纸上试画满意后，再正式画线。

上墨线的步骤同用铅笔加深的步骤基本一样。不同的是描墨线图，线条画完要等一定的时间，墨才会干透。因此，要特别注意画图步骤，否则容易弄脏图面。对于描错的图线，待墨线全干后，在图纸下垫一块三角板，用双面刀片将画错的墨线或墨污全部刮去，用绘图橡皮擦光后即可继续上墨线。

小 结

制图基本知识是园林工程制图最基本的语言，是每个初学者必须掌握的基本知识和技能。本章主要介绍了制图工具的种类及使用方法、制图基本标准、几何作图以及平面图形的画法等。国家制图标准《房屋建筑制图统一标准》是房屋建筑制图的基本规定，园林工程制图必须严格遵守制图标准。本章介绍了制图基本标准有关图纸规格、字体、比例、图线以及尺寸标注等方面的规定。熟练掌握制图基本知识，养成良好的绘图习惯，从而保证制图质量、提高制图效率，做到图面清晰、整洁，是对园林技术人员的基本要求。

思考题

1. 常用的制图工具和仪器有哪几种？对于要保证铅笔线的粗细均匀你有什么实践体会？
2. 怎样用两块三角板过已知点画已知线的平行线和垂直线？已知平面上非圆曲线的一系列点，如何用曲线板将其连接成光滑曲线？
3. 图纸幅面的代号有几种？不同幅面代号的图纸的边长之间有何尺寸关系？
4. 字体的号数表明什么？各个字号的长仿宋体字的高与宽有什么关系？书写字体有哪些要求？

5. 图线的宽度有几种？粗实线、细实线、中虚线、细点画线、波浪线、折断线的主要用途是什么？

6. 一个完整的尺寸应包括哪 4 个组成部分？它们都有哪些基本规定？线性尺寸、角度、圆及圆弧尺寸的标注要点是什么？

7. 叙述依长短轴用同心圆法和四心圆法画椭圆的步骤以及依共轭轴用八点法画椭圆的步骤。

8. 圆弧连接为什么要先求出连接圆弧的圆心和切点？如何用几何作图的方法准确地作出连接圆弧的圆心和切点？

9. 什么是平面图形的尺寸基准、定形尺寸和定位尺寸？图形尺寸标注的要求是什么？怎样标注平面图形的尺寸？

10. 平面图形的图线分为哪 3 类？它们根据什么进行区分？通常按什么步骤绘制平面图形？

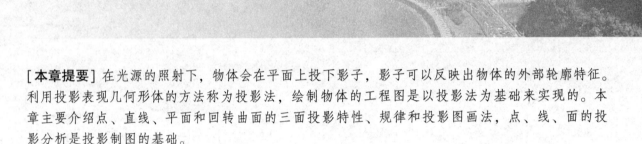

第 2 章
投影基础

[**本章提要**] 在光源的照射下，物体会在平面上投下影子，影子可以反映出物体的外部轮廓特征。利用投影表现几何形体的方法称为投影法，绘制物体的工程图是以投影法为基础来实现的。本章主要介绍点、直线、平面和回转曲面的三面投影特性、规律和投影图画法，点、线、面的投影分析是投影制图的基础。

2.1 正投影的基本知识

2.1.1 投影法概述

物体在光源（灯光或阳光）照射下，会在墙壁或屏幕上落下影子。人们对这种自然现象进行科学的抽象：假设光线能透过物体而使其各顶点和各棱线都在平面 P 上投落它们的影，形成一个图形，这个图形就称为物体的投影，如图 2-1 所示。光源 S 称为投影中心，光线称为投影线，投影所在的平面称为投影面。通过点 A 的投影线 SA 与投影面 P 的交点，就是点 A 的投影。作出物体投影的方法称为投影法。

投影可分为中心投影和平行投影两类。

2.1.1.1 中心投影

投影线都相交于一点，由这种投影线作出的投影称为中心投影。图 2-2(a) 是三角板的中心投影。作出中心投影的方法称为中心投影法，它的图示方法将在第 8 章"透视投影"中讨论。

2.1.1.2 平行投影

所有投影线互相平行，投影中心在无限远处，由平行投影线作出的投影称为平行投影。作出平行投影的方法称为平行投影法。若投影线与投影面斜交，称为斜投影，如图 2-2(b) 所示。若投影线与投影面垂直，称为正投影，如图 2-2(c) 所示。作出正投影的方法称为正投影法，以下我们将重点讨论正投影法的图示方法。

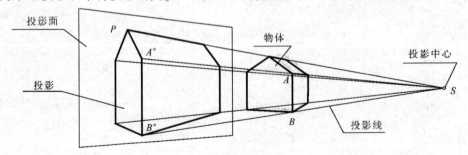

图 2-1 物体的投影

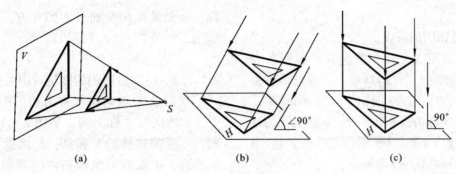

图 2-2 投影的分类
(a) 中心投影 (b) 斜投影 (c) 正投影

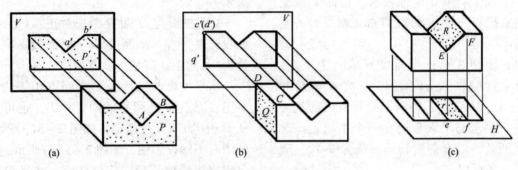

图 2-3 正投影的基本特性
(a) 实形性 (b) 积聚性 (c) 缩变性

2.1.2 正投影的基本特性

图 2-3 表示 V 形块的正投影,从图中可以看出正投影有以下 3 个基本特性。

(1) 实形性

图 2-3(a),物体上与投影面平行的平面 P 的投影 p' 反映实形;与投影面平行的直线 AB 的投影 $a'b'$ 反映实长。

(2) 积聚性

图 2-3(b),物体上与投影面垂直的平面 Q 的投影 q' 积聚为一直线;与投影面垂直的直线 CD 的投影 $c'd'$ 积聚为一点。

(3) 缩变性

图 2-3(c),物体上倾斜于投影面的平面 R 的投影 r 成为缩小的类似形;倾斜于投影面的直线 EF 的投影 ef 成为缩短的直线。

从上述正投影的基本特性可以看出:正投影具有能直接度量,作图简便等优点,因此在工程图中得到广泛应用。

2.1.3 物体的三面正投影

任何物体都具有长、宽、高 3 个方向。图 2-4(a) 表示一块砖在投影面 H 上的正投影是一个矩形。它仅反映了砖的长和宽,以及上下两个表面的实形,不能反映砖的高和前、后、左、右 4 个面的形状。如图 2-4(b) 所示,H 面上的一个矩形可以是不同形状物体的投影。因此得出结论:仅有物体的一个投影,不能确定物体的形状和大小。

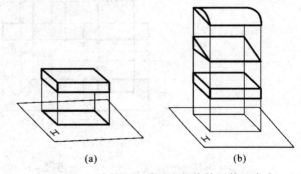

图 2-4 一个投影不能确定物体的形状和大小

2.1.3.1 三面投影图的形成

工程上通常采用 3 个互相垂直的投影面组成三面投影体系。如图 2-5(a)所示，三面投影体系分别是：水平面(H)、正立面(V)和侧立面(W)。投影面之间的交线称为投影轴，H、V 面交线为 X 轴；H、W 面交线为 Y 轴；V、W 面交线为 Z 轴。3 条轴垂直相交于一点 O，称为原点。

将物体置于三面投影体系中，由上向下投影，在 H 面上得到水平投影，也称 H 面投影。由前向后投影，在 V 面上得到正立面投影，也称 V 面投影。由左向右投影，在 W 面得到侧立面投影，也称 W 面投影。

画图时，要把 3 个投影面展开成一个平面，方法如图 2-5(b)所示：V 面不动，将 H 面与 W 面沿 Y 轴分开，H 面绕 X 轴向下旋转，W 面绕 Z 轴向右旋转，直至与 V 面重合在一个平面上。这时 Y 轴分成两条，随 H 面旋转的一条标以 Y_H，随 W 面旋转的一条标以 Y_W。

展开后，3 个投影图的位置如图 2-5(c)所示。V 面投影在左上方，H 面投影在 V 面投影的下面，W 面投影在 V 面投影的右方，通常不画出投影轴，如图 2-5(d)所示。

2.1.3.2 三面投影图的度量对应关系

我们将 X 轴向尺寸称为长，Y 轴向尺寸称为宽，Z 轴向尺寸称为高。从图 2-5 可以看出：V 面投影反映物体的长和高，H 面投影反映物体的长和宽，W 面投影反映物体的宽和高。因为 3 个投影表示的是同一物体，所以无论是整个物体，还是物体的每个部分，它们之间必然保持下列关系：

V 面投影与 H 面投影长对正；V 面投影与 W 面投影高平齐；H 面投影与 W 面投影宽相等。或称为"长对正、高平齐、宽相等"。

水平投影与侧面投影之间宽相等的关系，可利用以原点 O 为圆心的圆弧作出，也可以借助于从 O 引出的 45°线作出，如图 2-5(c)所示。实际画图时不画投影轴，如图 2-5(d)所示，此时可用分规直接量取宽度。应该注意：水平投影的宽度在铅垂方向，侧面投影的宽度在水平方向。

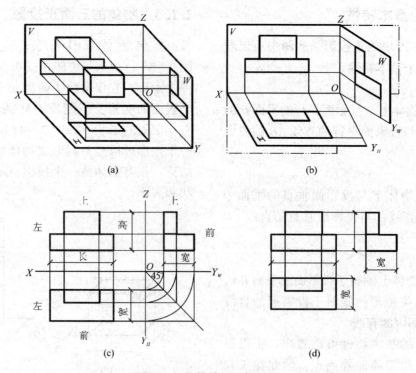

图 2-5 物体的三面投影图

2.1.3.3 三面投影图的位置对应关系

我们把物体上靠近观察者的一面称为前面，靠近V面的一面称为后面。从图2-5可以看出：V面投影反映物体的左右和上下关系；H面投影反映物体的左右和前后关系；W面投影反映物体的上下和前后关系。

在展开的投影图中，H面投影和W面投影靠近V面投影的一方是物体的后方，远离V面投影的一方是物体的前方，如图2-5(c)所示。

2.1.3.4 简单形体的三面投影图画法

在工程制图中，通常把人的视线当作互相平行的投影线，使物体在投影面上的正投影称为视图。画图时，将物体摆正，视线分别垂直于3个投影面，根据正投影的基本特性和三面投影图的对应关系，就可以画一些简单形体的三视图。

一般先从V面投影开始画，长和高的尺寸可以从物体上量取。然后根据"长对正"的关系，并量取物体的宽度尺寸画H面投影。最后根据"高平齐、宽相等"的关系，画出W面投影。

例2-1 画出图2-6(a)所示物体的三面投影图。

解 物体由底板和两侧墙组成，先画底板的三视图，再画两侧墙的三视图。画两侧墙的三视图时，可先画W面投影，再画V面和H面投影。两侧墙和底板的交线，在W面观看时不可见，故应画成虚线。

2.2 点

画物体的三视图，就是画出物体的各表面、棱线、顶点的投影，为提高画图和看图的能力，本节先讨论点的投影。

2.2.1 点的投影规律

如果把3个投影面看作坐标面，则投影轴就是坐标轴。图2-7所示，立体上某一顶点A在3个投影面上的投影为a、a′、a″，投影线的距离就是点A的3个坐标x、y、z。

通过各投影作投影轴的垂线，与投影线组成了一个长方体框架，从框架中可以看出：点的每一个投影都反映两个坐标，每两个投影都有一个相同的坐标。由此在展开的投影图上可得出下列点的投影规律：

①点的正面投影和水平投影的连线垂直于OX轴，即$a'a \perp OX$（反映同一x坐标）；

②点的正面投影和侧面投影的连线垂直于OZ轴，即$a'a'' \perp OZ$（反映同一z坐标）；

③点的水平投影到OX轴的距离，等于点的侧面投影到OZ轴的距离，即$aa_x = a''a_z$（反映同一y坐标）。

由规律三可知：过a的水平线和过a″的铅垂线必定交于过O的45°斜线上。初学作图时，常利用过原点O的45°辅助线作图。

已知点的两个投影，可根据投影规律作出点的第三投影。

例2-2 已知点B的二投影b和b′，求W面投影b″（图2-8）。

解 ①过O作45°斜线，过b′作水平线；
②过b作水平线与斜线相交，过交点作铅垂线交得b″。

例2-3 已知点A(50, 30, 20)、点B(20, 10, 30)，试作出其投影图(图2-9)。

解 ①作投影轴；

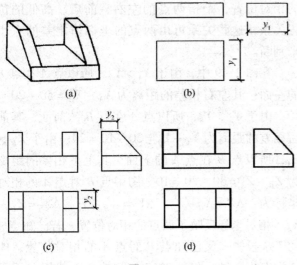

图2-6
(a)立体图　(b)画底板　(c)画两侧墙　(d)加深

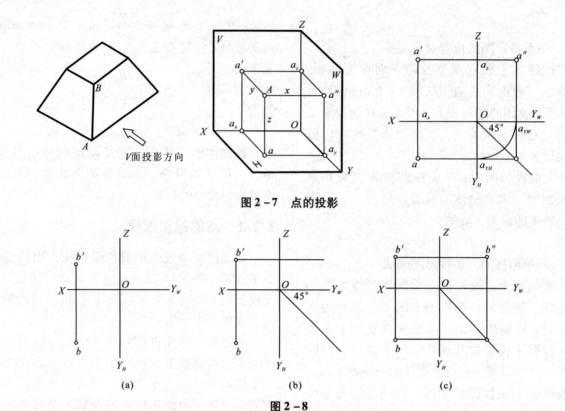

图 2-7 点的投影

图 2-8

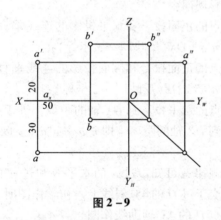

图 2-9

2.2.2 两点的相对位置

图 2-10 表示立体上两个顶点 A、B 的三面投影。点的投影既然能反映点的坐标，当然也能反映出两点坐标差，也就是两点间相对坐标。两点的相对位置，是指两点的左右、前后、高低的位置关系，这些关系可由两点的坐标值之差的大小来判断。

在图 2-9 中，由于 $X_A > X_B$，所以点 A 在点 B 的左面，其左右相差的距离为 $X_A - X_B = 50 - 20 = 30$；由于 $Y_A > Y_B$，所以点 A 在点 B 的前面，其前后相差的距离为 $Y_A - Y_B = 30 - 10 = 20$；由于 $Z_B > Z_A$，所以点 B 在点 A 的上面，其上下相差的距离为 $Z_B - Z_A = 30 - 20 = 10$。图中点 B 对点 A 的相对坐标为：$\Delta X = X_B - X_A$，$\Delta Y = Y_B - Y_A$，$\Delta Z = Z_B - Z_A$。相对坐标反映了两点的相对位置，若已知点 A 的 3 个投影，又已知点 B 对点 A 的相对位置，即使没有投影轴，也能确定点 B 的 3 个投影，不画投影轴的图称为无轴图，如图 2-10(b) 所示。

② 由 O 沿 OX 轴向左量取 50 个单位，得 a_x；

③ 过 a_x 作 OX 轴的垂线，在垂线的下方量取 30 个单位，得 a；再在垂线的上方量取 20 个单位，得 a'；

④ 由 a、a' 求出 a''。

同样方法可以作出点 B 的投影图。

由此可知，点的每一个投影，由其两个坐标所确定。因此，点的任意两个投影，就确定了点的 3 个坐标。也就是说，根据点的任意两个投影就可以确定该点的空间位置。

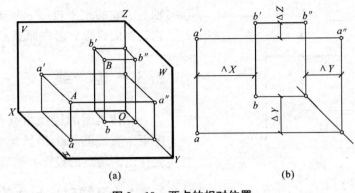

图 2-10 两点的相对位置

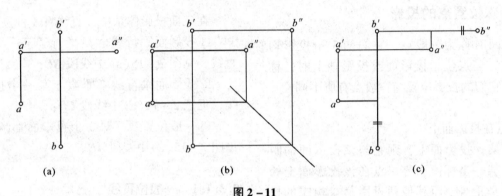

图 2-11
(a)已知　(b)方法一　(c)方法二

例 2-4　在无轴投影图中，已知点 A 的 3 个投影和点 B 的两投影 b、b'，求 b''（图 2-11）。

解　方法一：见图 2-11(b)，过 a 引水平线，过 a'' 引铅垂线，再过两线交点作 45°线。由 b 引水平线与斜线相交，过交点引铅垂线与水平线 $b'b''$ 交得 b''。

方法二：见图 2-11(c)，用分规将 H 面投影上的 ΔY 值移到 W 面投影上，得到 b''。

2.2.3　重影点

两点位于某一投影面的同一投影线上，则此两点在该投影面上的投影重合，此重合投影称为重影点。如图 2-12 所示，A、B 两点位于同一垂直于 H 面的投影线上，故 a 和 b 重叠成一个重影点。

重影点通常要判断可见性。一个投影中某重影点的可见性，必须依靠另外的投影来确定。在图 2-12(b)中，a' 在 b' 之上，说明点 A 高于点 B，故 a 可见，b 不可见。为区别起见，不可见的字母

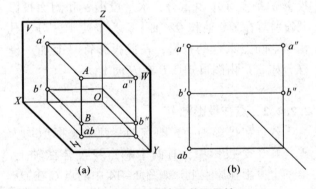

图 2-12　重影点及其可见性

规定写在后面，或将不可见的字母加以圆括号。

例 2-5　已知点 A 的投影（a、a'、a''），求作一点 B，使 B 在 A 的正上方 10mm。再作一点 C，使点 C 与 A 同高，并在 A 之左 10mm、之前 10mm（图 2-13）。

解　B 在 A 正上方 10mm，即 $\Delta Z = 10$，A、B 两点是对 H 面的重影点。C 与 A 同高，即 $\Delta Z = 0$。在 a' 的左方量 $\Delta X = 10$ 得 c'，过 c' 作铅垂线；由 a 向下量 10mm 作水平线，交得 c。由 c、c' 作 c''。

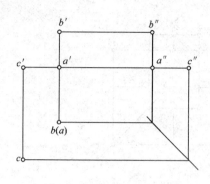

图 2-13

2.2.4 特殊位置点的投影

点在空间时称为一般点，它们的 3 个投影均在投影面上。当点位于投影面或投影轴上时，称为特殊点，它们的投影位置与一般点有所不同。

2.2.4.1 点在投影面上

若点在某一投影面上，则它与该投影面的距离为零，即某一坐标值为零，点在该投影面上的投影与其自身重合，而其他两投影落在相应的投影轴上。如图 2-14 中的点 A 在 V 面上，其正面投影 a' 和点 A 本身重合，水平投影 a 和侧面投影 a'' 分别落在 OX 轴和 OZ 轴上，为了便于区分，凡是与空间点重合的投影，在此投影符号上加一横杠，如 $\bar{a}'$。由图可知点 B 在 H 面上。

2.2.4.2 点在投影轴上

若点在投影轴上，即点的某两个坐标值均为零，其 3 个投影中，有两个和自身重合在轴上，第三个投影在原点上。如图 2-14 中的点 C 在 OX 轴上，它的水平投影 $\bar{c}$ 与正面投影 $\bar{c}'$ 重合在轴上，它的侧面投影 c'' 落在原点 O 上。

2.3 直 线

立体表面的棱线由其两端点确定，在一般情况下，直线的投影仍然是直线，作直线的投影可先作出两端点的投影，然后连以直线。

2.3.1 直线对投影面的相对位置

在三面投影体系中，直线有 3 种位置：
①投影面平行线　只平行于某一个投影面的直线，见图 2-15(a)中线段 BC；
②投影面垂直线　垂直于某一个投影面的直线，见图 2-15(a)中线段 CD；
③一般位置线　对 3 个投影面都倾斜的直线，见图 2-15(a)中线段 AB。

2.3.1.1 一般位置线

图 2-15(b)所示为一般位置直线 AB，该直线对 H、V、W 面的倾角（即直线与其投影所构成锐角）分别用 α、β、γ 表示。

一般位置直线的 3 个投影都是倾斜线段，小于实长；它们与投影轴的夹角不等于空间直线对相应投影面的倾角，如图 2-15(c)所示。

2.3.1.2 投影面平行线

与一个投影面平行，而与另外两个投影面倾斜的直线，称为投影面平行线。在投影面平行线中，平行于水平面的直线称为水平线；平行于正面的直线称为正平线；平行于侧面的直线称为侧平线。它们的投影如表 2-1 所示。

表中 AB 是正平线，因 AB 平行于正面，线上各点 y 坐标相同，故有以下投影特性：①正面投影 $a'b'$ 为倾斜线段，且反映实长；②水平投影 ab 为水平线，侧面投影 $a''b''$ 为铅垂线，都小于实长；③正面投影 $a'b'$ 与 OX 轴夹角等于直线对 H 面倾角 α，与 OZ 轴夹角等于直线对 W 面倾角 γ。

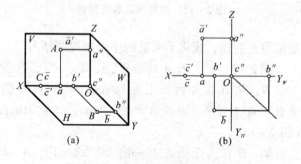

图 2-14　点在投影面和投影轴上

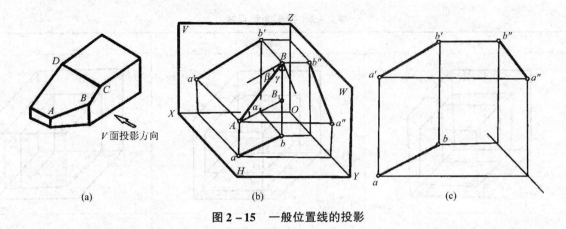

图 2-15　一般位置线的投影

表 2-1　投影面平行线

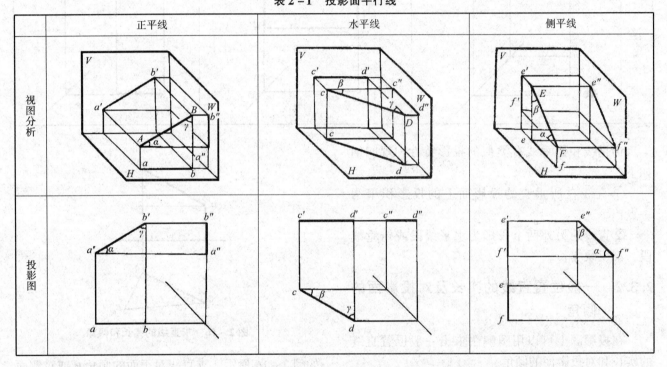

水平线和侧平线有类似的投影特性，现归纳如下：

① 直线在所平行的投影面上的投影为倾斜线段，反映实长和对其他两个投影面的倾角；

② 直线的另外两个投影为水平线段或铅垂线段，都小于实长。

2.3.1.3　投影面垂直线

与一个投影面垂直，而与另外两个投影面平行的直线，称为投影面垂直线。在投影面垂直线中，垂直于水平面的直线称为铅垂线；垂直于正面的直线称为正垂线；垂直于侧面的直线称为侧垂线。它们的投影如表 2-2 所示。

表中 AB 是正垂线，因 AB 垂直于正面，必然平行于水平面和侧面，线上各点 x 坐标和 z 坐标分别相同，故有以下投影特性：① 正面投影 $a'b'$ 聚为一点；② 水平投影 ab 为铅垂线段，侧面投影 $a''b''$ 为水平线段，都反映实长。

表 2-2 投影面垂直线

	正垂线	铅垂线	侧垂线
视图分析			
投影图			

铅垂线和侧垂线有类似的投影特性,现归纳如下:

① 直线在所垂直的投影面上的投影积聚为一点;

② 直线的另外两个投影为水平线段或铅垂线段,都反映实长。

2.3.2 一般位置直线的实长及对投影面的倾角

在投影图上可以用图解法求出一般位置直线的实长和对投影面的倾角。

如图 2-15(b)所示,为求直线的实长和对 H 面的倾角 α,过 A 作直线 $AB_1 /\!/ ab$ 构成直角三角形 $\triangle ABB_1$。三角形的一条直角边 $AB_1 = ab$,另一直角边 $BB_1 = Z_B - Z_A$(即线段 AB 两端点对 H 面的坐标差)。斜线 AB 与 AB_1 夹角就是直线 AB 对 H 面的倾角 α,AB 是实长。

于是在投影面上求实长和倾角的作图步骤为:若求直线对 H 面倾角 α 和实长 L,则以直线段的 H 面投影为一直角边,以线段两端点对 H 面的坐标差为另一直角边,作直角三角形,则三角形的斜边等于实长,斜边与投影的夹角等于所求倾角,

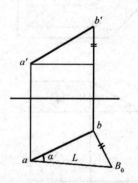

图 2-16 求直线的实长和倾角

如图 2-16 所示。求直线对正面的倾角 β 或对侧面的倾角 γ 及实长,与此同理,这种方法称为直角三角形法。

例 2-6 已知线段 AB 长 25mm,直线对 H 面和 V 面的倾角分别为 45°和 30°。已作出点 A 的投影 a、a',若点 B 在点 A 的左前下方,完成 AB 的投影[图 2-17(a)]。

解 已知实长和倾角,可作出两个反映实长和倾角的直角三角形,于是可求出投影长 ab、$a'b'$ 和坐标差 ΔY、ΔZ。这样便可在 A 点的左前下方定出点 B 的投影 b、b',连以直线。作图方法如图 2-17(b)所示。

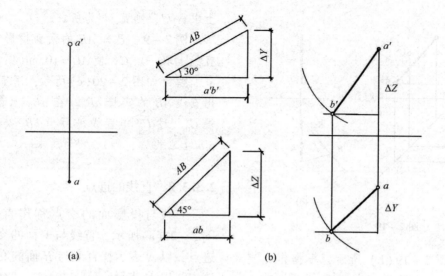

图 2-17

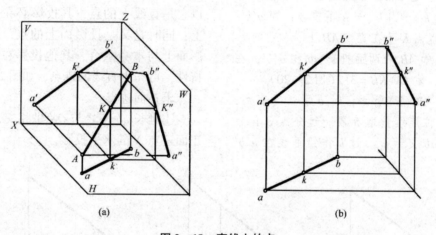

图 2-18 直线上的点

2.3.3 直线上的点

2.3.3.1 直线上点的投影特性

点在直线上，则点的投影必在直线的同面投影上。如图 2-18 所示，点 K 在直线 AB 上，它的投影 k、k'、k'' 分别在 ab、$a'b'$、$a''b''$ 上，且符合点的投影规律。

点 K 把直线 AB 分成 AK、KB 两段，由于对同一投影面的投影线互相平行，所以 $AK/KB = ak/kb = a'k'/k'b' = a''k''/k''b''$。由此可知：点分线段成两段，两段长度之比等于其投影长之比。

根据以上投影特性，我们可以判断点是否在直线上。也可由直线上点的一个投影，求出它的另外两个投影。我们还可以根据作图的要求，在直线上取点的投影。

例 2-7 如图 2-19 所示，已知直线 AB 和点 K 的正面投影和水平投影，判断 K 是否在直线 AB 上。

解 AB 是侧平线，由于直线 AB 和点 K 向 V 面和 H 面投影时，它们的投射线处在同一个投射平面内，所以，从已知的投影上不能直接判断点 K 是否在直线 AB 上，但可用下列方法之一加以判别：

方法一：如图 2-19(a) 所示，分别作出直线 AB 和点 K 的侧面投影 $a''b''$ 和 k''，由于 k'' 不在 $a''b''$ 上，所以点 K 不在 AB 上。

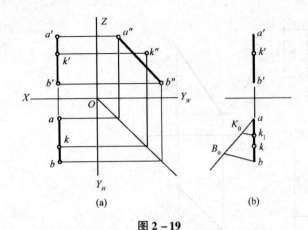

图 2-19

方法二：如图 2-19(b)所示，根据定比定理，过 a 任意引一条斜线，在斜线上作 $aK_0 = a'k'$，$K_0B_0 = k'b'$，连 B_0b，并通过 K_0 作 B_0b 的平行线，与 ab 交于 k_1。因 k_1 与 k 不重合，即 $a'k'/k'b' \neq ak/kb$，所以点 K 不在直线 AB 上。

例 2-8　已知 AB 的两面投影 ab 和 $a'b'$，在直线上取一点 K，使 $AK:KB = 3:2$(图 2-20)。

解　如图 2-20(b)所示，过 a 引任意直线，以任意长度为单位连续量取 5 段。过分点 3 作直线平行于 $5b$ 与 ab 交于 k，过 k 作铅垂线在 $a'b'$ 上求得 k'，则 k、k' 为所求。

例 2-9　已知 AB 的两面投影 ab 和 $a'b'$，在直线上取一点 C，使 $AC = 10\text{mm}$(图 2-20)。

解　如图 2-20(c)所示，用直角三角形法求出直线 AB 的实长 aB_0。在 aB_0 上自 a 量取 10mm 得 C_0，过 C_0 作直线平行于 bB_0 交于 ab 于 c；在 $a'b'$ 上求得 c'，则 c、c' 为所求。

2.3.3.2　直线的迹点

直线与投影面的交点称作直线的迹点，如图 2-21(a)所示，直线与 V 面的交点，叫作正面迹点，以 N 表示；直线与 H 面的交点，叫作水平迹点，以 M 表示。

既然直线的迹点是直线与投影面的交点，所以它是直线上的点，其投影必在直线的同名投影上；同时它又是投影面上的点，有一个投影在投影面上与本身重合，其他投影在轴上。利用上述特性，可作出直线的迹点，如图 2-21(b)所示。

求正面迹点：

① 延长 ab 使之与 OX 轴相交，得交点 n，n 即正面迹点 N 的水平投影；

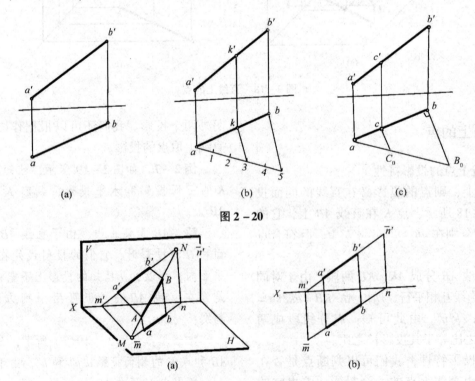

图 2-20

图 2-21　直线的迹点

② 过 n 作 OX 轴的垂线，与 a'b' 的延长线相交，得交点 n'，n' 即正面迹点 N 的正面投影，也是正面迹点本身，为使区别记为 $\overline{n'}$。

求水平迹点：

① 延长 a'b'，使之与 OX 轴相交，得交点 m'，m' 即水平迹点 M 的正面投影；

② 过 m' 作 OX 轴的垂线，与 ab 的延长线相交，得交点 m，m 即水平迹点 M 的水平投影，也是水平迹点本身，记为 $\overline{m}$。

2.3.4 两直线的相对位置

立体表面的棱线，它们之间的相对位置可归纳为 3 种情况：平行、相交和交叉。如图 2-22 所示，AB 与 DE 平行；AB 与 BC 相交；BF 与 DE 交叉。前两种是同面直线，后一种是异面直线。

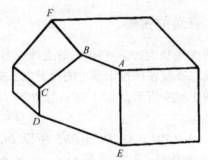

图 2-22 直线的相对位置

2.3.4.1 两直线平行

图 2-23 所示，直线 AB 平行于 CD，则过 AB 和 CD 对同一投影面所作的投射面也相互平行，投射面与投影面的交线，即它们的各同面投影互相平行：ab∥cd、a'b'∥c'd'。反之，若两直线的各同面投影互相平行，则此空间直线一定互相平行。

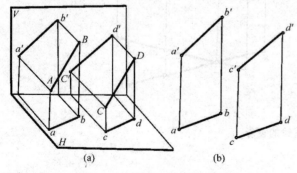

图 2-23 平行两直线的投影

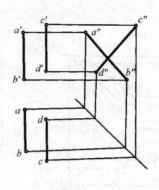

图 2-24

一般两面投影即可判断直线是否平行。但如图 2-24 所示的两侧平行线 AB 和 CD，它们的 V、H 面投影虽然互相平行，还需画出 W 面投影来判断。从作图结果可知 a"b" 不平行 c"d"，所以 AB 不平行于 CD。

2.3.4.2 两直线相交

图 2-25 所示，两直线 AB 和 CD 相交，其交点 K 为两直线所共有，则两相交直线的交点也为两直线的投影所共有，即它们的各同面投影必相交，且交点符合点的投影规律。反之，若两直线的各同面投影相交，交点符合点的投影规律，则此空间二直线一定相交。

一般两面投影即可判断两直线是否相交。但如图 2-26 所示的两直线之一 CD 是侧平线，若只根据 V、H 面投影，则还不足以判定其是否相交，需作出 W 面投影来判断。从作图结果可知 AB 和 CD 不相交。

例 2-10 作直线 KL 与已知直线 AB、CD 相交，并与直线 EF 平行（图 2-27）。

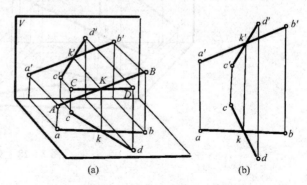

图 2-25 相交两直线的投影

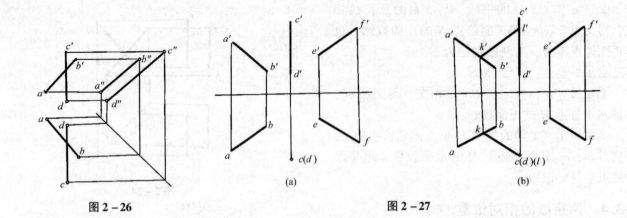

图 2-26

图 2-27

解 CD 是铅垂线，所以欲求直线与 CD 的交点，其水平投影必积聚在 CD 的水平投影上。过 $c(d)$ 作直线 $kl/\!/ef$ 与 ab 交于 k，由 k 求得 k'。过 k' 作直线 $k'l'/\!/e'f'$ 与 $c'd'$ 交于 l'，则 $KL(kl、k'l')$ 为所求。

2.3.4.3 两直线交叉

既不平行又不相交的两条直线称为交叉直线。在图 2-24 和图 2-26 中，直线 AB 和 CD 是交叉直线。

交叉直线的同面投影可能相交，但其交点连线不符合投影规律。如图 2-28 所示，交叉直线 EF 和 GK 的 V、H 面投影均相交，但交点连线不垂直于投影轴。实际上，H 面投影 ef 和 gk 的交点，是 EF 和 GK 上点 I 和 II 的重影点。同样，V 面投影 $e'f'$ 和 $g'k'$ 的交点，是 EF 和 GK 上点 III、IV 的重影点，重影点应判断可见性，如图 2-28 所示。

2.3.5 直角的投影

若两直线垂直，其中有一条直线与投影面平行，则此二直线在该投影面上的投影也互相垂直。

如图 2-29 所示，$AB \perp BC$；且 $BC/\!/H$ 面，现证明 $ab \perp bc$。

证：因为 $BC \perp AB$，$BC \perp Bb$，所以 $BC \perp$ 平面 $ABba$；又因为 $bc/\!/BC$，所以 $bc \perp$ 平面 $ABba$，故 $bc \perp ab$。

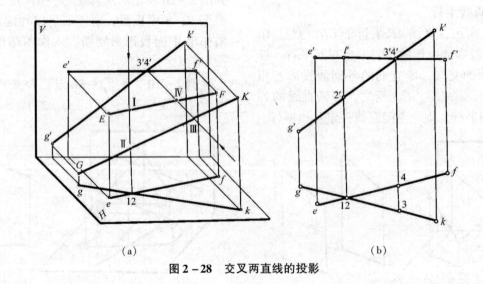

图 2-28 交叉两直线的投影

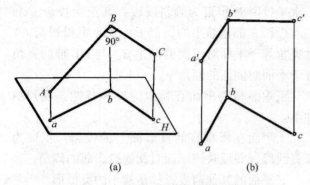

图 2-29 一边平行于投影面的直角的投影

反之,当两直线在某投影面上的投影为直角,且其中一条边是该投影面的平行线时,则两直线在空间也一定垂直。

两直线交叉垂直也有相同的投影特性。

例 2-11 已知矩形 $ABCD$ 的一边 AB(水平线)的两投影 ab 和 $a'b'$,以及另一边 AD 的正面投影 $a'd'$,完成矩形的两投影(图 2-30)。

解 矩形的边 $AB \perp CD$,因 $AB // H$ 面,故 $ad \perp ab$。由 d' 求得 d,再按直线的平行关系完成矩形的作图。

2.4 平　面

立体表面的平面是由轮廓线组成的平面图形。在几何学中,平面还可以用不在同一直线上的三点,一直线和直线外一点,两相交直线或两平行直线来表示。

2.4.1 平面对投影面的相对位置

在三面投影体系中,平面对投影面的相对位置可分为 3 类:

① 投影面垂直面,只垂直于一个投影面的平面,见图 2-31(a)中平面 R;

② 投影面平行面,平行于一个投影面的平面,见图 2-31(a)中平面 Q;

③ 一般位置面,对 3 个投影面都倾斜的平面,见图 2-31(a)中平面 P。

2.4.1.1 一般位置面

如图 2-31(b),一般位置平面 P 的 3 个投影都是缩小了的类似形,其投影图画法如图 2-31(c)所示。作平面的投影,就是画出平面各边的投影。图示 AB 是水平线,CB 是正平线,根据直线的实长和倾角先画 AB(ab、$a'b'$)和 CB(cb、$c'b'$)。

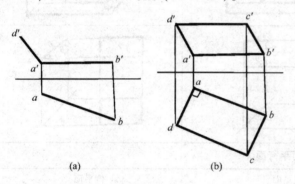

图 2-30

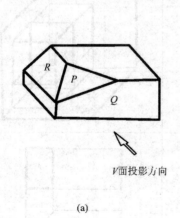

(a)

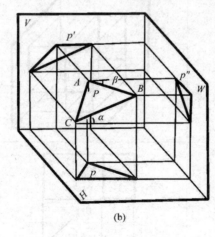

(b)

V 面投影方向

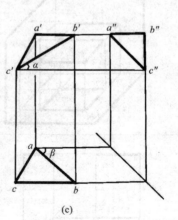

(c)

图 2-31　一般位置面

2.4.1.2 投影面垂直面

垂直于一个投影面，而与另外两个投影面倾斜的平面，称为投影面的垂直面。在投影面垂直面中，垂直于水平面的平面称为铅垂面；垂直于正面的平面称为正垂面；垂直于侧面的平面称为侧垂面。它们的投影如表2-3所示。

表2-3中铅垂面P，由于垂直于水平面，倾斜于正面和侧面，因此铅垂面的投影特性是：①水平投影P积聚为倾斜线段；②正面投影p'和侧面投影p''都是缩小的类似形；③水平投影与OX轴夹角等于平面对正面的倾角β。与OY轴的夹角等于平面对侧面的倾角γ。

正垂面和侧垂面有类似的投影特性，现归纳如下：

①平面在所垂直的投影面上的投影，积聚为倾斜线段，并反映该平面对其他投影面的倾角。

②平面的其他两投影都是缩小的类似形。

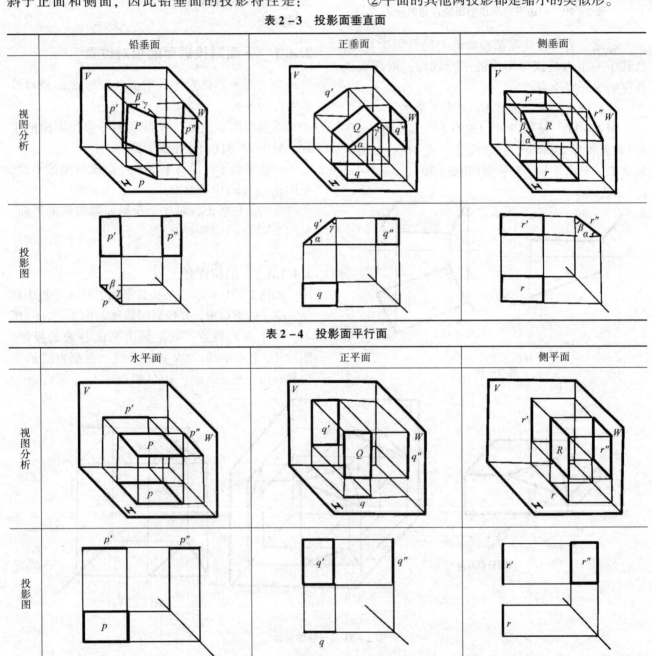

表2-3 投影面垂直面

表2-4 投影面平行面

2.4.1.3 投影面平行面

平行于一个投影面，而垂直于另外两个投影面的平面，称为投影面的平行面。在投影面平行面中，平行于水平面的平面称为水平面；平行于正面的平面称为正平面；平行于侧面的平面称为侧平面。它们的投影如表 2-4 所示。

表 2-4 中水平面 P，由于平行于水平面，必然垂直于正面和侧面，因此水平面的投影特性是：①水平投影 p 反映平面的实形；②正面投影 p' 和侧面投影 p'' 积聚为水平线段。

正平面和侧平面有类似的投影特性，现归纳如下：

①平面在所平行的投影面上的投影反映实形；
②平面的其他两投影积聚为水平线段或铅垂线段。

2.4.2 平面上的点和直线

2.4.2.1 在平面上取点和直线的投影

作图时常遇到"已知平面上点或直线的一个投影，求其余投影"的问题。解决这类问题的原理，是初等几何关于点和直线在平面上的必要和充分条件：

①如果点位于平面上的一条直线上，则此点必在平面上；
②如果直线通过平面上的两个已知点，或者通过平面上的一个已知点且平行于平面上的一条已知直线，则此直线必在平面上。

如图 2-32 所示，已知平面 △ABC 上一点 F 的正面投影 f'，求其水平投影 f。

方法一：过点 F 在平面上取一条辅助线，使其通过平面上两已知点 A 和 D。作图时，先过 f' 作辅助线的正面投影 $a'd'$，然后求出辅助线的水平投影 ad，在 ad 上可求得点 f。

方法二：过点 F 在平面上作辅助线，使其平行于平面上已知直线 AB 并通过已知点 E。作图时，先过 f' 作辅助线的正面投影 $e'f' // a'b'$，求出辅助线水平投影后，在其上可求得点 f。

由此可知：要在平面上取点，必须取自平面上已知直线，而要在平面上取直线，则必须通过平面上已知点。这种方法称为辅助线法。利用辅助线法，可由平面上点、线的一个投影求得其他投影，也可判断点、线是否在平面上。

例 2-12 已知五边形 ABCDE 平面一对邻边 AB 和 AE 的正面投影及五边形的水平投影，试完成五边形 ABCDE 正面投影（图 2-33）。

解 因 AB 和 AE 是两条相交直线，所以五边形 ABCDE 平面已确定。利用在平面上取辅助线的

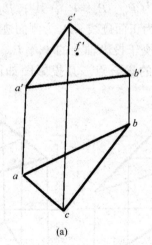
(a)

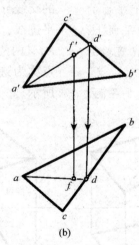
(b)

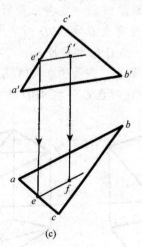
(c)

图 2-32 平面内取点和直线的投影

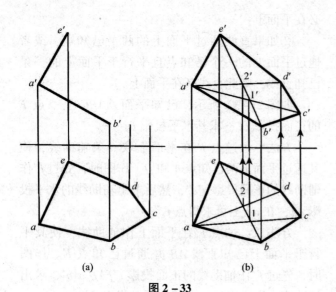

图 2-33

方法，即可完成五边形的正面投影。

①连接 be 和 $b'e'$；
②连接 ac、ad 与 be 交于 1、2 两点；
③在 $b'e'$ 上作出 $1'$、$2'$ 两点，连 $a'1'$、$a'2'$，并作延长线；
④在 $a'1'$ 和 $a'2'$ 延长线上求得 c' 和 d'，连接 $b'c'$、$c'd'$、$d'e'$ 即完成作图。

例 2-13 检查如图 2-34 所示的四边形 $ABCD$，是不是一个平面。

解 不在一直线上的三点决定平面，若由四点构成平面，则第四点一定在三点所确定平面的某一直线上。假定点 C 在 ABD 所决定的平面上，则在投影图上，点 C 的水平投影 c 应在 AI 直线的水平投影 $a1$ 直线上。但如图 2-34(b) 所示，点 c 不在 $a1$ 线上，说明点 C 不在 ABD 所确定的平面上，故四边形 $ABCD$ 不是一个平面。

2.4.2.2 平面上的投影面平行线

平面上平行于投影面的直线叫作平面上的投影面平行线，平面上的投影面平行线是平面上的特殊位置直线。平面上平行于 H 面、V 面、W 面的直线分别称为平面上的水平线、平面上的正平线、平面上的侧平线，其中平面上的水平线也称为等高线。

平面上的投影面平行线具有下列性质：
①符合平面上取直线的几何条件；
②符合投影面平行线的投影特性。

如图 2-35(a) 所示，其中 B、E 两点在 △ABC 上，说明直线 BE 在 △ABC 上，又 BE 的正面投影 $b'e'$ 平行于 OX 轴，这是水平线的投影特性，所以直线 BE 是 △ABC 上的水平线。又如图 2-35(b) 所示，DF 是 △ABC 上的一条正平线。

解题时，经常用到平面上的投影面平行线。平面上的投影面平行线可有无数条，作图时根据需要，可方便地画出其中的任意一条。

2.4.2.3 平面的迹线

平面与投影面的交线称为平面的迹线，如图 2-36(a) 所示，平面 P 与 H、V、W 3 个投影面的交线分别为 P_H、P_V、P_W，其中 P_H 为平面的水平迹线，P_V 为正面迹线，P_W 为侧面迹线。P_H、P_V、P_W 又两两相交于投影轴上的 P_X、P_Y、P_Z 点，这些点称为迹线的集合点。其投影图如图 2-36(b) 所示。

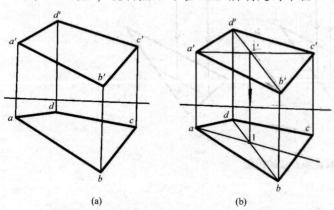

图 2-34

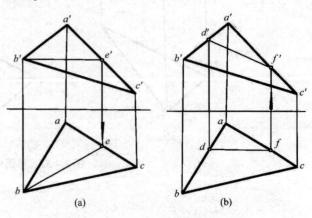

图 2-35 平面上的投影面平行线

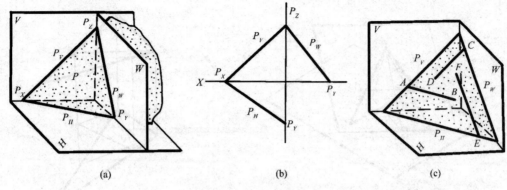

图 2-36 迹线表示平面

因迹线 P_H、P_V、P_W 均属于平面 P 上的直线，且两两相交，所以可用平面的任意两条迹线来表示平面。用迹线所表示的平面，称为迹线平面。

平面的迹线有以下投影特性：

①迹线既是投影面上的线，又是空间平面上的线，它为平面和投影面所共有；

②迹线集合点是两条迹线的交点，也必是投影轴上的点；

③平面的迹线是平面上投影面平行线的特例，因此平面上的投影面平行线与相应的迹线平行，如图 2-36(c) 所示。

由于迹线为投影面上的直线，所以它在所属投影面上的投影与迹线本身重合，而另外两个投影在相应的投影轴上（规定迹线在轴上的投影不加标注）。

由非迹线平面可以转换成迹线平面，同样也可由迹线平面转换成非迹线平面。

例 2-14 已知平面 P 上点 A 的正面投影 a'，求水平投影 a（图 2-37）。

解 过 A 引平面上的水平线 AB 为辅助线，作图步骤如下：

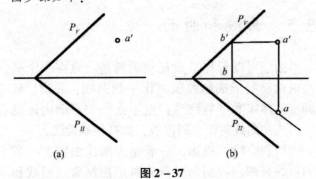

图 2-37

①过 a' 引水平线 $a'b'$ 与 P_V 交于 b'，则迹点 B 的水平投影 b 在 X 轴上；

②过 b 作直线平行于 P_H，由 a' 作铅垂线相交于 a。

2.4.2.4 平面上的最大斜度线

平面上的最大斜度线也是平面上的特殊位置直线，它垂直于平面上的投影面平行线。平面上垂于该平面内水平线、正平线、侧平线的直线，分别称为对 H 面、V 面、W 面的最大斜度线。其中对水平面的最大斜度线又称为最大坡度线。

图 2-38(a) 中，$\triangle ABC$ 在平面 P 上，平面 P 与水平面的交线为 P_H，称为水平迹线，它是平面上水平线的特例。过 B 作直线 $BM \perp P_H$，则 BM 是对 H 面的最大斜度线。根据直角投影特性，BM 的水平投影 $bM \perp P_H$，所以 $\angle BMb$ 是平面 P 与 H 面的两面角，即平面 P 与 H 面的倾角 α。由初等几何可知，最大斜度线 BM 与 H 面的倾角为最大，如图 $\alpha > \alpha_1$。通过以上分析，对 H 面的最大斜度线有如下特性：

①其水平投影垂直于平面上水平线的水平投影；

②它与 H 面的倾角等于它所在平面与 H 面的倾角；

③它是平面上对 H 面倾角最大的直线。

对 V 面和 W 面的最大斜度线也有类似特性。

图 2-38(b) 表示过点 B 在平面上取一条对 H 面最大斜度线 BE 的作图。先取水平线 AD(ad、$a'd'$)，作 $be \perp ad$。则 BE(be、$b'e'$) 是一条对 H 面

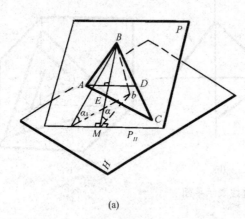
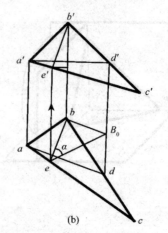

图 2-38 平面上对 H 面的最大斜度线

的最大斜度线,图中还用直角三角形法求出直线 BE 对 H 面的倾角 α。

2.4.3 平面上的圆

圆平面平行于投影面,其投影反映实形,一般情况下,圆的投影是椭圆。

图 2-39 中,圆位于一个正垂直面 P 上。正面投影积聚为一直线段,长度等于圆的直径;水平投影为椭圆,圆心的投影是椭圆中心。现分析椭圆长短轴的求法:

过圆心作互相垂直的直径 AB 和 CD,使 CD 平行于 H 面,则 AB 是对 H 面的一条最大斜度线。根据最大斜度线的投影特性可知:AB 的水平投影最短且 ab⊥cd,所以 ab 是短轴;cd=CD 等于圆的直径,即为长轴。对于正垂面上的圆,AB 和 CD 又是两条特殊位置的直径,AB 是正平线,CD 是正垂线,它们的水平投影均可由正面投影直接求得。

如图 2-39(b)所示,从 o' 引铅垂线,在适当位置截取一段长度等于圆的直径,即为长轴;过长轴中点作水平线,由正面投影的两端点"长对正"得到短轴。作出长短轴后,由四心法画椭圆。

例 2-15 已知四边形内有一个半径 R 的圆,圆心位于对角线的交点,作圆的投影(图 2-40)。

解 由以上分析可知,圆投影为椭圆。圆心的投影是椭圆中心。过圆心的一对互相垂直的投影面平行线直径和最大斜度线直径投影为椭圆的长轴和短轴。求水平投影面上椭圆的作图步骤如图 2-40(b)所示。

①过圆心引水平线 ⅠⅡ(12、1'2'),并求出对水平面的最大斜度线 ⅢⅣ(34、3'4');

②在直线 12 上量取圆半径 R 得长轴 cd。用直角三角形法在直线 34 上确定短轴 ab;

③由长短轴画椭圆。同理可画出正面投影椭圆,如图 2-40(c)所示。

2.5 曲线和曲面

曲线可以看作是点运动的轨迹。点在一个平面内运动所形成的曲线叫作平面曲线,如圆、椭圆、双曲线和抛物线等;点不在一个平面内运动所形成的曲线叫作空间曲线,如圆柱螺旋线。

绘制曲线的投影,一般是先画出曲线上一系列点的投影,特别是要首先画出控制曲线形状和

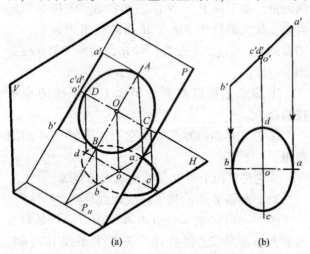

图 2-39 正垂面上圆的投影

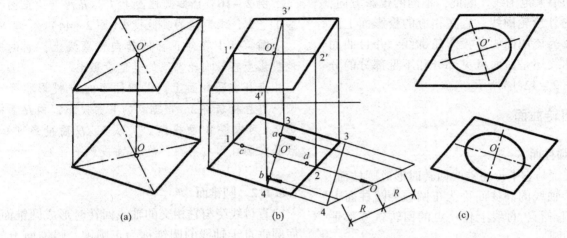

图 2-40

范围的特殊点的投影,而后再把这些点的投影光滑地连接起来。

立体表面的曲面可以看作是由直线或由曲线连续运动形成的。形成曲面的动线(直线或曲线)称为母线,如母线按一定规律运动,形成有规律曲面。控制母线运动规律的一些线或面称为导线或导面,母线在曲面上的任一位置称为该曲面的素线。

图 2-41 所示物体顶面,可看作是直线 L 沿着曲线 M 滑动,并始终平行于 Y 轴所形成的。直线 L 为母线,曲线 M 和 Y 轴为导线,L 线在运动过程中的任一位置(如 L_1、L_2、L_3)称为素线。

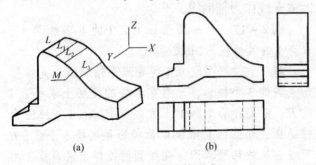

图 2-41 曲面的形成

曲面按母线形状不同可分为两大类:

①直线面 由直线运动而形成的曲面,如柱面、锥面等;

②曲线面 由曲线运动而形成的曲面,如球面、圆弧回转面等。

曲面按母线运动形式不同又可分为:

①回转曲面 母线绕一定轴做旋转运动而形成的曲面。回转曲面可以是直线面或曲线面。图 2-42 所示,是以平面曲线 L 为母线,绕定轴旋转而成。回转曲面的特点是:母线上任一点的运动轨迹均为圆周,该圆称为纬圆。

②非回转曲面 母线按一定规律运动,但并非回转,如图 2-41 所示。

为在投影图上确定一曲面,只需给出确定此曲面的各要素的投影即可。但是,为了能够明显地表达出曲面的形状和范围,还必须画出曲面各外形轮廓线的投影。

所谓曲面的外形轮廓线,从几何意义上说,是一系列与曲面相切的投影线,在该曲面上所得切点的总和。一般地说,就是该曲面在某一个投

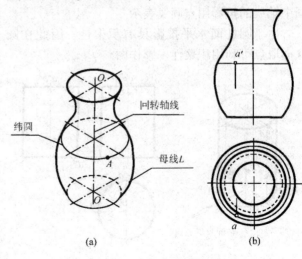

图 2-42 回转曲面

影方向上的最大范围线。因此，不同的投影方向，就有不同的外形轮廓线。它在相应的投影面上的投影，就成为该曲面的各投影轮廓线；并且曲面的外形轮廓线还是曲面可见部分和不见部分的分界线，如图2-42(b)所示。

2.5.1 回转曲面

2.5.1.1 圆柱面

直母线绕与它平行的轴线回转时形成圆柱面。底圆垂直于轴线的圆柱面称为正圆柱。圆柱面上的素线互相平行，母线上任一点的回转轨迹都是直径相同的圆周。

图2-43表示一轴线垂直于H面的正圆柱及三视图。H面投影是一个圆，反映了上下底圆的实形，该圆周也是圆柱面的积聚性投影。V面投影和W面投影都是形状相同的矩形，矩形上下边是圆柱面上下底圆的投影。V面投影的两边$a'a'$和$b'b'$是圆面上最左、最右两素线AA和BB的投影，称为对正面的转向轮廓线。由于圆柱面是光滑曲面，转向轮廓线的W面投影与轴线重合，不应画出。同理，W面投影的两边$c''c''$和$d''d''$是圆柱面上对侧面的转向轮廓线CC和DD的投影，它们分别是圆柱面上的最前、最后两素线。其V面投影与轴线重合，不应画出。注意的是：转向轮廓线是圆柱面上可见部分与不可见部分的分界线。在V面投影上，圆柱面前半个可见，后半个不可见；而在侧面投影上，左半个可见，右半个不可见。图中轴线的投影用点画线表示。

由于圆柱面水平投影具有积聚性，因此在圆柱面取点可利用积聚性投影作图。

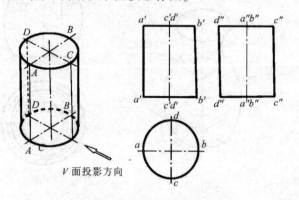

图2-43 圆柱面的形成和投影

例2-16 已知圆柱面上Ⅰ、Ⅱ两点的正面投影1'、2'，求两点的其他投影(图2-44)。

解 点Ⅰ在对正面的转向轮廓线上，它的其他投影应在转向轮廓线的其他投影上。

点Ⅱ在圆柱面上，因圆柱面的H投影积聚为圆，可直接求得2。根据点的V面投影2'和H面投影2，可求得W面投影2″。从V、H面投影可知，点Ⅱ在圆柱面右前面，故W面投影不可见。

2.5.1.2 圆锥面

直母线绕与它相交的轴线回转时形成圆锥面。底圆垂直于轴线的圆锥称为正圆锥。圆锥面上的素线都通过锥顶，母线上每一点所形成的纬圆直径大小不等。

图2-45表示轴线垂直于H面的正圆锥及三视图。H面投影是一个圆，反映底圆实形。V面投影和W面投影都是形状相同的等腰三角形。三角形的两腰$s'a'$、$s'b'$和$s''c''$、$s''d''$分别是圆锥面上对V面和W面转向轮廓线的投影。对V面的转向轮廓线是最左和最右两素线SA和SB；对W面的转向轮廓线是最前和最后两素线SC和SD。它们的其余二投影都与轴线或中心线重合，不应画出。

由于圆锥面的各投影都不具有积聚性，在圆锥面上取点必须应用作辅助线的方法，通常取纬圆或素线作为辅助线。

例2-17 已知圆锥面上点Ⅰ的V面投影1'，求点Ⅰ的其他投影(图2-46)。

解 方法一是过点Ⅰ作素线为辅助线。先作辅助素线的3个投影，然后在素线的投影上求得点Ⅰ的H、W面投影1和1″。方法二是过点Ⅰ作纬圆为辅助线。纬圆的V面和W面投影是两段水平线，H面投影反映纬圆真形，在纬圆的投影上求得点Ⅰ的H、W面投影。

2.5.1.3 球面

圆以直径为轴回转时形成球面。母线上任意点运动的轨迹均为圆周，圆周所在平面与轴垂直。

球面的3个视图均为与球面直径相等的3个圆周，如图2-47所示。从该图中可以看出：球面对3个投影面的转向轮廓线，都是平行于相应投影面

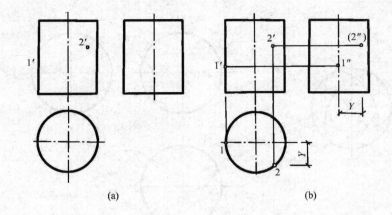

图 2-44

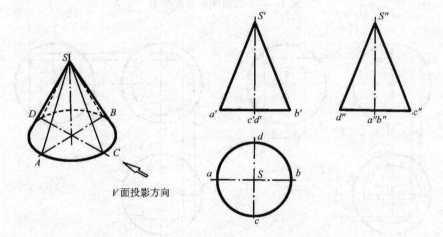

图 2-45 圆锥面的形成和投影

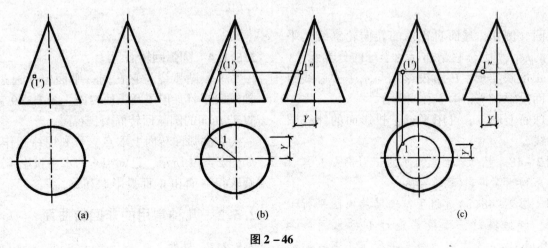

图 2-46
(a)已知　(b)方法一　(c)方法二

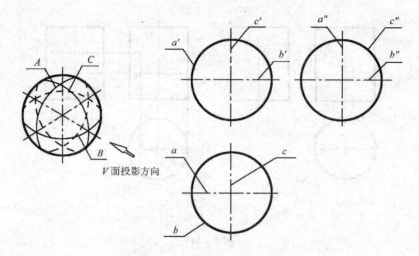

图 2-47　球面的形成和投影

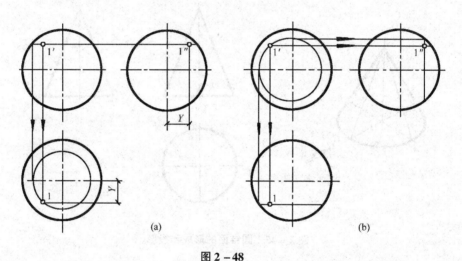

图 2-48
(a)方法一　(b)方法二

的最大圆。例如，球面对正面的转向轮廓线是平行正面的最大圆 A，它是前后两半球的分界线。V 面投影 a' 反映实形，H 面投影 a 与水平中心线重合，W 面投影 a'' 与铅垂中心线重合。

在球面上取点，可用平行于投影面的纬线圆为辅助线。

例 2-18　已知球面上点Ⅰ的正面投影 $1'$，求水平投影和侧面投影（图 2-48）。

解　图 2-48(a) 是过Ⅰ作辅助纬线圆平行于水平面，纬线圆的正面投影是过 $1'$ 的水平线。图 2-48(b) 是过Ⅰ作辅助线圆平行于正面，纬线圆的正面投影是过 $1'$ 的圆。

2.5.1.4　圆弧回转面

一段圆弧绕与它在同一平面但不通过圆心的轴线回转时，形成圆弧回转面。图 2-49 为轴线垂直于 H 面的圆弧回转面及三视图。

在圆弧回转面上取点，可利用纬圆作辅助线。如图 2-49 所示，已知点Ⅰ的水平投影 1，利用纬圆求得 V 面和 W 面投影 $1'$ 和 $1''$。

2.5.2　几种常用的非回转曲面

2.5.2.1　柱面

直母线沿曲导线移动，并始终平行于另一直导线时所形成的曲面称柱面。

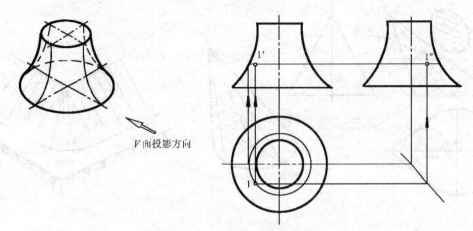

图 2-49 圆弧回转面的形成和投影

图 2-50 中的母线沿曲导线水平圆移动，而且始终平行于与水平面倾斜轴线 OO，形成的柱面为斜椭圆柱面。垂直于其轴线的截面（正截面）是椭圆。水平截面是圆，圆心都在轴线 OO 上。

图 2-50(b) 闸墩前端面是斜椭圆柱面。

例 2-19 已知斜椭圆柱面上点 A 的正面投影 a'，求水平投影 a（图 2-51）。

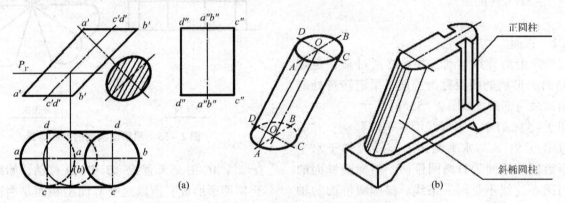

图 2-50 斜椭圆柱面的形成和投影

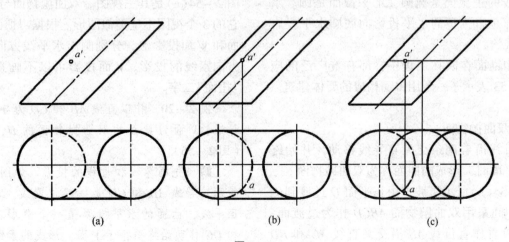

图 2-51

(a) 已知　(b) 方法一　(c) 方法二

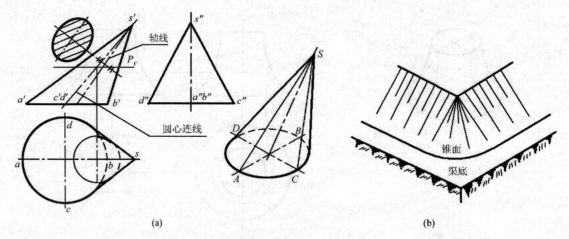

图 2-52 斜椭圆锥面的形成和投影

解 斜椭圆柱面无积聚性,在斜椭圆柱面上取点的投影需要作辅助线。方法一是利用素线为辅助线;方法二是利用水平圆为辅助线。作图方法如图 2-51(b)(c)所示。

2.5.2.2 锥面

直母线沿曲导线移动,并始终通过某一定点(锥顶)时,形成的曲面称为锥面。渠道转弯处斜坡面通常采用锥面,如图 2-52(b)所示。

图 2-52(a)中,直母线沿水平圆移动,并始终通过定点 S,S 与水平圆圆心连线倾斜于水平面,所形成的锥面为斜椭圆锥面。斜椭圆锥面的轴线与圆心连线不是同一条线。斜椭圆锥面的轴线是两个对称平面的交线,如图 2-52(a)所示。垂直于轴线的正截面是椭圆,水平截面是圆。水平投影轮廓是自锥顶的水平投影向底圆水平投影所作的切线。

柱面和锥面在园林工程中,都有着广泛的应用。图 2-53 表示了一个用锥面构成的壳体建筑。

2.5.2.3 双曲抛物面

一直母线沿着两条交叉直导线移动,并始终平行于导平面时,形成的曲面称为双曲抛物面。

图 2-54(b)所示岸坡,由正平面 Q 过渡到侧垂面 P,中间采用双曲抛物面 ABCD 作为过渡面。该曲面可以看作直母线 AB 沿交叉直线 AC 和 BD 移动,始终平行于 H 面所形成。该曲面也可看作

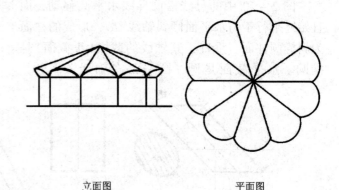

图 2-53 用锥面构成的壳体建筑

直母线 AC 沿交叉直线 AB 和 CD 移动,始终平行于 W 面所形成。所以这类双曲抛物面是由两组素线组成,一组是水平线,另一组是侧平线。图 2-54(a)是其三视图。双曲抛物面与平面不同,它的 3 个视图不呈类似图形。根据习惯画法,在 H 面和 W 面投影上,分别画出水平线方向和侧平线方向素线的投影。V 面投影可以不画素线,只写"扭面"二字。

例 2-20 作以直线 AB 和 CD 为导线,AD 为母线、V 面为导面的双曲抛物面的 H、V 面投影(图 2-55)。

解 先画导线和母线的投影。如图 2-55(a)所示,导线 AB 和 CD 是一般位置线,母线 AD 是正平线,曲面的水平投影是一个菱形。AD 沿 AB 和 DC 移动始终平行于 V 面,形成的素线都是正平线。先画一组正平线的 H 面投影并求出它们的 V

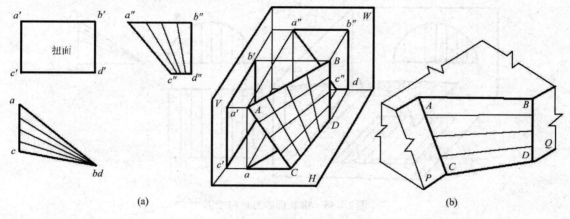

图 2-54 双曲抛物面的形成和投影

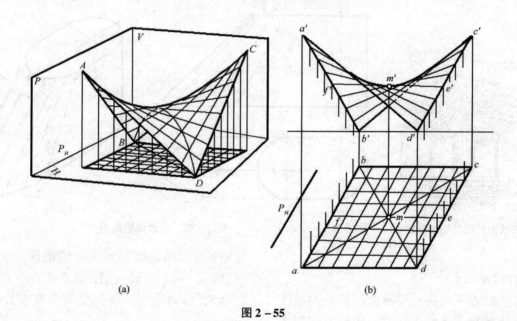

图 2-55

面投影,然后作其包络线,即为曲面的 V 面投影轮廓。最后判断 V 面投影的可见性,如图 2-55(b)所示。

此题如将导线和母线互相对换,以 AD 和 BC 为导线,AB 为母线,以平行于 AB 的铅垂面 P 为导面,也可以形成同样一个双曲抛物面。这也就说明双曲抛物面上有两组素线。双曲抛物面的几何性质还在于,用两组分别平行 bd 和 ac 的铅垂面截切曲面,交线都是抛物线。用一组水平面截切曲面,如水平面通过顶点 M 其交线是直线 EF 和 KL(未画出),其他交线都是双曲线。

2.5.2.4 锥状面

一直母线沿着不在同一平面上的一条直导线和一条曲导线移动,并始终平行于一导平面时,所形成的曲面称为锥状面。

图 2-56 所示锥状面的导线是直线 AB 和圆弧 DEC,导平面是侧平面。面上所有素线都是侧平线。为明显起见,视图中画出若干条素线的投影。有些新型屋面采用这种锥状面,如图 2-57 所示。

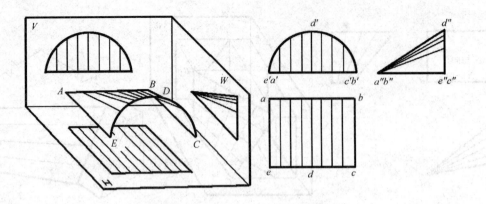

图 2-56 锥状面的形成和投影

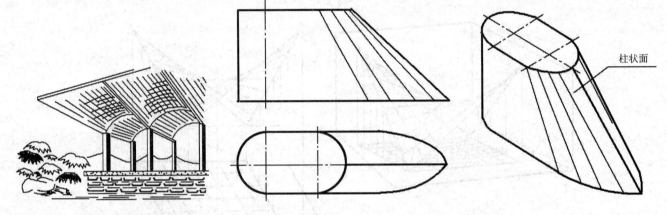

图 2-57 锥状面构成的壳体建筑　　　　图 2-58 柱状面的应用

2.5.2.5 柱状面

一直母线沿着不在同一平面上的两条曲导线移动，并始终平行于一导平面时，所形成的曲面称为柱状面。

图 2-58 所示桥墩前端面是两个对称的柱状面。该柱状面的上导线是 1/4 圆弧，下导线是部分圆弧，导面是正平面，面上所有素线都是正平线。

2.6 圆柱螺旋线和螺旋面

圆柱螺旋面应用于螺旋梯及转弯扶手，如图 2-59 所示。圆柱螺旋面的导线是圆柱螺旋线。

2.6.1 圆柱螺旋线

一动点沿圆柱的母线作等速直线运动，同时该母线又绕圆柱的轴线作等速回转运动，动点的这种复合运动的轨迹是圆柱螺旋线，如图 2-60 (a) 所示。母线旋转一周，动点沿母线方向移动的距离 S，称为导程。圆柱螺旋线有左旋和右旋之

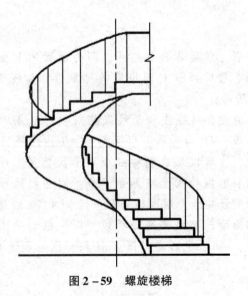

图 2-59 螺旋楼梯

分,若以拇指表示动点沿母线移动的方向,其他四指表示母线旋转方向,符合左手情况的称为左螺旋线,符合右手情况的称为右螺旋线。给出圆柱直径、导程和旋向3个基本要素,就可以画其投影图。

图2-60(b)中,先画圆柱的投影图并在其正面投影定出导程S的大小。将圆柱的H面投影圆周分为若干等分(如十二等分),按旋向编号,在V面投影图上将导程作同样数目的等分。由H面上各等分点作铅垂线,同时在V面上由等分点作水平线,交得0′,1′,2′…如图2-60(c)所示。最后将各交点连成光滑曲线,即为螺旋线的正面投影。螺旋线的水平投影积聚在圆周上。

2.6.2 圆柱螺旋面

一直母线以圆柱螺旋线为导线,并按一定规律运动,所形成的曲面称为圆柱螺旋面。图2-61(a)所示一直母线沿圆柱螺旋线(曲导线)和螺旋线的轴线(直导线)移动,并始终与轴线垂直相交,这时所形成的圆柱螺旋面是正螺旋面。因轴线垂直于H面,故所有素线都是水平线。

图2-61(b)是正螺旋面的投影图,它的画法与螺旋线相同,为了清晰地表示出螺旋面,一般还画出一系列素线的投影。图2-61(c)为中间有一同轴圆柱的正螺旋面投影图。该圆柱与螺旋面

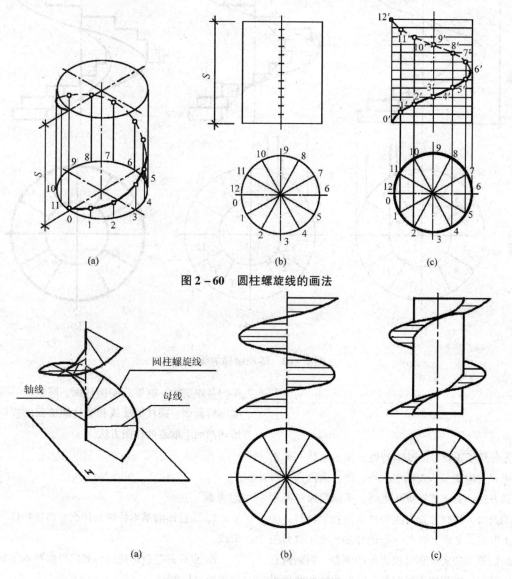

图2-60 圆柱螺旋线的画法

图2-61 圆柱螺旋面的形成和投影

的交线也是一条螺旋线,其导程与螺旋线导线的导程相同。画图时,只要画出两端点所形成的螺旋线,连接相应点即得一系列素线,并判断虚实。

2.6.3 螺旋楼梯的画法

如图 2-62 是螺旋楼梯的投影图。设楼梯每导程高度分为 12 级踏步,踏步的踢脚板均垂直于 H 面,踏面均为水平面,楼梯板的厚度为 δ。画图方法如下:

① 根据内外圆柱的直径、导程、梯级数、画圆柱螺旋面的两面投影;

② 把螺旋面的 H 面投影分为十二等分,每一等分就是一个踏面的投影。踢面的 H 面投影积聚在两踏面的分界线上,如图 2-62(a) 所示;

③ 画各步级的 V 面投影。踏面的 V 面投影积聚成一水平线段。把导程分为十二等分,每一等分就是一个踢面的高,如图 2-62(a)(b) 所示;

④ 由各踏步两侧,向下量出楼梯板垂直方向厚度 δ,即可画出楼梯底面的正螺旋面。最后将楼梯可见部分加深,如图 2-62(c) 所示。

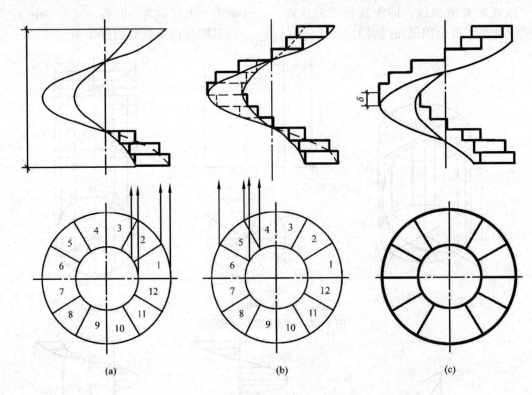

图 2-62 螺旋楼梯的画法

小 结

本章首先分析了正投影的基本特性,简单形体三面正投影图的形成和对应关系,进而引入点、线、面投影分析的基本原理和方法。要求掌握点、直线、平面投影的基本规律和投影图画法,特殊位置直线和平面的投影特性。能够完成直线上取点、平面上取点(线)的作图,运用直角三角形法求一般位置线的实长和对投影面的倾角,判断两直线的相对位置等常见类型的作图问题。掌握曲线和曲面投影的基本规律,能够绘制圆柱面、圆锥面、圆球面和常见非回转曲面、圆柱螺旋线和圆柱螺旋面的投影图,掌握在回转曲面上取点的作图方法。

思考题

1. 正投影的基本特性是什么?简述物体三面正投影的形成。

2. 点有哪些投影规律?如何根据两点相对坐标确定两点的相对位置?

3. 什么叫重影点？如何判别重影点的可见性？
4. 一般位置线、投影面平行线、投影面垂直线各有哪些投影特性？
5. 如何判断点在直线上？如何在直线上取点的投影？
6. 如何运用直角三角形法求作一般位置线的实长和对投影面的倾角？
7. 两条直线的相对位置有哪几种情况？各有什么投影特性？怎样判断交叉直线重影点的可见性？
8. 直角的投影有哪些特性？
9. 一般位置面、投影面平行面、投影面垂直面各有哪些投影特性？
10. 如何在平面上取点和直线的投影？
11. 什么是平面的迹线？它有什么投影特性？
12. 什么是平面上的投影面平行线和最大斜度线？它们各有哪些投影特性？
13. 平面上圆的投影有哪些特性？如何确定投影椭圆的长短轴？
14. 曲面如何分类？常见的回转曲面和非回转曲面有哪些？
15. 什么是回转曲面的转向轮廓线？如何在圆柱面、圆锥面和圆球面上取点的投影？
16. 简述圆柱螺旋线的形成和投影特性。

第 3 章
图解方法

[**本章提要**] 本章主要学习辅助投影法、旋转法的作图原理和应用，用几何作图的方法求解直线、平面的度量和定位等实际问题。研究在平面投影图上如何运用画法几何的作图方法解决直线与直线之间、直线与平面之间以及平面与平面之间的相交、平行、垂直、距离、夹角等作图问题。

3.1 几何元素的辅助投影

3.1.1 概 述

当空间直线或平面与投影面处于特殊位置时，它们的投影反映实长或实形。由于在实际作图时，我们经常会遇到：物体表面的棱线或平面并不都是与投影面处于特殊位置，因而在投影图上就不能反映出它们的实长、实形、距离或倾角。如表3-1，当要解决一般位置几何元素的度量或定位问题时，如能把它们由一般位置改变成为特殊位置，问题就往往容易获得解决。

本节将介绍一种辅助投影法，研究在保持空间几何元素不动的前提下，通过增设辅助投影面，使其对辅助投影面处于特殊位置，以达到有利于解题目的一种作图方法。

如图3-1，△ABC 在 V/H 投影体系中，其正

表 3-1 几何元素对投影面的相对位置与投影关系

与投影面的位置	两点之间距离	三角形实形	两平面夹角	直线与平面的交点
一般位置	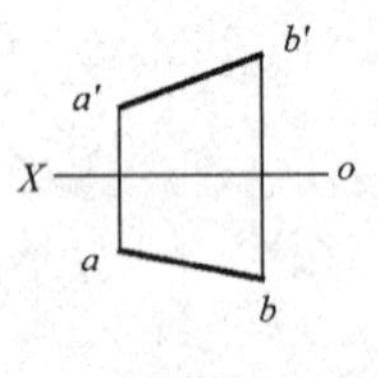	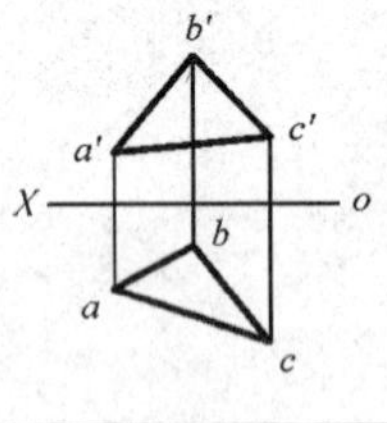	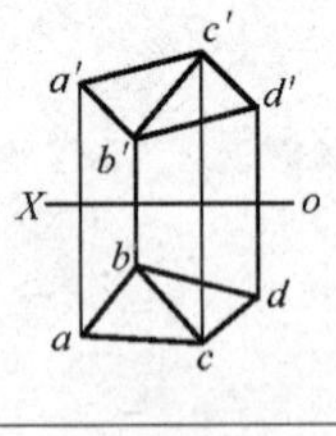	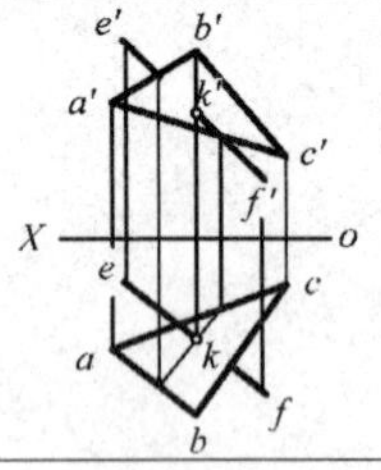
特殊位置	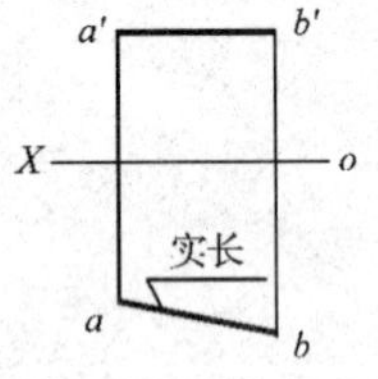	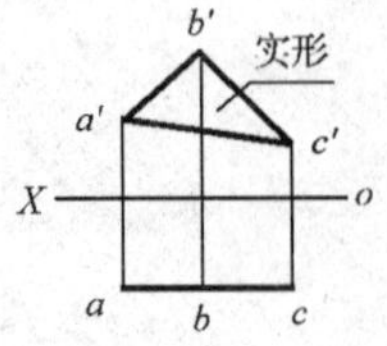	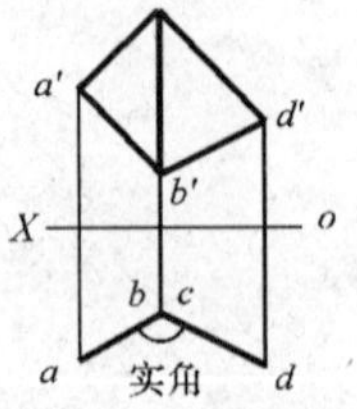	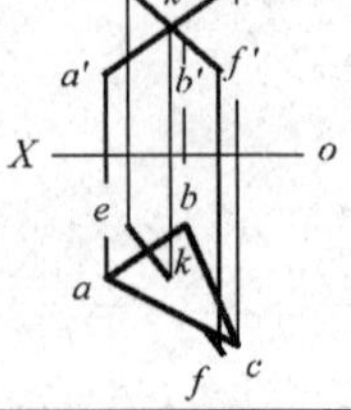

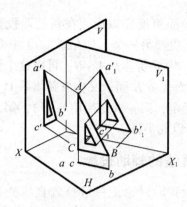

图 3-1 辅助投影法

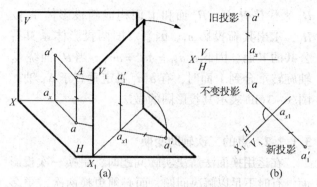

图 3-2 点在 V_1/H 体系中的辅助投影

面投影 $\triangle a'b'c'$ 和水平投影 $\triangle abc$（积聚为直线段）都不反映 $\triangle ABC$ 的实形。若增设一个平行于 $\triangle ABC$ 的辅助投影面 V_1，替换原来的 V 投影面，则在新形成的辅助投影体系 V_1/H 中，$\triangle ABC$ 的辅助正投影 $\triangle a'_1 b'_1 c'_1$ 则反映出 $\triangle ABC$ 的实形。

利用辅助投影法确定辅助新投影面的条件是：

①辅助投影面必须垂直于原有投影体系中的一个不变的投影面。

②辅助投影面必须与空间几何元素处于有利于解题的位置。

3.1.2 点的辅助投影

点是一切几何形体的基本元素。因此，必须首先掌握点的辅助投影变换规律和基本作图方法。

3.1.2.1 点的一次辅助变换

首先，研究更换正立投影面时，点的辅助投影变换规律。如图 3-2(a)，空间点 A 在 V/H 体系中，正面投影为 a'，水平投影为 a。现在令：H 面不变，取一个铅垂面 V_1（$V_1 \perp H$）来代替正立投影面 V，形成新投影面体系 V_1/H；V_1 面和 H 面的交线 X_1 称为辅助投影轴，也叫新投影轴；将点 A 向 V_1 投影面投射，得到新投影面上的投影 a'_1，称为点 A 的辅助投影，也叫新投影。这样，点 A 在新、旧两投影体系中的投影分别是 a、a'_1 和 a、a'，都为已知。其中 a'_1 为新投影，a' 为旧投影，而 a 为新、旧体系中共有的不变投影。它们之间有下列关系：

①由于这两个体系具有公共的水平面 H，因此点 A 到 H 面的距离（即 z 坐标），在新旧体系中都是相同的，即 $a'a_X = Aa = a'_1 a_{X_1}$。

②当 V_1 面绕 X_1 轴旋转重合到 H 面时，根据点的投影规律可知 aa'_1 必定垂直于 X_1 轴。这和 $aa' \perp X$ 轴的性质是一样的。

根据以上分析，可以得出点的辅助投影变换规律：

①点的新投影和不变投影的连线，必垂直于新投影轴。

②点的新投影到新投影轴的距离等于被更换的旧投影到旧投影轴的距离。

图 3-2(b) 表示根据上述规律，由 V/H 体系中的投影 a、a' 求出 V_1/H 体系中的投影的作图法。首先按要求条件画出新投影轴 X_1，新投影轴确定了新投影面在投影图上的位置。然后过点 a 作 $aa'_1 \perp X_1$，在垂线上截取 $a'_1 a_{X_1} = a'a_X$，则 a'_1 即为所求的新投影。水平投影 a 为新、旧两投影体系所共有。

同样方法，我们研究更换水平投影面时，点的辅助投影变换规律。如图 3-3(a)，取正垂面

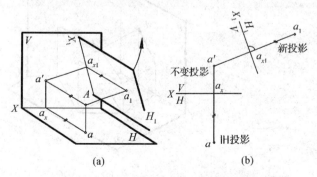

图 3-3 点在 V/H_1 体系中的辅助投影

H_1 来代替 H 面，H_1 面和 V 面构成新投影体系 V/H_1，求出其新投影 a_1。因新、旧两投影体系具有公共的 V 面，因此 $a_1 a_{X1} = Aa' = aa_X$。当 H_1 面绕 X_1 轴旋转重合到 V 面时，有 $a'a_1$ 必定垂直于 X_1 轴。图 3-3(b)表示其投影图的做法。

3.1.2.2 点的二次辅助变换

在运用换面法解决实际问题时，更换一次投影面，有时不足以解决问题，而必须更换两次或更多次。图 3-4 表示更换两次投影面时，求点的新投影的方法，其原理和更换一次投影面是相同的。

必须指出：在更换多次投影面时，新投影面的选择除必须符合前述的两个条件外，还必须是在一个投影面更换完以后，在新的两投影面体系中交替地再更换另一个。如在图 3-4 中先由 V_1 面代替 V 面，构成新体系 V_1/H；再以这个体系为基础，取 H_2 面代替 H 面，又构成新体系 V_1/H_2。

我们规定，第一次变换用注脚 1，第二次变换用注脚 2，以此类推。

3.1.3 直线的辅助投影

现在，我们讨论把一般位置直线变换为特殊位置直线，这是解题时经常会遇到的实际问题。这类问题共有两种：

① 一般位置直线变换为投影面平行线。
② 一般位置直线变换为投影面垂直线。

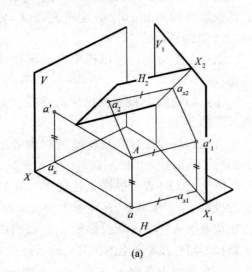
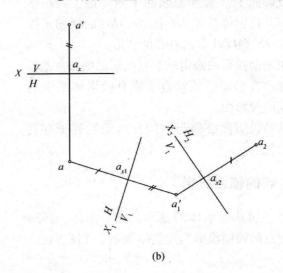

(a)　　　　　　　　　　　(b)

图 3-4　变换两次投影面

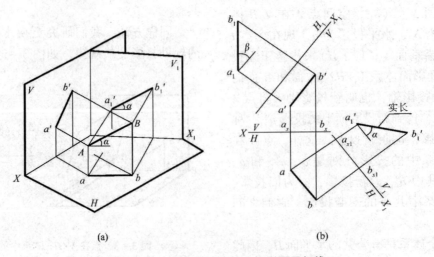

(a)　　　　　　　　　　　(b)

图 3-5　一般位置线变换为投影面平行线

3.1.3.1 一般位置直线变换为投影面平行线

图 3-5(a)中,已知一般位置直线 AB 的投影 ab 和 $a'b'$,用辅助投影法求它的实长和对 H 面的倾角。取新投影面 V_1 代替 V,并使 V_1 面平行于直线 AB,这时 AB 变成新投影面 V_1 的平行线。

于是在投影图 3-5(b)中,作 $X_1 /\!/ ab$,过 a、b 作 X_1 轴垂线,截取 $a'_1 a_{x1} = a' a_x$,$b'_1 b_{x1} = b' b_x$,连接 $a'_1 b'_1$ 即为直线 AB 的实长,$a'_1 b'_1$ 与 X_1 轴夹角即为直线 AB 对 H 面的真实倾角 α。

若不更换 V 面,而更换 H 面,同样可以把它变换为辅助投影面 H_1 的平行线。此时 $a_1 b_1$ 反映直线 AB 的实长;$a_1 b_1$ 与 X_1 轴的夹角反映了直线 AB 对 V 面的真实倾角 β。

3.1.3.2 一般位置直线变换为投影面垂直线

把一般位置直线变换为投影面垂直线,只变换一次投影面是不行的。如图 3-6 所示,若选新投影面 P 直接垂直于一般位置直线 AB,则平面 P 也是一般位置平面,它和原体系中的任一投影面都不垂直,因此不能构成新的投影面体系。

如果所给的是一条投影面平行线,要变换为投影面垂直线,则更换一次投影面即可。如图 3-7(a)所示,由于直线 AB 为正平线,因此所作垂直于直线 AB 的新投影面 H_1 必垂直于原体系中的 V 面,这样直线 AB 在 V/H_1 体系中变换为投影面垂直线。其投影图做法见图 3-7(b),根据投影面垂直线的投影特性,取 $X_1 \perp a'b'$,然后求出 AB 在 H_1 面上的新投影 $a_1 b_1$,$a_1 b_1$ 必重合为一点。

综上所述,要把一般位置直线变换为投影面垂直线,必须更换两次投影面,见图 3-8(a)所示。首先,把一般位置直线变换为投影面 V_1 的平行线;然后,把投影面平行线变换为投影面 H_2 的垂直线。图 3-8(b)表示其投影图的做法。

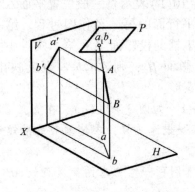

图 3-6 P 面与 V、H 面都不垂直

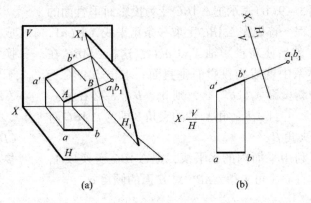

图 3-7 投影面平行线一次变换成投影面垂直线

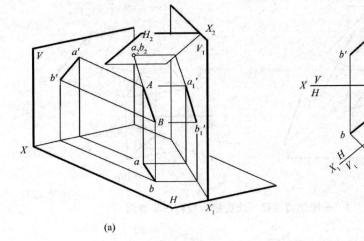

图 3-8 一般位置直线二次变换成投影面垂直线

3.1.4 平面的辅助投影

在实际解题中,把一般位置平面变换为特殊位置平面共有两种情况:
① 一般位置平面变换为投影面垂直面。
② 一般位置平面变换为投影面平行面。

3.1.4.1 一般位置平面变换为投影面垂直面

图3-9(a)表示把一般位置平面△ABC变换为投影面垂直面的情况。为了使三角形变换为投影面垂直面,只需使属于该平面的任意一条直线垂直于新投影面。由上述,已知一般位置直线变为投影面垂直线,必须更换两次投影面,而把投影面平行线变为投影面垂直线只需更换一次投影面。因此,在平面内任取一条投影面平行线(正平线AⅠ)为辅助线,取与它垂直的H_1面为新投影面,△ABC也就和新投影面垂直。

图3-9(b)表示把△ABC变为投影面垂直面的作图过程。首先在△ABC上取一条正平线AⅠ($a1$,$a'1'$),然后使新投影轴$X_1 \perp a'1'$,这样△ABC在V/H_1体系中就成为投影面垂直面。求出△ABC三顶点的新投影a_1、b_1、c_1,则a_1、b_1、c_1必在同一直线上。并且$a_1b_1c_1$和X_1轴的夹角β即为△ABC对V面的夹角β。

若利用平面内的水平线,把△ABC变换成V_1面的垂直面,可求得△ABC对H面的倾角α。

3.1.4.2 一般位置平面变换为投影面平行面

如果要把一般位置平面变为投影面平行面,只更换一次投影面是不行的。

因为,若取新投影面平行于一般位置平面,则这个新投影面也一定是一般位置平面,它和原投影体系中的任一投影面都不垂直,因此不能构成新投影体系。

所以要解决这个问题,必须更换两次投影面。首先,把一般位置平面变换为投影面垂直面;然后,把投影面垂直面变换为投影面平行面。

图3-10(a)表示把平面△ABC变换为投影面平行面的作图过程。第一次,变换为垂直于辅助投影面H_1,做法同图3-9(b);第二次,变换为平行于辅助投影面V_2,根据投影平行面投影特性,取新轴$X_2 // b_1a_1c_1$,作出△ABC三顶点在V_2面的新投影a'_2、b'_2、c'_2,则△$a'_2b'_2c'_2$反映出△ABC的实形。

图3-10(b)表示将一般位置平面△ABC变换成投影面平行面的另一种作图过程。第一次,变换为垂直于辅助投影面V_1;第二次,变换为平行于辅助投影面H_2,则△$a_2b_2c_2$也反映出了平面△ABC的实形。

例3-1 如图3-11(a),在交叉管道AB和CD之间接一根连通管,求连通管的最短长度和连接点位置。

解 本例可归结为求两交叉直线AB和CD间

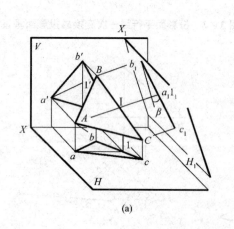 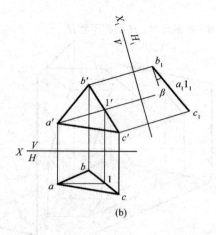

图3-9 一般位置平面一次变换为投影面垂直面

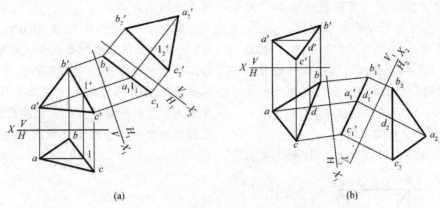

(a)　　　　　　　　　　　　(b)

图 3-10　一般位置平面二次变换为投影面平行面

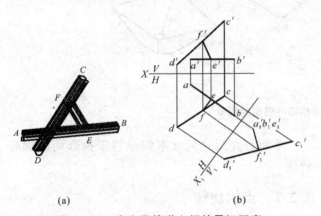

(a)　　　　　　　(b)

图 3-11　求交叉管道之间的最短距离

公垂线的问题。

如使交叉二直线中的某一根垂直于新投影面，则公垂线 EF 就成为该新投影面的平行线，公垂线与另一直线的新投影能反映它们的垂直关系。图中直线 AB 是水平线，只需要一次变换就可以成为 V_1 面垂直线。

作图步骤如图 3-9(b)所示。求得点 a'_1、b'_1 后，由 e'_1（与 $a'_1 b'_1$ 重合）作直线垂直于 $c'_1 d'_1$，得交点 f'_1。根据 $e'_1 f'_1$ 反求出 ef（ef∥X_1），再求出 $e'f'$，即确定了 E、F 的位置。其中 $e'_1 f'_1$ 等于 EF 实长。

例 3-2　如图 3-12 所示，求洞门斜面实形。

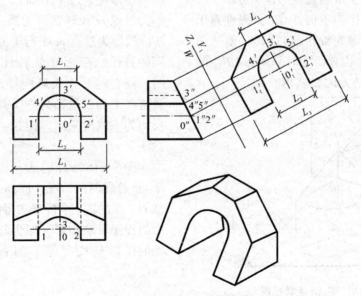

图 3-12　求洞门斜面实形

解 洞门斜面是侧垂面，用换面法求洞门实形，新投影面 V_1 必为与斜面平行的侧垂面。因此，取 Z_1 // $0''1''2''3''$，在 Z_1 轴一侧作对称轴 $0'_1 3'_1$，然后分别量取尺寸 L_1、L_2、L_3，画出洞门斜面外轮廓实形。在洞门的 V 面投影图上取 $4'$、$5'$ 两对称点，求出两点的新投影 $4'_1$、$5'_1$，光滑连接 $1'_1 4'_1 3'_1 5'_1 2'_1$，即为门洞口上部椭圆形曲线的实形。

例 3 – 3 试求图 3 – 13 所示的出料漏斗两相邻斗壁面的夹角。

解 将两相邻斗壁面 *ABMN*、*DCMN* 的交线 *MN* 变换为新投影面的垂直线，则两邻斗壁面必同时垂直于新投影面，它们的新投影积聚为两线段，其夹角反映两邻面的实际夹角。因相邻斗壁面的交线 *MN* 是一般位置直线，变换成投影面垂直线需进行两次变换。作图步骤如图 3 – 13 所示。

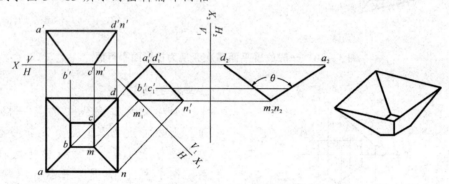

图 3 – 13　求出料漏斗两相邻斗壁面的夹角

3.2　几何元素的旋转

本节将介绍另一种将一般位置几何元素变换为特殊位置的方法——旋转法。旋转法是指投影面保持不动，而让空间几何元素绕某一轴线旋转，使其对投影面处于有利于解题位置的作图方法。

如图 3 – 14 表示一个铅垂面 △*ABC*，绕垂直于 H 面的边 AB（此处 AB 即为旋转轴）旋转，使三角形旋转至正平面 △ABC_1 位置。此时平面 △ABC_1 的正面投影 △$a'b'c'_1$ 反映 △*ABC* 的实形。

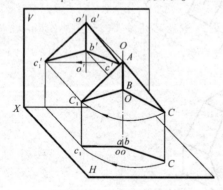

图 3 – 14　△*ABC* 绕 *AB* 旋转投影

本章只介绍几何元素绕垂直于投影面的轴旋转法。

3.2.1　点的旋转

图 3 – 15（a）表示点 *M* 绕垂直于 V 面的轴 O – O 旋转时的情况。点 *M* 的轨迹为一个垂直于轴 O – O 的圆（平行于 V 面）。因此，该轨迹的 V 面投影为过点 m' 反映实形的圆，半径等于旋转半径 R；H 面投影为过点 m 平行于 OX 轴的线段，长度等于圆的直径。若点 *M* 旋转任意 θ 到新位置点 M_1 时，则它的 V 面投影同样旋转 θ 角。这时，旋转轨迹在 V 面的投影为一段圆弧 $m'm'_1$，在 H 面上的投影为一线段 mm_1。图 3 – 15（b）表示其投影图的做法。

图 3 – 16（a）（b）表示点 *M* 绕垂直于 H 面的轴 O – O 旋转时的情况。同样，点 *M* 的轨迹为垂直轴 O – O 的圆（平行于 H 面）。因此，该轨迹在 H 面的投影反映实形，即为与旋转轨迹相同的圆；V 面的投影是长度等于圆直径且平行于 OX 轴的线段。

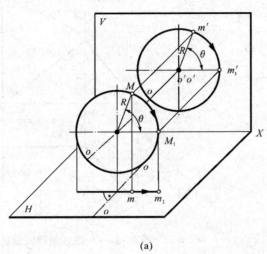

图 3-15 点绕正垂轴旋转

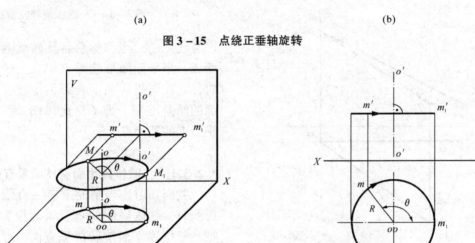

图 3-16 点绕铅垂轴旋转

由以上分析,可以得出点绕投影面垂直轴旋转的规律为:当点绕垂直于某一投影面的轴旋转时,点在该投影面的投影是作以轴的投影为圆心和以旋转半径为半径的圆周运动;而在另一投影面的投影则作直线运动,且该直线必垂直于轴在该投影面的投影。

3.2.2 直线的旋转

直线是由两点决定的,旋转直线可以理解为旋转直线上的任意两点。在旋转时,两点的相对位置不能改变,即必须遵守"三同"原则:绕同一轴旋转,向同一方向旋转,旋转同一角度。

如图 3-17(a)所示,线段 AB 绕铅垂轴旋转时,点 A 和点 B 按"三同"原则各作圆周运动。其投影如图 3-17(b)所示,不论 AB 旋转到什么位置,其水平投影的长度不变,它与 H 面的倾角不变。同理,线段绕正垂轴旋转时,其正面投影长度不变,直线段与 V 面的倾角不变。

3.2.2.1 一般位置直线旋转成投影面平行线

如图 3-18 所示,把一般位置直线 AB 绕铅垂轴旋转成正平线。图中设 $O-O$ 轴通过点 A,把 ab 旋转到平行于 OX 轴的位置得 ab_1,同时作出点 b'_1,这时 $a'b'_1$ 反映了 AB 直线的真长,$a'b'_1$ 与 OX 轴的夹角表示直线 AB 对 H 面的倾角 α。

同理,若绕正垂轴把一般位置线 AB 旋转成水

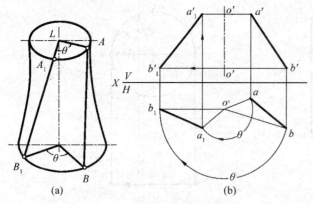

图 3-17 点绕铅垂轴旋转

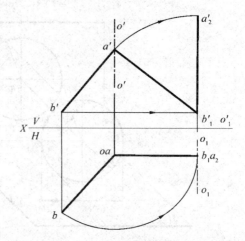

图 3-19 一般线旋转成垂直线

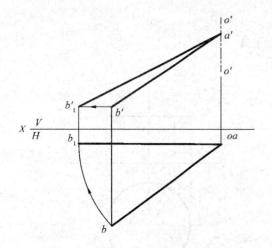

图 3-18 一般线旋转成平行线

平线，可求得直线 AB 的实长及其对 V 面的倾角 β。

3.2.2.2 一般位置直线旋转成垂直线

为了把一般位置直线旋转成垂直线，必须绕不同的轴旋转两次：首先，把一般位置直线旋转成平行线；然后，把平行线旋转成垂直线。

如图 3-19 所示，先把一般位置直线 AB 绕铅垂轴 $O-O$ 旋转成正平线 AB_1（ab_1、$a'b'_1$），再把正平线 AB_1 绕正垂轴 O_1-O_1 旋转成铅垂线 A_2B_1。

同理，也可把一般位置直线先绕正垂轴旋转成水平线，再绕铅垂轴旋转成正垂线。

同理，若绕正垂轴把一般位置线 AB 旋转成水平线，可求得直线 AB 的实长及其对 V 面的倾角 β。

3.2.3 平面的旋转

旋转平面可按"三同"原则旋转平面内不在同一直线上的三点，然后将旋转后的三点投影连线而成。当平面图形绕垂直于某一投影面的轴旋转时，它在该投影面上投影的形状、大小和对投影面的倾角不变。为了简化作图，可使旋转轴通过平面上的某一点。

3.2.3.1 一般位置平面旋转成垂直面

我们知道，当平面上有一直线垂直于某一投影面时，则该平面就垂直于此投影面。所以，欲把一般位置平面旋转成垂直面，可以通过把平面内某一直线旋转成垂直线来实现。平面内一般位置直线变换为垂直线须旋转两次，而平面内的投影面平行线变换为垂直线只需旋转一次。因此，旋转平面时，应选用平面内的投影面平行线。

如图 3-20 所示，先把 △ABC 平面内的正平线 CE 旋转成铅垂线，再把 A 和 B 两点也旋转过

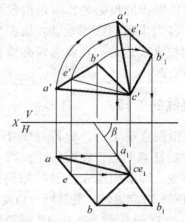

图 3-20 一般面旋转成垂直面

去，使△A_1B_1C 变为铅垂面。a_1cb_1 与 X 轴的夹角，反映了△ABC 平面对 V 面的倾角 β。同理，若利用△ABC 平面内的水平线，也可把△ABC 平面旋转成正垂面，而求得 α 角。

3.2.3.2 一般位置平面旋转成平行面

把一般位置平面旋转成平行面，必须绕不同的轴各旋转一次：先旋转成垂直面，再旋转成平行面。

如图 3-21 所示。先把△ABC 平面绕正垂轴（图中未画轴）旋转成铅垂面，再把三角形绕铅垂轴旋转成正平面。作图时，使水平面的积聚性投影 a_1cb_1 旋转成平行于 X 轴的 $a_2c_2b_1$，然后求出 $a'_2b'_1c'_2$，这样△$A_2B_1C_2$ 就成为正平面。△$a'_2b'_1c'_2$ 反映△ABC 平面的真形。同理，若先把△ABC 平面旋转成正垂面，再旋转成水平面，同样可求得平面的真形。

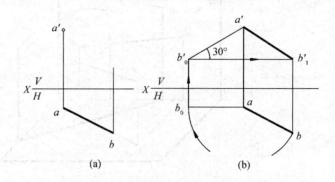

图 3-22 求作 AB 直线的正面投影

③由 b_0 向 X 轴作垂线与上述直线相交得 b'_0 点。

④由 b'_0 作 X 轴的平行线，可与过 b 引 X 轴的垂线相交求得 b'_1。

⑤连接 $a'b'_1$ 即为所求。本题有二解，$a'b'_1$ 是其中一解。

3.3 相交问题

直线与平面相交，其交点既在直线上，又在平面上，是直线和平面的共有点。

平面与平面相交，其交线是两平面的共有线。欲求作两平面交线，可求得交线上的两个共有点或者一个共有点和分析出交线的方向。

3.3.1 直接作图法

直线与平面相交，其中平面为特殊位置；当平面与平面相交，其中一个平面为特殊位置时，可以利用平面的积聚性投影，直接求得直线与平面的交点和两平面的交线。把这种方法称为直接作图法。

3.3.1.1 直线与平面相交

如图 3-23 所示，直线 AB 与铅垂面 P 相交，可利用铅垂面 P 的水平投影具有积聚性，直接求得直线与平面的交点。

作图分析：如图 3-23(a)所示，直线 AB 与铅垂面 P 相交，交点 K 为线面共有点。根据平面 P 投影的积聚性，K 的水平投影 k 必在 P_H 上；点 K

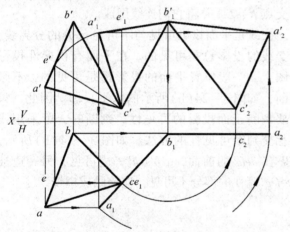

图 3-21 一般面旋转成平行面

例 3-4 已知直线 AB 的水平投影及倾角 α = 30°，试作出它的正面投影，如图 3-22(a)所示。

解 从所给条件可知，AB 是一般位置直线。若 AB 为正平线，则直线的正面投影可反映它对 H 面的倾角为 30°。根据题设条件，先作出旋转成正平线的投影，使 α = 30°，然后反向作出 V 面的投影。

作图步骤见图 3-22(b)所示：

①设轴线通过点 A，旋转 ab 至 ab_0，使其平行于 X 轴。

②过 a' 作与 X 轴成 30°的直线。

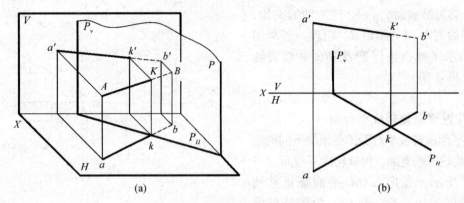

图 3-23 直接作图法求线面交点

又是直线 AB 上的点,所以 k 又应在 ab 上,即 k 是 P_H 和 ab 的交点。而且 k' 应在 $a'b'$ 上。

作图步骤如图 3-23(b) 所示,先确定 k,再在直线的正面投影 $a'b'$ 上求得 k'。

判断直线与平面相交的可见性时,把平面看作是不透明的,平面会遮挡部分直线,并以交点为界,把直线分为可见与不可见两部分。在平面有积聚性投影的图上,直线都是可见的,不必判断,如图 3-23(b) 所示的水平投影。因此,只需要判断正面投影的可见性,判断时必须利用直线和平面的水平投影。如图所示,bk 在 P_H 后面,故 $b'k'$ 不可见,应该画成虚线。

3.3.1.2 平面与平面相交

平面与平面相交,其中一个平面为特殊位置,可利用平面的积聚性投影,直接求得两平面的交线。

作图分析:如图 3-24(a) 所示,铅垂面 $DEFG$ 与一般位置平面 ABC 相交的交线 KL,只要求出平面 $\triangle ABC$ 的两边 AC、BC 对矩形 $DEFG$ 的两个交点 K、L,并将它们连线即成。

交线是平面投影可见与不可见部分的分界线,而交线的投影总是可见的。在平面有积聚性投影的图上,一般位置平面的投影都是可见的,不必判断,如图 3-24(b) 所示的水平投影。因此,只需要判断正面投影的可见性。判断时,可采用线面相交判断可见性的方法。如图 3-24(b) 所示,$ablk$ 在 $defg$ 的前面,$a'b'l'k'$ 一边可见,另一边被 $d'e'f'g'$ 遮住的部分不可见,应该画成虚线。

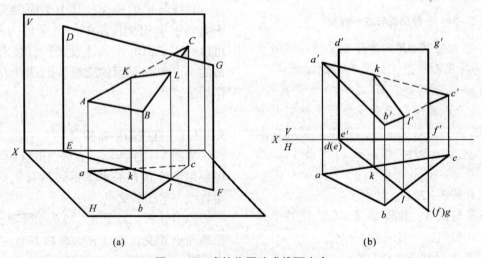

图 3-24 直接作图法求线面交点

3.3.2 辅助线法

直线与平面相交，当直线有积聚性时，可利用在平面内作辅助线的方法，求得直线与平面的交点。

如图3-25所示，一般位置平面△ABC与铅垂线EF相交，交点K的水平投影k必然与e(f)重合。这就相当于已知平面△ABC内一点K的水平投影k，要求得k'，可利用平面内作辅助线取点的方法求得。如图所示，过k作辅助线bl，求得b'l'，进而求得k'。

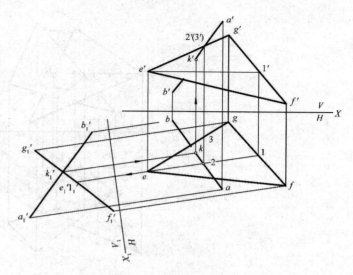

图3-26 辅助投影法求线面交点

线面交点的新投影，然后返回原投影体系，求得交点的投影k和k'。

作图步骤：

①取平面△EFG内的水平线EⅠ，作X_1垂直于e1，得V_1/H新投影体系。

②求得直线AB与平面△EFG一次变换后的辅助投影，得交点的辅助投影k'_1。

③由k'_1返回原投影体系，求得k和k'。

判断可见性：

①判别H面投影的可见性，可根据V_1面上的投影。以平面的投影$e'_1 f'_1 g'_1$为界，直线的投影$a'_1 k'_1$一段距X_1轴较远，所以水平投影ak可见，kb一段必不可见。

②判别V面投影的可见性，可利用交叉两直线的重影点2'(3')加以判断。通过作图可知，a'k'可见，k'b'上的一段被遮住。

例3-6 如图3-27所示，求平面△ABC和平面△DEF的交线，并判别可见性。

解 作图分析：平面△ABC和平面△DEF均是一般位置平面，此时可将平面△ABC一次变换为V_1面的垂线面。在新投影体系中利用直接作图法确定出交线的辅助投影$k'_1 g'_1$，然后返回原投影体系求得kg和k'g'。

作图步骤：

①取平面△ABC内的水平线AⅠ，作X_1垂直

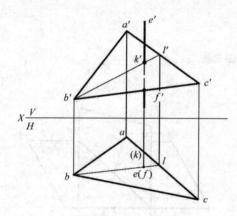

图3-25 辅助线法求线面交点

3.3.3 辅助投影法

不论是直线与平面相交求交点，还是平面与平面相交求交线，当参与相交的两几何元素都无积聚性投影时，不能采用直接作图法或辅助线法作图。可利用辅助投影体系，创造直线或平面具有积聚性投影的条件，以求得交点、交线，这种方法叫作辅助投影法。

辅助投影法就是把相交的两几何元素之一，变换成垂直于辅助投影面后，再采用直接作图法或辅助线法作图。

例3-5 求直线AB与平面△EFG的交点K的投影，并判别可见性，如图3-26所示。

解 作图分析：由于直线AB与平面△EFG都处于一般位置，不能直接求作交点K的投影。可先将平面△EFG一次变换成新投影体系中的投影面垂直面，在新投影体系中利用直接作图法确定

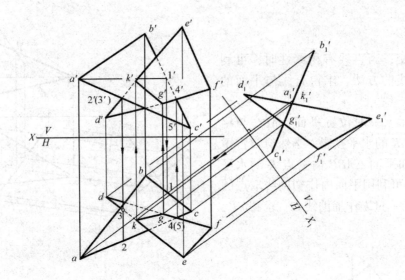

图3-27　辅助投影法求面面交线

于 $a1$，得 V_1/H 投影体系。

②求得平面 $\triangle ABC$ 与平面 $\triangle DEF$ 一次变化后的辅助投影，得交线的辅助投影 $k'_1 g'_1$。

③由 $k'_1 g'_1$ 返回原投影体系，求得 kg 和 $k'g'$。

判断可见性：

①判别 V 面投影性，利用交叉直线 AC 和 DK 的正面投影的重影点 $2'(3')$。由于 $Y_{II} > Y_{III}$，所以点 $2'$ 是可见的，则 $2'$ 所在的投影线 $a'c'$ 亦可见，而 $3'k'$ 为不可见；同理，$d'g'$ 被 $\triangle a'b'c'$ 遮住的部分不可见。因此，以交线 $k'g'$ 为界，$\triangle d'e'f'$ 的 $k'g'f'e'$ 部分为可见。

②利用 V_1 面上的投影可判断 H 面投影的可见性。或者由重影点 $4(5)$ 来判断。4、5 点是交叉直线 AC 和 DF 的水平重影点，由于 $Z_{IV} > Z_V$，所以，点 4 可见，则其所在的直线 fg 可见；同理，ek 亦是可见的。因此，$\triangle def$ 的 $kgfe$ 部分可见，$\triangle kgd$ 被 $\triangle abc$ 遮住的部分为不可见。

3.3.4 辅助平面法

当相交的两几何元素都处于一般位置时，也可采用辅助平面法求交点、交线。

作图原理如图 3-28 所示，欲求一般位置直线 AB 与一般位置平面 P 的交点，先包含 AB 作一辅助平面 Q，平面 Q 和平面 P 相交得交线 I II，I II 和直线 AB 的交点 K，即为直线 AB 和平面的

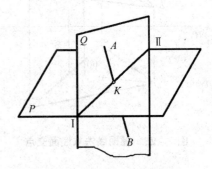

图3-28　辅助平面法作图原理

交点(共有点)。

欲求两个一般位置平面的交线，只需用同样方法求得其一平面内的两条直线与另一平面的交点，然后将两个共有点连线即可。

作图步骤：

①包含直线作辅助平面，为了方便，一般选取投影面垂直面为辅助平面；

②求作辅助平面与平面的交线；

③求作交线与直线的交点。

例 3-7　求直线 DE 与 $\triangle ABC$ 的交点。如图 3-29(a) 所示。

解　如图 3-29(b) 所示，过直线 DE 作铅垂面 P_H 为辅助面，求出 P_H 与平面 $\triangle ABC$ 的交线 I II $(12, 1'2')$ 得 $1'2'$ 与 $d'e'$ 的交点 k'，进而求得 k。最后根据交叉直线的重影点判别可见性。

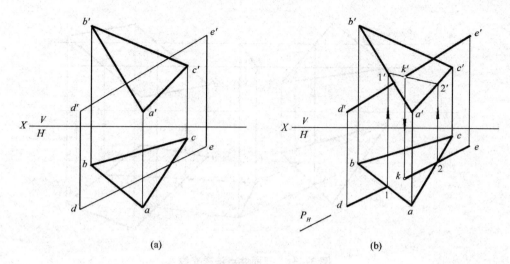

图 3-29 辅助平面法求交点

例 3-8 求平面 △ABC 与平面 △DEF 的交线，如图 3-30(a)所示。

解 求两个一般位置三角形的交线，可采用辅助平面法。如先求直线 DE 与平面 △ABC 的交点 K，再求直线 DF 与平面 △ABC 的交点 G，KG 即为交线。图 3-30(b)为判别可见性后的投影。

例 3-9 求平面 △ABC 和平行四边形 □DEFG 的交线，如图 3-31 所示。

解 为求两平面交线也可用投影面平行面为辅助投影面。

图 3-31 所示，取水平面 P_V 为辅助面，求出 P_V 与平面 △ABC 和平行四边形 □DEFG 的交线是两条同高的水平线 Ⅰ Ⅱ 和 Ⅲ Ⅳ，它们的交点 S 是交线上的点。作图步骤如图所示，先求得 s，由 s 求 s'。由于 S 是平面 P_V 与平面 △ABC 和平行四边形 □DEFG 的共有点，所以这种方法叫作三面共点作图法。同理，再取一个水平面 Q_V 为辅助面，可求得另一个交点 T，连 ST(st、s't')即为所求。

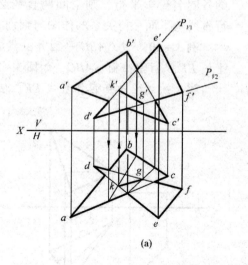
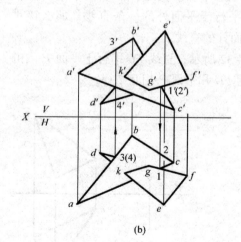

图 3-30 辅助平面法求交点

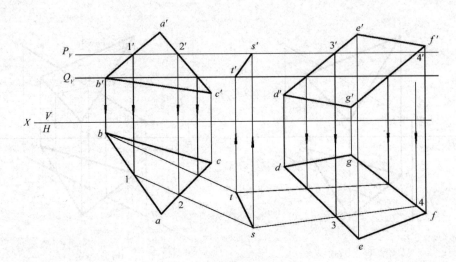

图 3-31 三面共点法求交线

3.4 平行问题

本节主要讨论直线与平面平行、平面与平面平行的问题。

3.4.1 直线与平面平行

3.4.1.1 几何条件

由初等几何可知,直线与平面平行的几何条件是:若直线平行于平面内的任一直线,则此直线和该平面相互平行。反之,如果在平面内能作出一条直线平行于平面外的一条直线,那么该平面平行于平面外的直线。

如图 3-32 所示,直线 FG 平行于平面 P 内的直线 DE,则 FG 和平面 P 相互平行。

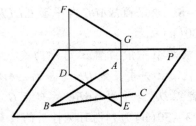

图 3-32 直线与平面平行的几何条件

3.4.1.2 作图与判别

根据两直线相互平行的投影特性,即两直线的各同名投影平行,则空间两直线必然平行,进行直线与平面平行关系的作图与判别。

例 3-10 过 △ABC 平面外一点 E,作一条水平线 EF 平行于平面 △ABC,如图 3-33(a)所示。

解 欲过已知点 E 作直线 EF,使其既平行于

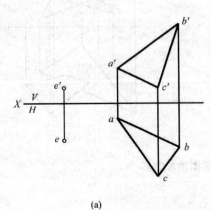

(a)

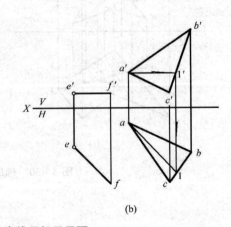

(b)

图 3-33 过点作直线平行于平面

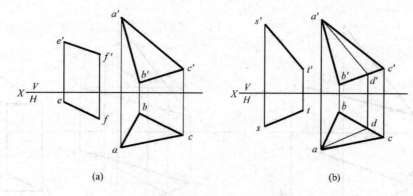

图 3-34 判别直线与平面是否平行

平面 △ABC，又平行于水平面，必须先在平面 △ABC 内引一条水平线。如图 3-33(b) 中所引的水平直线 AⅠ ($a1$、$a'1'$)，然后作直线 EF 平行于直线 AⅠ (ef//$a1$、$e'f'$//$a'1'$)，即为所求。

例 3-11 试判别图 3-34 所示的直线 EF 与平面 △ABC 是否平行。

解 在图 3-34(a) 中，ef 平行于 bc，但 $e'f'$ 不平行于 $b'c'$，故直线 EF 不平行于平面 △ABC。

在图 3-34(b) 中，可作出 $a'd'$ 平行于 $s't'$、ad 平行于 st，即在平面 △ABC 内，过点 A 可作出直线 AD 平行于直线 ST。因此，直线 ST 平行于平面 △ABC。

3.4.2 平面与平面平行

3.4.2.1 几何条件

由初等几何可知，平面与平面平行的几何条件是：若平面内有一对相交直线平行于另一平面内一对相交直线，则两平面相互平行。

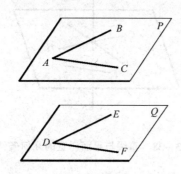

图 3-35 两平面平行的几何条件

如图 3-35 所示，平面 P 上的两相交直线 AB 和 AC，分别平行于平面 Q 上的两相交直线 DE 和 DF，则平面 P 平行于平面 Q。

3.4.2.2 作图与判别

在投影图上表示两平面相互平行，反映为两平面上两相交直线的各同名投影对应平行。

例 3-12 过点 D 作水平线 DE、正平线 DF，并使它们所决定的平面平行于由相交两直线 AB、AC 所确定的平面，如图 3-36(a) 所示。

解 如图 3-36(b) 所示，首先在由直线 AB 与 AC 所确定的平面内作水平线 CⅠ，使 DE 平行于 CⅠ (de//$c1$、$d'e'$//$c'1'$)；再作正平线 AⅡ，使 DF 平行于 AⅡ (df//$a2$、$d'f'$//$a'2'$)，即完成作图。

例 3-13 试判别图 3-37 所示的两平面是否平行。

解 在图 3-37(a) 中，$d'e'$ 平行于 $b'c'$，$d'f'$ 平行于 $a'b'$；de 平行于 bc，df 平行于 ab，故两平面相互平行。

在图 3-37(b) 中，需要作辅助线加以判断。若两平面平行，则可在平行线 AB 和 CD 所确定的平面上，作一对相交直线平行于平面 △EFG 的两边。为此，作 $a'1'$ 平行于 $e'f'$，$a'2'$ 平行于 $e'g'$，并用平面内取直线的方法，求出 $a1$、$a2$。由图中可知，AⅠ、AⅡ 与 EF、EG 没有对应平行关系。所以两平面不平行。

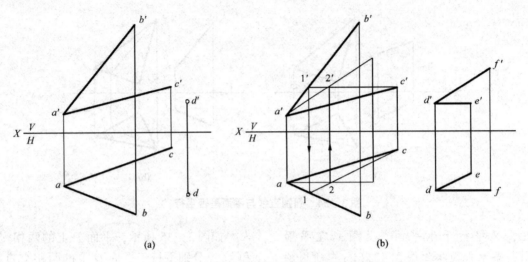

图 3-36　过一点作平面平行于已知平面

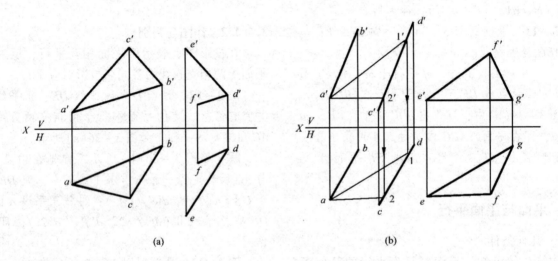

图 3-37　判别两平面是否平行

3.5　垂直问题

本节主要讨论直线与平面垂直、平面与平面垂直的问题。

3.5.1　直线与平面垂直

3.5.1.1　几何条件

直线与平面垂直的几何条件是：若一条直线同时垂直于平面内两条相交直线，则该直线垂直于这个平面；反之，若一条直线与一个平面垂直，则该直线与这个平面内的所有直线都垂直。

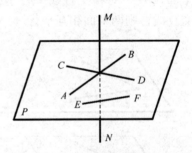

图 3-38　直线与平面垂直的几何条件

如图 3-38 所示，直线 MN 垂直于平面 P，那么直线 MN 与平面 P 内的两条相交直线 AB、CD 成相交垂直，和直线 EF 成交叉垂直。

值得注意的是，若直线垂直于平面，该直线必然垂直于平面内的正平线和水平线；反之，若直线垂直于平面内相交的正平线和水平线，它就一定和该平面垂直。

3.5.1.2　投影分析

根据直线垂直于平面的几何条件和直角投影定理可知，若直线垂直于平面，则该直线的水平投影必定垂直于该平面内过垂足的水平线的水平投影；直线的正面投影必定垂直于平面内过垂足的正平线的正面投影。

由于平面内所有正平线或所有水平线都互相平行，它们的投影也互相平行。因此，上述投影特点可扩展为：

若一条直线垂直于一个平面，则该直线的水平投影垂直于平面内所有水平线的水平投影；直线的正面投影垂直于平面内所有正平线的正面投影。

3.5.1.3　作图与判断

根据直线与平面垂直的投影特点，不仅可以在投影图上表示和判断直线与平面的垂直关系，而且可以解决有关垂直问题的作图。

例 3-14　过平面 $\triangle ABC$ 外一点 E，作一条直线 EF 垂直于平面 $\triangle ABC$，并求其垂足。

解　如图 3-39(a) 所示，在平面 $\triangle ABC$ 内，过点 C 作一条水平线 $C\,\mathrm{I}\,(c1、c'1')$，过 e 作 ef 垂直于 $c1$；再在平面 $\triangle ABC$ 内作一条正平线 $B\,\mathrm{II}\,(b2、b'2')$，过 e' 作 $e'f'$ 垂直于 $b'2'$。ef 和 $e'f'$ 即为所作垂线 EF 的两个投影。

图 3-39(b) 表示利用辅助平面法求得垂线 EF 与平面 $\triangle ABC$ 的交点 $K(k、k')$，K 即为垂足。

例 3-15　过直线 EF 外一点 A，作一条直线与其垂直相交，垂足为 K。

解　如图 3-40(a) 所示，过点 A 求作与直线 EF 的正交直线，其必定在过点 A 且垂直于直线 EF 的平面 P 内。因此，先过点 A 求作平面 P 与直线 EF 垂直，然后求作平面 P 与直线 EF 的交点 K，连 AK 即为所作的垂线。

如图 3-40(b) 所示：

① 过点 A 作两相交的正平线 $A\,\mathrm{I}$ 和水平

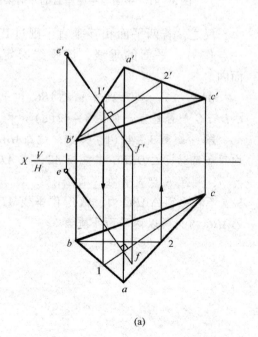

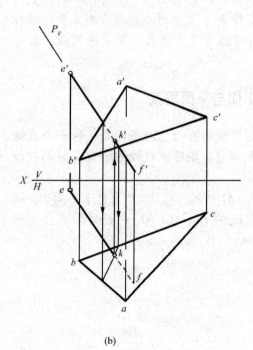

(a)　　　　　　　　　　　　(b)

图 3-39　过平面外一点作直线与平面垂直

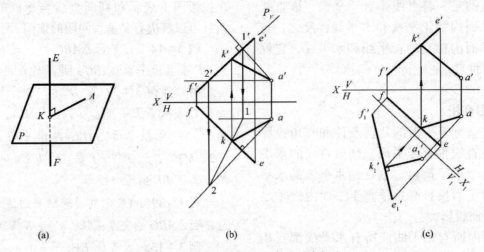

图 3-40 作直线与已知直线垂直相交

$A\ II$，使 $a'1' \perp e'f'$，$a2 \perp ef$，则两相交直线所确定的平面 $A\ I\ II$ 垂直于直线 EF；

②用辅助平面法求作直线 EF 与平面 $A\ I\ II$ 的交点 $K(k、k')$；

③连接 $AK(ak、a'k')$ 即为所求。

若采用如图 3-40(c) 所示的辅助投影法作图，可先将直线 EF 变换为 V_1 面的平行线，再根据直角投影定理作图。即在 V_1 面上，由 a'_1 直接向 $e'_1 f'_1$ 作垂线，求得 k'_1，然后再返回原投影体系，求得 k 和 k'。用这种方法求两直线垂直的问题，更为简便。

3.5.2 平面与平面垂直

平面与平面垂直的几何条件是：若一条直线与某一平面垂直，则过该直线的所有平面都与该平面垂直。

如图 3-41 所示，直线 AB 垂直于平面 P，则通过 AB 直线的 Q_1、Q_2、Q_3…平面都垂直于平面 P。

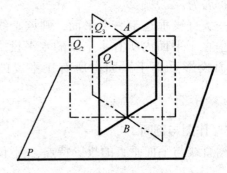

图 3-41 平面与平面垂直的几何条件

反之，若两平面相互垂直，则过其一平面内一点作另一平面的垂线，该垂线必定在这个平面内。

例 3-16 判断两平面 △ABC 和平行四边形 ▱$DEFG$ 是否垂直，如图 3-42(a) 所示。

解 如图 3-42(b) 所示，过 △ABC 内一点 A 向平行四边形 ▱$DEFG$ 作垂线 AT，在 AT 上任找一点 S，判断 S 点是否在平面 △ABC 上。由图可知，S 点不在平面 △ABC 内，故所作垂线 AT 不在平面 △ABC 内，所以两平面不垂直。

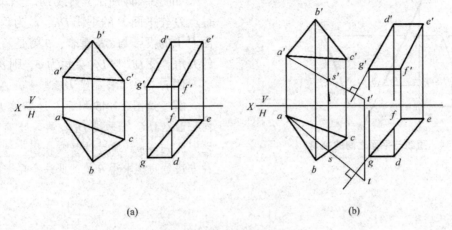

图 3-42 判断两平面是否垂直

3.6 距离和夹角问题

3.6.1 距离问题

距离问题包括：点到直线间、两平行线间、两交叉直线间、点到平面间、直线和与其平行的平面间以及两平行平面间的距离。欲求这些距离的真长，只需将其中的直线或平面变换成投影面的垂直位置，在有积聚性的辅助投影上，即反映这些距离的真长。

例 3-17 求点 D 到平面 $\triangle ABC$ 的距离，如图 3-43(a) 所示。

解 如图 3-43(b) 所示，把 $\triangle ABC$ 一次变换成投影面的垂直面，$a_1'b_1'c_1'$ 的距离即为所求。

3.6.2 夹角问题

夹角问题包括：两相交直线之间、直线与平面之间、两相交平面之间的夹角。研究的目的，在于求得它们的真角大小。

3.6.2.1 两相交直线的夹角

求出两相交直线所确定的平面真形，即反映出两相交直线间的真角。

3.6.2.2 直线与平面的夹角

直线与平面的夹角是指直线与它在该平面上的投影之间的夹角。

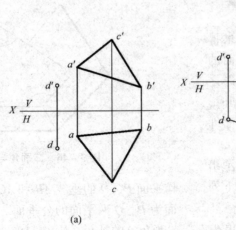
(a)

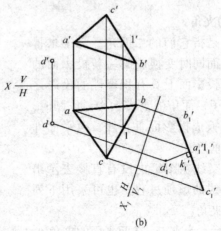
(b)

图 3-43 求点与平面的距离

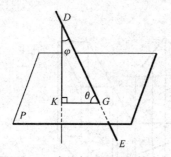

图 3-44 直线与平面之间的夹角

如图 3-44 所示，直线 DE 与平面 P 的交点为 G，过点 D 作平面 P 的垂线 DK，K 为垂足，则 DG 在平面 P 上的投影与 GK 重合，θ 就是直线 DG 与平面 P 的夹角。设 DG 与 DK 夹角为 φ，则 θ=90°-φ。

例 3-18 求直线 DE 与平面 △ABC 的夹角。

解 如图 3-45 所示，过直线 DE 上任意一点，向平面 △ABC 作垂线 DG，再求出直线 DE 与此垂线之间的夹角 φ，通过计算或作图，进而求得 θ 值。这种方法是间接求得 θ 值。此法需要进行两次变换。

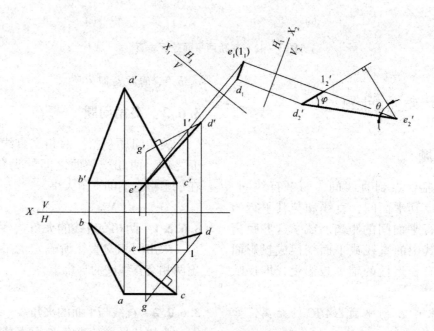

图 3-45 两次变换法求直线与平面的夹角

3.6.2.3 两平面的夹角

两平面的夹角是指它们的二面角。为了求得二面角，可将两平面同时变换成某一新投影面的垂直面，它们在新投影面上具有积聚性的投影之间的夹角，即反映了二面角的真实大小。作图时，把两平面的交线变换成投影面垂直线，两平面即同时变换成投影面垂直面。

如果两平面的交线在图纸内没有直接表示出来，为了避免求交线的烦琐过程，也可采用下列方法求得两平面的夹角：

如图 3-46 所示，为求 P、Q 两平面的夹角 θ，可过不在平面 P 和平面 Q 上的任意一点 A，分别

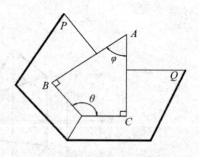

图 3-46 二面角与它的补角

作平面 P、Q 的垂线 AB 和 AC，AB 和 AC 构成的平面为 P、Q 两平面的公垂面。直线 AB、AC 的夹角 φ 为角 θ 的补角，则 θ=180°-φ。

例 3-19 求两个三角形平面之间的夹角 θ，

如图 3-47 所示。

解 ①在两三角形之间任取一点 M（点 M 均不是两三角形平面内的点），由 M 点分别向平面 $\triangle ABC$ 和平面 $\triangle DEF$ 作垂线 $M\text{I}$ 和 $M\text{II}$，构成平面 $\triangle M\text{I}\text{II}$（为简化作图，取 III 为水平线）；

②通过两次变换，求出平面 $\triangle M\text{I}\text{II}$ 的真形及 φ 角；

③由 $\theta = 180° - \varphi$，即为所求。

空间几何元素的综合问题，通常要求同时满足两个以上的几何条件。解决这类综合问题时，往往需要应用轨迹的概念进行分析和作图。

例 3-20 在直线 EF 上找一点 G，使它与平面 $\triangle ABC$ 的距离等于 10mm，如图 3-48。

解 距离平面 $\triangle ABC$ 为 10mm 的点的轨迹是以

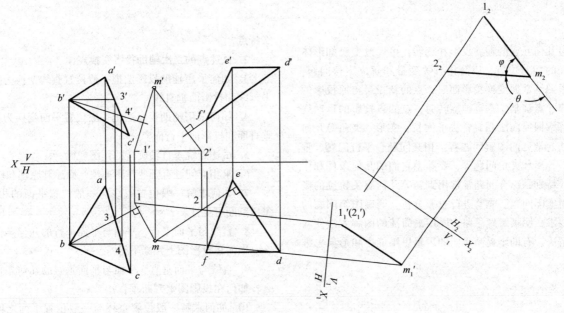

图 3-47 求两平面之间的夹角

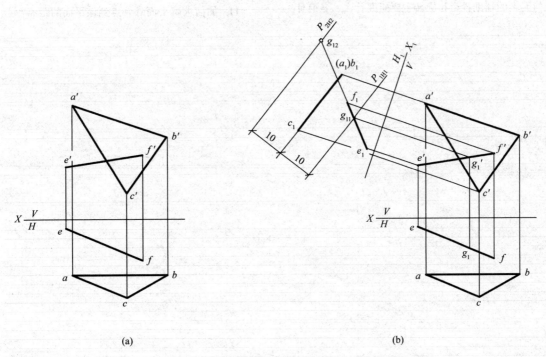

(a)　　　　　　　　　　　　(b)

图 3-48 在直线上求距离平面为定距的点

平面 $\triangle ABC$ 为对称平面，并且与之相距为 10mm 的两个平行平面，该两平面与直线 EF 的交点 G_1 和 G_2 即为所求。

① 把平面 $\triangle ABC$ 变换成辅助投影面 H_1 的垂直面，其投影为线段 b_1c_1。

② 在 H_1 面上作距离 b_1c_1 等于 10mm 的两条迹线 P_{1H1} 和 P_{2H2}，并求得它们与 e_1f_1 的两个交点 g_{11} 和 g_{12}。

③ 把 g_{11} 反向作图，求得其 g_1' 和 g_1，即完成作图（另一解 g_2、g_2' 图中未作出）。

小 结

通过几何元素的辅助投影和旋转，可以改变已知形体对投影面的相对位置，以简化有关度量和解决定位问题。本章要求熟练掌握变换投影面时，点的新投影与原投影的变换规律；点绕某一垂直轴旋转时，点的各投影的运动规律。熟练掌握换面法和旋转法求实长、实形、夹角等几何作图方法。常见的图解问题有：相交问题、平行问题、垂直问题、距离和夹角问题等，要熟悉它们的几何条件和作图方法；特别是综合问题常常用到初等几何有关轨迹的概念。面对实际问题，先要进行投影分析，明确图解问题的目的和要求，明晰解题思路，能用最简捷的图解方法使问题得到解决，有助于提高我们的逻辑思维能力和形象思维能力。

思考题

1. 几何元素的辅助投影和旋转主要研究什么？各有什么特点？
2. 试述点的二次辅助投影变换规律。
3. 如何采用辅助投影法把一般位置直线变换为投影面平行线和投影面垂直线？
4. 如何采用辅助投影法把一般位置平面变换为投影面垂直面和投影面平行面？
5. 试述点绕垂直轴旋转的作图规律。
6. 求相交问题有哪些作图方法？简述其原理和应用。
7. 如何求解一般位置直线与一般位置平面的相交点？怎样判断可见性？
8. 直线与平面平行、平面与平面平行的几何条件是什么？如何在投影图上判断平行？
9. 直线与平面垂直、平面与平面垂直的几何条件是什么？如何在投影图上判断垂直？
10. 如何求解一般位置直线与一般位置平面之间以及两平面之间的夹角？
11. 如何求解平面外一点到该平面的距离？

第 4 章
基本立体及表面交线

[**本章提要**] 在园林工程中，经常会遇到各种形状的物体，不论它们的形状如何复杂，都可以看作是由一些基本立体经过叠加、切割或交接组合而成的。基本立体在组合过程中常产生交线，因此，必须研究交线的性质、形状及其基本作图方法，以便正确分析和表达工程形体的形状。本章主要研究几种常见的基本立体的投影及其表面交线的投影等作图问题。

4.1 基本立体的投影

由点、线、面几何要素构成的基本几何体称为基本立体。

根据表面形状的不同，基本立体又分为平面立体和曲面立体两类。

4.1.1 平面立体

表面全部由平面围成的形体称为平面立体。常见的平面立体有棱柱、棱锥和棱台等。如图 4-1 所示。绘制平面立体的投影，就是绘出围成平面立体所有平面的投影或绘出组成平面立体的棱线和顶点的投影。

4.1.1.1 棱柱

棱柱由棱面和上下底面组成，各棱线互相平行。

图 4-1(a) 直立的五棱柱，它的水平投影是一个五边形，反映上下底面的形状特征，另外两面投影为多个矩形线框。

4.1.1.2 棱锥

棱锥由多边形底面和具有公共顶点的三角形棱面组成，各棱线相交于顶点。

图 4-1(b) 水平放置的三棱锥，底面的水平投影是一个三角形（反映实形），棱面的各投影均为三角形线框，棱线的投影汇交于同一点。

4.1.1.3 棱台

用平行于棱锥底面的平面将棱锥截断，去掉顶部后所得的形体称为棱台。棱台是棱锥的一部分。

图 4-1(c) 水平放置的四棱台，上下底面的水平投影是四边形（反映实形），棱面的各投影均为梯形线框，棱线的投影延长后汇交于同一点。

图 4-2 列举了部分常见平面立体的三面投影图。

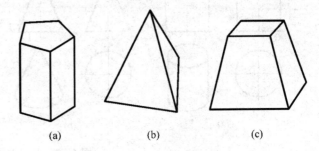

图 4-1 常见平面立体
(a) 五棱柱 (b) 三棱锥 (c) 四棱台

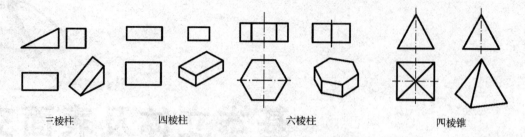

图 4-2 常见平面立体的三面投影图

工程上各种形状的立体常常可以视为由若干基本形体所组成。工程形体的投影图，也就是组成它们的简单几何形体的投影的集合，所以我们必须熟练掌握基本形体的投影图特点。如正棱柱，当底面平行于投影面时，相应的投影反映底面实形，其余两个投影都由矩形框组成；因此对于柱体，应主要从反映底面实形的投影来判断其形状特征。

4.1.2 曲面立体

表面全部由曲面或曲面和平面围成的形体称为曲面立体。常见的曲面立体有圆柱、圆锥、圆台和球体等。如图 4-3 所示，绘制曲面立体的投影，就是绘出围成曲面立体所有曲面或曲面和平面的投影。

4.1.2.1 圆柱

圆柱体由圆柱面和两个底面围成。正圆柱的底平面垂直于轴线。

如图 4-3(a) 所示直立正圆柱，水平投影是一个圆反映底面实形，另外两投影为两个相同的矩形。

4.1.2.2 圆锥

圆锥体由圆锥面及底平面所围成，正圆锥的底平面垂直于圆锥的轴线。

如图 4-3(b) 所示直立的正圆锥，水平投影是一个圆反映底面实形，另外两投影为两个相同的三角形。

4.1.2.3 圆台

用平行于圆锥底面的平面将圆锥截断，去掉顶部后所得的形体称为圆台。圆台是圆锥的一部分。

如图 4-3(c) 所示直立的圆台，水平投影是两个同心圆反映上下底面的实形，另外两投影为两个相同的梯形。

4.1.2.4 球体

由球面所围成的立体称为球体。

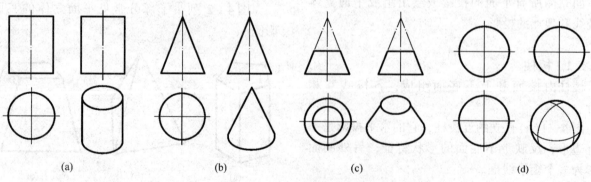

图 4-3 常见曲面立体的三面投影图
(a) 圆柱　(b) 圆锥　(c) 圆台　(d) 球

如图 4-3(d)所示的球体，其三面投影均为与圆球直径相等的圆。

工程形体一般都是比较复杂的，当若干个基本形体经叠加、切割或交接组合在一起时，这些基本形体表面还可能产生交线。所以我们除了要熟练掌握基本形体投影图的特点外，还要掌握这些交线的画法。

4.2 平面与立体相交

在工程实践中，经常会遇到平面与立体相交的问题。平面与立体相交，可看作是由平面截切立体。该平面称为截平面，截切以后的立体称为截切体。截平面与立体表面的交线称为截交线，截交线所围成的截面图形称为截断面。如图 4-4 所示。

由图 4-4 中可以看出，截交线具有如下基本性质：

① 截交线既在立体表面上，又在截平面上，是立体表面和截平面的公共线。截交线上的每一点都是截平面与立体表面的共有点。

② 截交线一般是封闭的平面图形。

根据上述性质，求作截平面与立体的截交线问题可归结为求平面与立体表面共有点的问题。

4.2.1 平面与平面立体相交

平面立体的截交线是由直线段组成的封闭平面多边形。多边形的各边是截平面与被截立体表面(棱面)的交线，多边形的各顶点是截平面与被截立体棱线的交点。因此，求平面立体的截交线可归结为以下方法：

(1) 棱线法

求出各棱线与截平面的交点，然后依次相连各点即得截交线。其实质是直线与平面相交求交点的问题。

(2) 棱面法

求出各棱面与截平面的交线，即得截交线。其实质是两平面相交求交线的问题。

例 4-1 如图 4-5 所示，已知三棱锥被一正垂面截切，求其三面投影图。

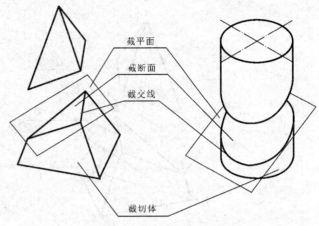

图 4-4 平面切割立体

解 由图 4-5(a)可知，截平面与 3 个棱面都相交，所以截交线为三角形，它的 3 个顶点为三棱锥的 3 条棱线与截平面的交点。由于截平面为正垂面，故截交线的 V 面投影积聚成一条倾斜直线段，而 H 面投影和 W 面投影均为三角形。

作图步骤：如图 4-5(b)所示。

① 画出完整三棱锥的 W 面投影。

② 求截交线上各点的投影。利用截平面的积聚性直接标出截交线三角形 3 个顶点的 V 面投影 $1'、2'、3'$，再根据直线上点的投影规律由 $1'、2'、3'$ 求出 $1、2、3$ 和 $1''、2''、3''$。

③ 画出截交线的 H 面投影和 W 面投影。依次相连 $1、2、3$ 和 $1''、2''、3''$，即得截交线的 H 面投影和 W 面投影，均为可见。

④ 加深截切后的轮廓线。

例 4-2 完成图 4-6 所示立体的三面投影图。

解 由图 4-6(a)可知，立体可看作先用一个正垂面 P 将四棱柱切去左上角，再用一个铅垂面 Q 切去左前角后所形成的。因此，需要画出平面 P 和 Q 与立体相邻棱面的交线，以及 P 和 Q 两平面的交线。

作图步骤：如图 4-6(b)所示。

① 求截平面 P 与平面 $R、S$ 的交线的投影。由于三平面均垂直于 V 面，它们的交线 ⅠⅣ 和 ⅥⅦ 均是正垂线，其 V 面投影积聚为点 $1'(5')$ 和 $7'(6')$，W 面投影和 H 面投影均为反映实长的直线段。

② 求截平面 Q 与平面 $S、T$ 的交线的投影。三

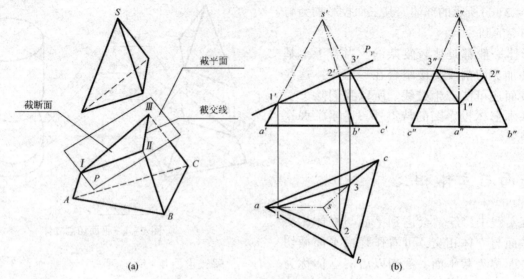

图4-5 截切三棱锥的投影

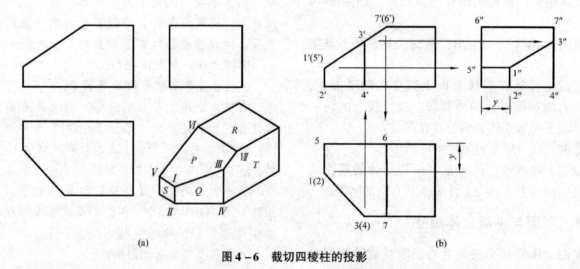

图4-6 截切四棱柱的投影

平面均垂直于 H 面，它们的交线 ⅠⅡ 和 ⅢⅣ 均是铅垂线，其 H 面投影积聚为点 1(2) 和 3(4)，V 面投影和 W 面投影为反映实长的直线段。

③求截平面 P 与 Q 的交线的投影。平面 P 是正垂面，平面 Q 是铅垂面，它们的交线 ⅠⅢ 是一般位置直线，连接 1″3″ 为所求。

画立体的截交线应先进行投影分析，分析交线对投影面的相对位置，然后应用相交问题的图解方法画出交线。立体棱面的截交线对投影面的相对位置可分为以下3种情况：

①平面平行于投影面，它与任何位置平面的交线都一定平行于相应的投影面。

②两平面同时垂直于某一投影面，其交线也应垂直于该投影面。

③其他情况下两平面的交线通常是一般位置直线，如正垂面与铅垂面的交线、正垂面与侧垂面、正垂面与一般位置平面的交线等。

4.2.2 平面与曲面立体相交

平面与曲面立体相交，其截交线一般是封闭的平面曲线。当截交线是曲线时，一般应求出曲线上的一系列点，即特殊点（如最高、最低、最左、最右等极限位置点和可见与不可见分界点等）和一般点，然后依次光滑连接这些点即得截交线。

由于曲面立体的截交线是截平面与曲面立体表面的共有线，截交线上的点是截平面与曲面体表面的共有点。所以，求曲面立体表面的截交线可归结为求作立体表面上一系列直素线或纬圆与截平面的交点，然后依次连接，并判别其可见性。

求截交线上点的方法，根据被截立体表面的性质而定：

(1) 直素线法

当立体表面是直纹面时，可用求直素线与截平面的交点的方法求得截交线上的点。

(2) 纬线圆法

当立体表面是旋转面时，可用求纬圆与截平面的交点的方法求得截交线上的点。

4.2.2.1 平面与圆柱相交

根据截平面对圆柱体轴线的相对位置不同，圆柱体的截交线有3种基本情况(表4-1)。

表4-1 平面与圆柱相交的各种情况

截平面位置	截交线形状	投影面
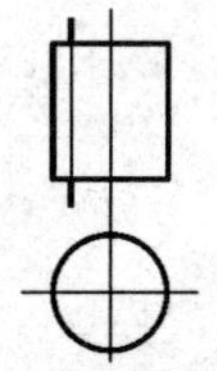 平行于轴线	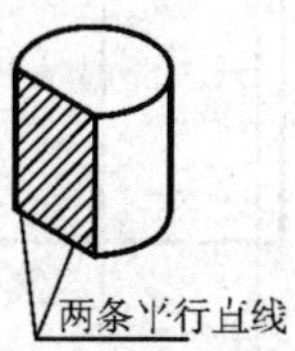 两条平行直线	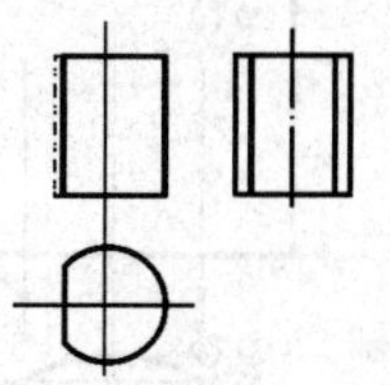
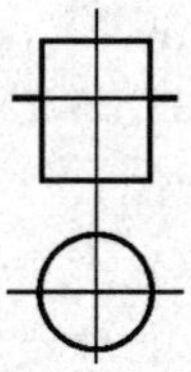 垂直于轴线	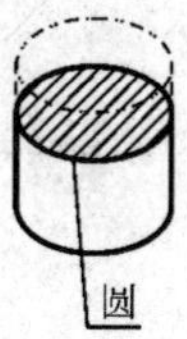 圆	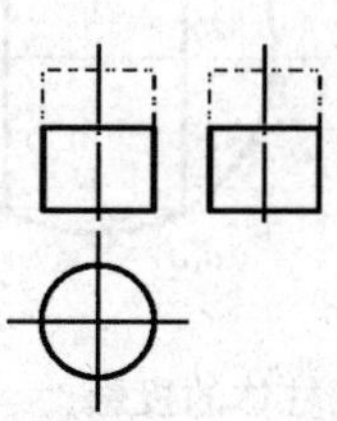
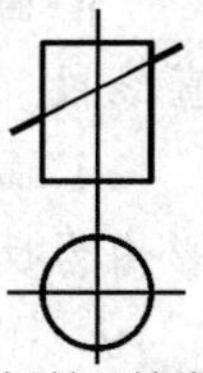 倾斜于轴线	 椭圆	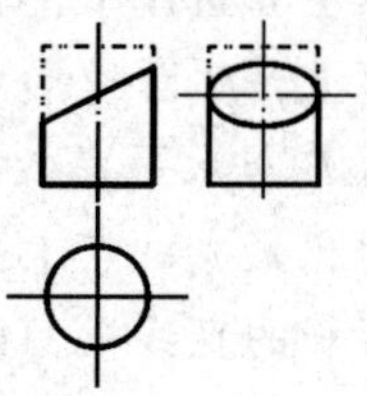

例4-3 如图4-7，已知截切圆柱体的V面投影和H面投影，求作其W面投影。

解 由图4-7(a)可知，截平面P是正垂面，截交线是椭圆，其V面投影与截平面的V面投影重合，是一段倾斜直线；H面投影重合于圆柱面的H面投影，是一个圆；W面投影一般仍为椭圆，需求出椭圆上一系列的点。

作图步骤：如图4-7(b)所示。

① 画出完整圆柱的W面投影。

② 求截交线上特殊点的投影。转向轮廓线上的点Ⅰ、Ⅱ、Ⅲ、Ⅳ是截交线的最低、最高、最前、最后4个特殊点，也是截交线椭圆的长、短轴端点，根据它们的H面投影和V面投影可求出其W面投影。

③ 求截交线上一般点的投影。为使截交线作图准确，还应作出一系列中间点。先在截交线的已知投影上取点，如H面投影上的5、6、7、8点，然后求出其另外两投影5′、6′、7′、8′和5″、6″、7″、8″。

④ 画出截交线的W面投影。光滑连接各点的投影即得截交线的W面投影。

例4-4 求作如图4-8所示带扁尾圆柱体的三面投影。

解 由图4-8(a)可知，形体的上部结构是由水平面P和侧平面Q对称截切而成，P和Q相交于直线段。

作图步骤：如图4-8(b)所示。

① 作平面P的截交线。平面P与圆柱面的交线是一段平行于水平面的圆弧ABC，其H面投影重合在圆柱的H面投影上，V面投影和W面投影分别积聚为直线段c′a′(b′)和b″c″a″。

② 作平面Q的截交线。平面Q与圆柱面的交线是两条素线AD和BE，它们的H面投影分别积聚为点d(a)和e(b)，V面投影和W面投影均为两条反映实长的铅垂线段。平面Q与平面P、平面Q与圆柱上底面的交线是两条正垂线AB和DE，它们的V面投影积聚为点a′(b′)和d′(e′)，H面投影和W面投影为反映实长的直线段。

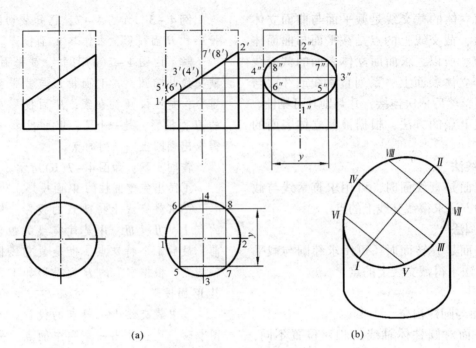

(a)   (b)

图 4-7 截切圆柱体的投影

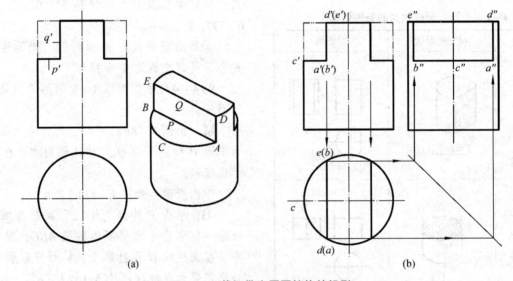

(a)   (b)

图 4-8 截切带扁尾圆柱体的投影

例 4-5 求作如图 4-9 所示圆柱切口的三面投影。

解 形体的切口是由侧平面 P、正垂面 Q 和水平面 R 共同截切而成。三平面之间的交线均为直线段。

作图步骤：如图 4-9(b) 所示。

① 作平面 P 的截交线。截平面 P 是侧平面，它与圆柱面的交线是平行于 W 面的大于半圆的圆弧 Ⅰ Ⅱ Ⅲ Ⅳ Ⅴ，其 W 面投影重合在圆柱的 W 面投影上，H 面投影和 V 面投影均积聚为直线段。平面 P 与水平面 R 的交线是正垂线 Ⅰ Ⅴ，其 V 面投影积聚成一点 $1'(5')$，H 面和 W 面投影均为反映实长的直线段，W 面投影为 $1''5''$。

② 作平面 Q 的截交线。截平面 Q 是正垂面，它与圆柱面的交线是大半个椭圆 Ⅵ Ⅶ Ⅷ Ⅸ Ⅹ，其 V 面投影是一段倾斜直线，W 面投影重合于圆柱面

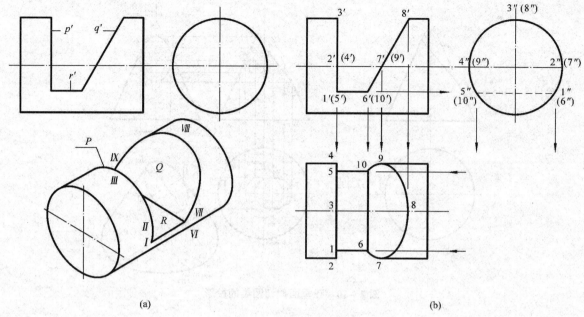

图 4-9 圆柱切口的投影

的 W 面投影上，H 面投影是一段椭圆曲线，根据 V 面投影和 W 面投影可求出交线的一系列点 6、7、8、9、10。截平面 Q 和水平面 R 的交线是正垂线 VIIX，其 V 面投影积聚成一点 $6'(10')$，H 面和 W 面投影均为反映实长的直线段，W 面投影 $6''10''$ 不可见。

③作平面 R 的截交线。截平面 R 是水平面，它与圆柱面的交线是两段素线 IVI 和 VX，它们的 W 面投影分别积聚为点 $1''(6'')$ 和 $5''(10'')$，V 面投影和 W 面投影均为直线段。

4.2.2.2 平面与圆锥相交

根据截平面对圆锥体轴线的相对位置不同，圆锥体的截交线有 5 种基本情况（表 4-2）。

例 4-6 如图 4-10(a)所示，已知截切圆锥体的 V 面投影，求其另两面投影。

解 截平面与圆锥轴线倾斜且与所有素线相交，故其截交线为一椭圆。截交线的 V 面投影积聚成一直线，其他两投影为相仿图形即椭圆。

作图步骤：如图 4-10(b)所示。

①求截交线上特殊点的投影。转向轮廓线上的点 I、II、V、VI，可由 V 面投影求出它们的 H 和 W 面投影。

表 4-2 平面与圆锥相交的各种情况

截平面位置		截交线形状	投影图
	垂直于轴线	圆	
	过锥顶	两条素线	
倾斜于轴线	与所有素线相交	椭圆	
	平行于一条素线	抛物线	
	平行于轴线	双曲线	

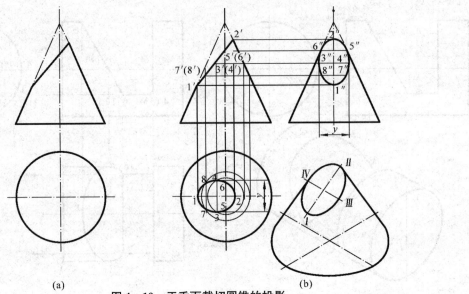

(a)　　　　　　　　　　　　(b)

图 4-10　正垂面截切圆锥的投影

②确定椭圆长短轴。Ⅰ、Ⅱ是截交线椭圆的最低、最高点,也是椭圆的长轴端点;Ⅲ、Ⅳ是截交线椭圆的短轴端点,其 V 面投影 3′(4′)位于 1′2′的中点,过 3′(4′)作辅助纬圆,可求出Ⅲ、Ⅳ的另两投影 3、4 和 3″、4″。它们分别是 H 面和 W 面投影椭圆的长轴或短轴。

③求截交线上一般点的投影。在截交线已知的 V 面投影上取重合的点 7′(8′),利用纬线圆求得它们的其他投影。

④判别可见性并光滑连接。

例 4-7　如图 4-11(a)所示,已知截切圆锥体的 V 面投影和 H 面投影,求其 W 面投影。

解　由图 4-11(a)可以看出,截平面与圆锥轴线平行,故其截交线为一双曲线。截交线的 V 面投影和 H 面投影积聚成直线段,其 W 面投影反映双曲线的实形。

作图步骤:如图 4-11(b)所示。

①求截交线上特殊点的投影。转向轮廓线上的点 Ⅰ 和圆锥底圆上的点 Ⅱ、Ⅲ 分别为截交线上最高和最低点,根据点的投影关系分别求出其三面投影。

②求截交线上一般点的投影。在截交线已知的 V 面投影上取重合的点 4′(5′),利用纬线圆求得它们的其他投影。

③判别可见性并光滑连接。

例 4-8　求作图 4-12 所示形体的投影图。

解　图示形体是由圆柱和圆锥组成的同轴回转体,切口由水平截平面 P 和侧平截平面 Q 截切而成。截平面 P 与圆锥面的截交线为水平双曲线 ⅡⅠⅢ,与圆柱面的截交线是两条素线(侧垂线)ⅡⅣ和ⅢⅤ;截平面 Q 与圆柱面的截交线是侧平圆弧线ⅣⅥⅤ。两截平面的交线是正垂线ⅣⅤ。

作图步骤:如图 4-12(b)所示。

①作截平面 P 与圆锥的截交线的投影。由于其 V 面投影和 W 面投影都有积聚性,只需求其 H 面投影。先作特殊点 Ⅰ、Ⅱ、Ⅲ,其中点 Ⅱ、Ⅲ 在圆柱与圆锥的分界线上,根据它们的 V 面投影 2′(3′)和 W 面投影 2″、3″即可求出 H 面投影 2、3。点 Ⅰ 在圆锥前后转向轮廓线上,同时又是交线的最左点,由 1′即可求出 H 面投影 1。然后作一般点 Ⅶ、Ⅷ,在截交线已知的 V 面投影上取重合点 7′(8′),用纬圆法求得 H 面投影 7、8,光滑连接所求各点的投影,即得交线的 H 面投影。

②作截平面 Q 与圆柱面的截交线的投影。由于 Q 为侧平面,其与圆柱面的截交线的 W 面投影积聚在圆柱面的 W 面投影上,V 面投影和 H 面投影均为直线段,可直接求出。截平面 Q 与截平面 P 的交线是正垂线,可直接画出 H 投影和 W 投影。

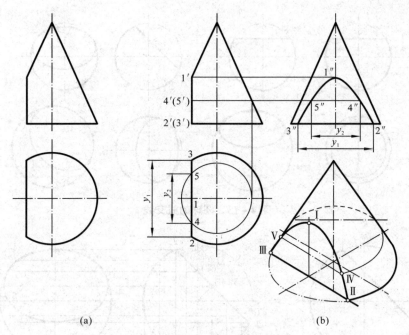

图 4-11 侧平面截切圆锥的投影

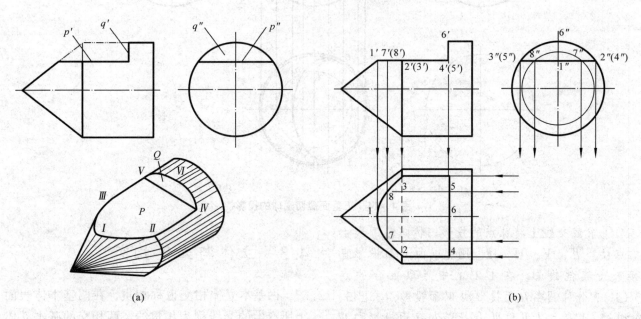

图 4-12 截切立体的截交线

4.2.2.3 平面与圆球相交

平面与球面相交，截交线均为圆。该圆的直径大小取决于截平面到球心的距离。当截平面平行于投影面时，截交线在该投影面上的投影反映圆的实形；当截平面倾斜于投影面时，截交线的投影为椭圆。如图 4-13 所示。

例 4-9 如图 4-14(a)所示，已知截切圆球体的 V 面投影，求其另两面投影。

解 由图 4-14(a)可知，截平面为正垂面，故截交线的 V 面投影积聚为一倾斜直线，该直线的长度等于截交线圆的直径；其 H 面和 W 面投影均为椭圆。

作图步骤：如图 4-14(b)所示。

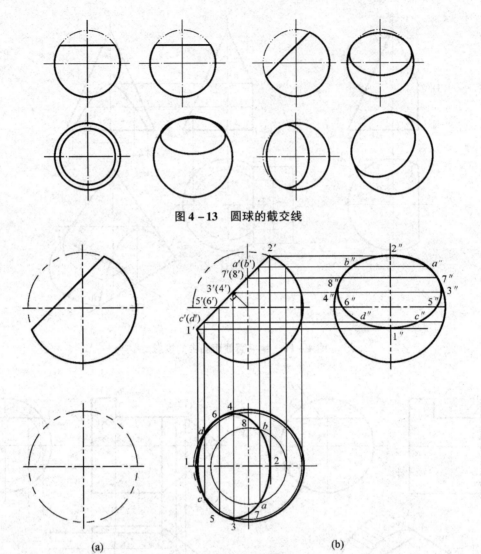

图4-13 圆球的截交线

图4-14 正垂面截切圆球的投影

① 求截交线上特殊点的投影。转向轮廓线上的点 Ⅰ、Ⅱ、Ⅴ、Ⅵ、Ⅶ、Ⅷ可以由 V 面投影直接求得其他投影。在 1'2' 的中点取重合的点 3'(4')，作纬圆在 H 面投影和 W 面投影，求出 3、4 和 3″、4″点。Ⅰ Ⅱ 和 Ⅲ Ⅳ 投影为 H 面投影和 W 面投影椭圆的长轴或短轴。应注意的是：5、6 两点是 H 面投影上水平轮廓圆与椭圆的切点，7″、8″两点是 W 面投影上侧面轮廓圆与椭圆的切点。

② 求截交线上一般点的投影。在截交线已知的 V 面投影适当位置取重合点 $a'(b')$、$c'(d')$，用纬圆法求其 H 面投影及 W 面投影。

③ 判别可见性，依次光滑连接各点的 H 面投影和 W 面投影。

4.3 立体与立体相交

两基本立体相交也称相贯，在两基本体表面上所产生的交线称为相贯线，两相交的基本立体称为相贯体。相贯线既是两相贯体表面的共有线，又是它们的分界线。相贯线的形状和数目随两相贯立体的形状和它们的相对位置而定。当一个立体全部贯穿另一个立体时称为全贯，这时有两条相贯线；当两个立体互相贯穿时称为互贯，有一条相贯线；当两立体有表面共面且连在一起时，则相贯线不闭合。如图 4-15 所示。

基本立体有平面立体和曲面立体两类，故相

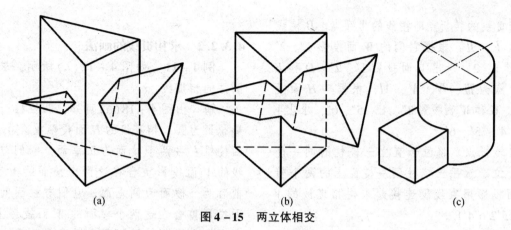

图 4-15 两立体相交

交两立体有 3 种情况：平面立体与平面立体相贯、平面立体与曲面立体相贯及两曲面立体相贯。

4.3.1 平面立体与平面立体相交

4.3.1.1 相贯线的特点

两平面立体相贯，其相贯线是平面多边形（全贯）或一闭合的空间折线（互贯），如图 4-15(a)(b)所示。相贯线的每一条线段是两立体参与相贯的表面之间的交线，相贯线上的各转折点，是一个立体参与相交的棱线与另一个立体参与相交的表面的交点。

4.3.1.2 求相贯线的画法

例 4-10 如图 4-16(a)所示，求两正交三棱柱的相贯线。

解 由图 4-16(a)可知，两三棱柱正交、互贯，其相贯线为一闭合的空间折线。直立三棱柱的 H 面投影和水平三棱柱的 W 面投影有积聚性，相贯线的 H 面投影重合在直立三棱柱的 H 面投影上，相贯线的 W 面投影重合在水平三棱柱的 W 面投影上，只需求出相贯线的 V 面投影即可。

作图步骤：如图 4-16(b)所示。

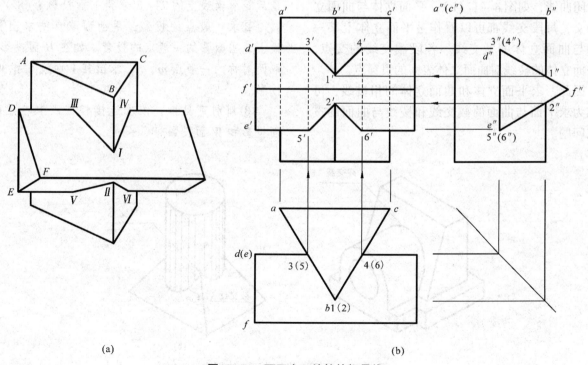

图 4-16 两正交三棱柱的相贯线

①求相贯线的转折点即棱线的贯穿点。B棱线的贯穿点为Ⅰ、Ⅱ，根据它们的W面投影1″、2″和H面投影1、2，求出V面投影1′、2′；D和E棱线的贯穿点为Ⅲ、Ⅳ、Ⅴ、Ⅵ，根据其H面投影3、4、5、6和W面投影3″、4″、5″、6″，求出V面投影3′、4′、5′、6′。

②连接转折点。将位于直立三棱柱的同一面上同时又位于水平三棱柱同一棱面上的两个转折点的V面投影用直线段连接起来得相贯线的V面投影1′3′5′2′6′4′1′。

③判别可见性后加深。直立三棱柱被水平三棱柱遮挡的棱线不可见，水平三棱柱后表面上的交线3′5′和4′6′不可见，画成虚线。直立三棱柱B棱线的V面投影应画至贯穿点1′、2′处。

4.3.2 平面立体与曲面立体相交

4.3.2.1 相贯线的特点

平面立体与曲面立体相贯，如果平面体上只有一个平面与曲面体相交，则交线是一条平面曲线，如图4-17(a)；如果平面体上由多个平面参与相交，则交线是由若干段平面曲线所组成的空间封闭曲线，如图4-17(b)。平面立体与曲面立体相交，每段交线都可以看作是平面立体上某一棱面与曲面立体的截交线。各段截交线的交点，是平面立体的棱线对曲面立体表面的贯穿点。

因此，求平面立体和曲面立体的相贯线，可归结为求平面与曲面的截交线和棱线与曲面的贯穿点问题。

4.3.2.2 求相贯线的画法

例4-11 如图4-18(a)所示，求四棱锥与圆柱的相贯线。

解 由图4-18(a)可知，圆柱柱面的H面投影积聚为圆，相贯线的H面投影重合在该圆周上。四棱锥左右两个棱面为正垂面，它们与柱面间交线的V面投影重合在这两个棱面的V面投影上；前后两个棱面为侧垂面，它们与柱面间交线的W面投影重合在这两个棱面的W面投影上。4段截交线均为椭圆，相邻两段椭圆弧的交点为棱线与柱面的贯穿点。

作图步骤：如图4-18(b)所示。

①求特殊点的投影，求相贯线的结合点Ⅰ、Ⅱ、Ⅲ、Ⅳ的投影。根据四棱锥棱线的H面投影sa、sb、sc、sd与圆柱H面投影的交点1、2、3、4，作出对应的V面投影1′、2′、3′、4′和W面投影1″、2″、3″、4″。

求相贯线位于圆柱转向轮廓线上的点Ⅴ、Ⅵ、Ⅶ、Ⅷ的投影。由圆柱的最左、最右轮廓素线上的5′、6′求得W面投影6″(5″)。由圆柱的最前、最后轮廓素线上的7″、8″求得V面投影7′(8′)。

②求一般点的投影，用曲面取点法求出相贯线上适当数量的一般点的投影。如在H面投影中，取两对称的一般点m、n，求出其V面投影和W面投影。

③判别可见性，依次连接相贯线上各点的V面投影和W面投影。

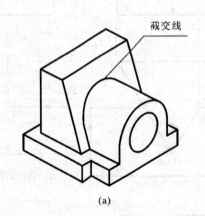
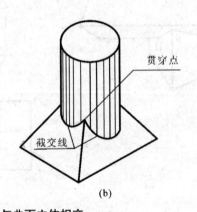

图4-17 平面立体与曲面立体相交

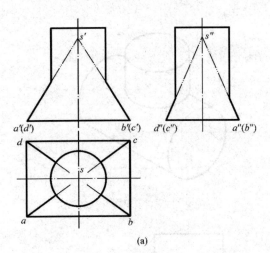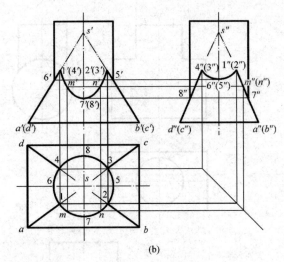

图 4-18　四棱锥与圆柱相交

4.3.3　曲面立体与曲面立体相交

4.3.3.1　相贯线的特点

两曲面立体相贯，其相贯线具有以下基本性质：

①相贯线一般情况下是封闭的空间曲线，特殊情况下是平面曲线或直线。

②相贯线是两回转体表面的共有线，相贯线上的点是两曲面立体表面的共有点。

③相贯线的形状决定于曲面的形状、大小及两曲面之间的相对位置。

从以上相贯线的性质可以看出，求作两曲面立体的相贯线，实质上就是求两立体表面的一系列共有点的投影问题。

先求出相贯线上的特殊点，即能够确定相贯线的形状和范围的点，如立体的转向轮廓线上的点，以及最高、最低、最左、最右、最前、最后点等；然后按需要再求出相贯线上一些一般点，从而较准确地画出相贯线的投影，并判别可见性。判别可见性的原则是只有当相贯线同时位于两个立体表面的可见部分时，相贯线的投影才是可见的；否则不可见。

4.3.3.2　求相贯线的画法

(1) 积聚投影法

利用两立体之一在投影面上投影具有积聚性，其相贯线在该投影面上的投影与有积聚性表面的投影重合的特性，将求相贯线的其余投影作图转化为在另一立体上取点、取线的问题，这一方法称为积聚投影法。

例 4-12　如图 4-19(a)所示，求作轴线垂直相交两圆柱的相贯线。

解　两圆柱的轴线垂直相交，相贯线为前后、左右均对称且封闭的一条空间曲线。根据两圆柱的轴线位置，小圆柱面的 H 面投影和大圆柱面的 W 面投影均积聚为圆，相贯线的 H 面投影重合在小圆柱面的 H 面投影上，相贯线的 W 面投影重合在大圆柱面的 W 面投影上，只需求出相贯线的 V 面投影。

作图步骤：如图 4-19(b)所示。

①求特殊位置点。相贯线的最高点 Ⅰ、Ⅲ 是大圆柱的最高素线与小圆柱的最左、最右素线的交点 $1'$、$3'$；相贯线的最低点 Ⅱ、Ⅳ 是小圆柱的最前、最后素线和大圆柱柱面的交点，由 W 面投影 $2''$、$4''$ 可求得 V 面投影 $2'(4')$。

②求一般位置点。在相贯线已知的 W 面投影上取 $5''(6'')$，求得 H 面投影 5、6 后可直接求出其 V 面投影 $5'$、$6'$。

③判别可见性后依次光滑连接各点。

两圆柱正交时，若相对位置不变，改变两圆柱直径的大小，则相贯线的形状会随之改变，其变化规律如图 4-20(a)所示。从图中可知，相贯

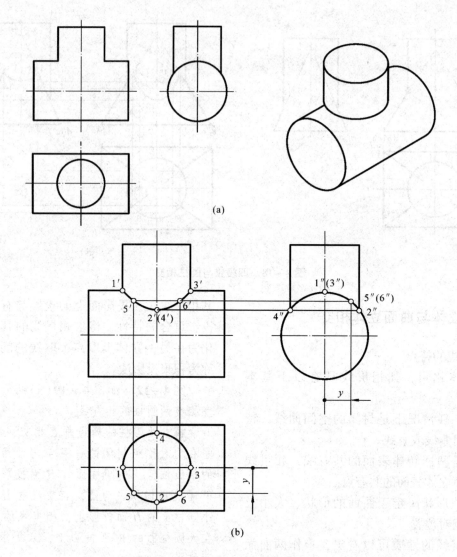

图4-19 正交两圆柱相贯线的求法

线总是向大圆柱轴线方向弯曲；直径相等的两圆柱正交，相贯线为平面曲线（椭圆），其V面投影积聚为两条相交直线。

由于圆柱面可以是外圆柱面，也可以是柱孔的内圆柱面，因此两圆柱相交可以出现图4-20(b)的3种形式。相贯线的形状和作图方法相同。

为了作图简便，对于图4-20所示正交两圆柱的相贯线，常用圆弧来代替。作图时要注意：圆弧的半径R是大圆弧的半径；圆心在小圆弧的轴线上；圆弧向大圆弧的方向弯曲。

(2) 辅助平面法

假想用一平面在适当的部位切割两相贯曲面体，分别求出辅助平面与两立体的截交线，这两条截交线的交点，不仅是两曲面体表面上的点，也是辅助截平面上的点。因此，为三面共有点，也就是相贯线上的点。

如图4-21为圆柱与圆锥相交。用水平辅助面P截切圆柱和圆锥，P与圆柱的截交线是直线，与圆锥的截交线是纬圆。两条截交线的交点1、2是三面的共有点，所以一定是相贯线上的点。若作一系列辅助平面，便可求得相贯线上的一系列点，经判别可见性后，依次光滑连接各点的同面投影，即为所求相贯线的投影。

为作图准确简便，选择辅助平面时，应取两

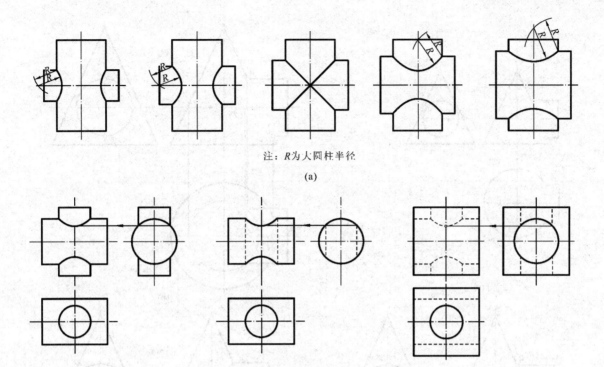

注：R为大圆柱半径

(a)

(b)

图 4-20　正交两圆柱的相贯线
(a) 正交圆柱相贯线的变化规律　(b) 正交两圆柱表面交线的三种形式

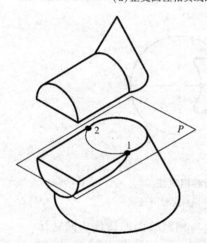

图 4-21　辅助平面法原理

曲面截交线有交点的范围内，并使截交线的投影同时是简单的直线或圆。

例 4-13　如图 4-22(a) 所示，求作轴线垂直相交的圆柱和圆锥的相贯线。

解　由投影图可知，圆柱与圆锥轴线垂直相交，相贯线为一条封闭的空间曲线，且前后对称。相贯线的 W 面投影重影于圆柱的 W 面积聚投影上。为求出相贯线的其余两投影，作出一系列水平辅助平面，可得到一系列的共有点，连成光滑曲线即为所求相贯线。

作图步骤：

① 求特殊点。两曲面体 V 面投影转向轮廓线的交点 A、B 的投影 a'、b' 和 a、b 可直接求得，如图 4-22(b)，它们是相贯线的最高点和最低点。

过圆柱轴线作水平辅助平面 P_1，P_1 面与圆柱的交线为圆柱的水平面转向轮廓线，与圆锥的交线为圆，两交线的交点 C、D 是相贯线的最前点和最后点，由 c、d 可求得 c'、d'。

② 求一般点。在特殊点之间的适当位置上作一系列水平辅助平面，如 P_2、P_3 等。在 W 面上，由 P''_2 和圆的交点确定出一般点的投影 e''、f''。在截交线纬圆的 H 面投影面上求得 e、f，进而可求出其 V 面投影 e'、f'，如图 4-22(c) 所示。

③ 判别可见性，依次光滑连接各点。相贯线的 H 面投影以 c、d 为分界点，分界点的上部分可见，用粗实线依次光滑连接，分界点的下部分不可见，用虚线依次光滑连接。

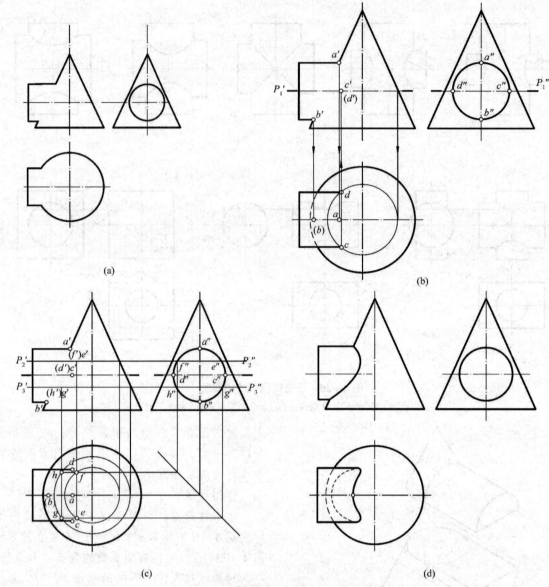

图 4-22 用辅助平面法求圆柱与圆锥相贯线
(a)已知 (b)求特殊点 (c)求一般点 (d)判别可见性并连线

④整理轮廓线加深。在 H 面投影中，圆柱的转向轮廓线应画至相贯线 c、d 点为止。

(3)辅助球面法

辅助球面法原理如图 4-23 所示，圆柱与圆锥台相交，两轴线交于一点 O，以 O 为圆心作一辅助球面，同时截切柱面与锥面，其截交线分别为两平面圆，两平面圆之交点，即是相贯线上的点。图 4-23 所示为求点 Ⅰ、Ⅱ 的作图。为方便作图，采用辅助球面法求相贯线必须满足 3 个条件：

①参与相贯的两形体均为回转体；

②两回转体的轴线相交，其交点就是辅助球面的球心；

③两回转体的轴线应同时平行于某一投影面，使球面与它们的交线(圆)在该投影面上的投影积聚成直线段。

例 4-14 图 4-24(a)所示，求作圆柱与圆锥的相贯线。

解 圆锥和斜置圆柱都是回转体，相贯线是一封闭的空间曲线。

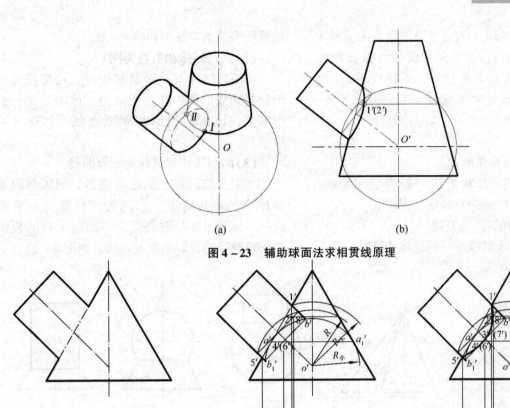

图 4-23 辅助球面法求相贯线原理

图 4-24 用辅助球面法求圆柱与圆锥相贯线

如图 4-24 所示：

①求特殊点的投影。如图 4-24(b)所示，两回转体最外轮廓交点 I、V 为轮廓线上最高、最低点，可根据 V 面投影 1′、5′直接求出其 H 面投影 1、5。

②求最大、最小辅助球面上的点的投影。最大球面半径 $R_{大}$：在 V 面投影中，由球心投影 O′ 至两曲面投影轮廓线交点中较远一个点的距离。两回转体最外轮廓交点 I 在最大辅助球面上。

最小球面半径 $R_{小}$：在 V 面投影中，由球心投影 O′ 向两曲面投影轮廓线分别作垂线，其中较长的一条垂线即是。相贯线上点 IV、VI 的 V 面投影 4′、6′，就是用最小辅助球面作出的，它们的 H 面投影 4、6 可通过圆锥面上纬圆的 H 面投影作出。

③求一般点的投影，判断可见性光滑连接各点的 V 面投影。在最大、最小辅助球面之间作辅助球面，求得相贯线上的一般点 II(2，2′)和 VIII(8，8′)，如图 4-24(b)所示。光滑连接各点，得相贯线的 V 面投影，其相贯线前后对称。

④判断可见性光滑连接各点的 H 面投影。为确定 H 面投影的可见性最好求出斜置圆柱对 H 面投影转向线上的点。斜置圆柱面的最前、最后素

线的 V 面投影与其轴线的投影重合,它与相贯线 V 面投影的交点 3′(7′),即为斜置圆柱的 H 面投影转向线上点 Ⅲ(Ⅶ) 的 V 面投影,进而求得 3、7,它们是相贯线 H 面投影可见与不可见的分界点。光滑连接完成作图,如图 4-24(c) 所示。

4.3.3.3 相贯线的特殊形式

两回转体相交,其相贯线一般为空间曲线,特殊情况下,也可能成为直线或平面曲线。

(1) 两回转体相贯线为直线

共锥顶的锥体或轴线平行的柱体相贯时,其相贯线为两条直线,如图 4-25。

(2) 两回转体相贯线为圆

当两回转体具有公共轴线时,相贯线为垂直于公共轴线的圆。在与两曲面立体轴线平行的投影面上,该圆的投影积聚成直线,如图 4-26 所示。

(3) 两回转体相贯线为平面曲线

当圆柱与圆柱、圆柱与圆锥、圆锥与圆锥轴线相交,并共切于一圆球时,相贯线为平面曲线——椭圆。在与两曲面立体轴线平行的投影面上,该椭圆的投影积聚成直线,如图 4-27。

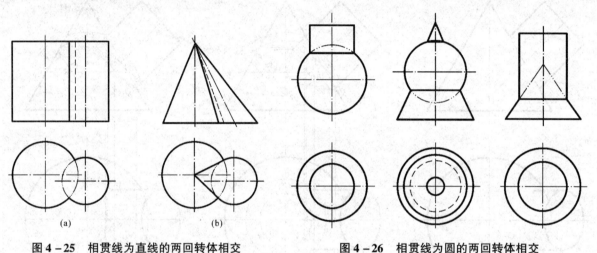

图 4-25 相贯线为直线的两回转体相交
(a) 相贯线为平行两直线 (b) 相贯线为相交两直线

图 4-26 相贯线为圆的两回转体相交

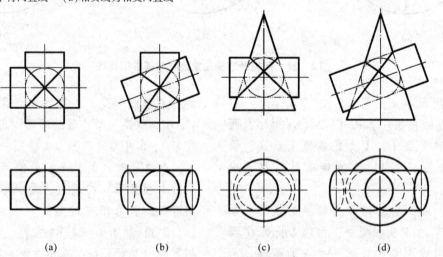

图 4-27 相贯线为平面曲线的两回转体相交

小　结

　　工程形体的几何形状虽然复杂多样，但都可以看作是由一些基本立体经过叠加、切割或交接组合而成的。基本立体在组合过程中常产生交线，由于形成立体表面交线的条件不同，产生的交线有两种：立体表面被平面截切而产生的交线称为截交线；两立体表面相交而产生的交线成为相贯线。必须熟练掌握交线的性质、形状及其基本作图方法，才能在投影制图中正确分析和表达形体的形状。求作平面与曲面立体表面的截交线可归结为求作立体表面上一系列直素线或纬圆与截平面的交点；求作两曲面立体相贯线的画法主要有：积聚投影法、辅助平面法、辅助球面法。

思考题

　　1. 什么是基本形体？常见的基本形体有哪些？
　　2. 什么是截交线？截交线具有哪些基本性质？
　　3. 求平面立体截交线有哪些方法？
　　4. 曲面立体截交线通常是什么形状？求作曲面立体截交线应先作出哪些点的投影？
　　5. 圆柱、圆锥、圆球的截交线有哪些情况？
　　6. 如何求作圆柱和圆锥的截交线？
　　7. 什么是相贯线？什么是全贯、互贯？曲面立体相贯线有哪些基本性质？
　　8. 为什么求作平面立体与曲面立体的相贯线可以归结为求截交线的问题？
　　9. 求作两曲面立体的相贯线主要有哪些方法？辅助平面法的原理是什么？
　　10. 确定两曲面立体相贯线应先确定哪些点的投影？如何判断相贯线的可见性？
　　11. 常见的两曲面立体相贯线主要有哪些特殊形式？

第 5 章 投影制图

[**本章提要**] 组合体是由一些简单的基本形体组合而成的。本章主要介绍如何应用投影理论，运用形体分析法和线面分析法，解决组合体的绘图、尺寸标注和读图问题。针对形状和结构比较复杂的形体，三视图已不能满足使用要求，本章还介绍《房屋建筑制图统一标准》GB/T 50001—2010 图样画法关于视图、剖面图和断面图及一些简化画法的基本规定。

5.1 组合体的三视图

在工程制图中常把形体在某个投影面上的正投影称作视图，形体的三面投影图总称为三视图。形体的三视图，分别称为正立面图、平面图和左侧立面图。工程形体一般比较复杂，为了便于认识、把握它的形状，常采用几何抽象的方法，把复杂形体看成是由若干简单的基本几何体按一定方式组合而成，这种由基本几何体组合而成的立体称为组合体。

5.1.1 组合体的形体分析

5.1.1.1 组合体的组合形式

(1) 叠加式

叠加式组合体是由两个或两个以上的基本几何形体按一定的相对位置重叠而成，是基本体之间的自然堆积或拼合，如图 5-1(a) 所示。

(2) 挖切式

挖切式组合体是由一个基本几何形体，根据其功能需要被一些平面或曲面切割而成的，如图 5-1(b) 所示。

在许多情况下，建筑形体大多为既有叠加又有挖切的混合形式，如图 5-1(c) 所示。

5.1.1.2 组合体的表面连接关系

由基本形体组合成组合体时，不同形体由于互相结合，表面将产生平齐、相交或相切的关系。表面间不同的连接关系决定了表面界限的存在与否。

常见的有以下几种表面连接关系：

(1) 平齐与不平齐

当两个基本形体叠加且表面平齐时，中间不应划分界线；表面不平齐时，中间就应该有分界线，如图 5-2 所示。

(2) 相切

当两形体的表面相切时，在相切处两表面是光滑过渡的，该处不应画出分界线，但应注意相关平面或直线的投影必须画到切点的位置，如图 5-3(a) 所示。

当与曲面相切的平面或两曲面的公切面垂直于投影面时，在该投影面上的投影应画出相切处的投影轮廓线，否则不应画出公切面的投影，如图 5-3(b) 所示。

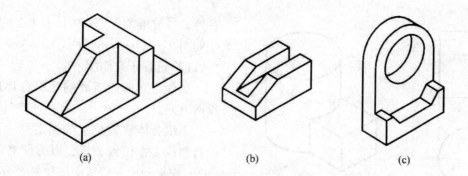

图 5-1 组合体的组合形式
（a）叠加式 （b）挖切式 （c）叠加与挖切

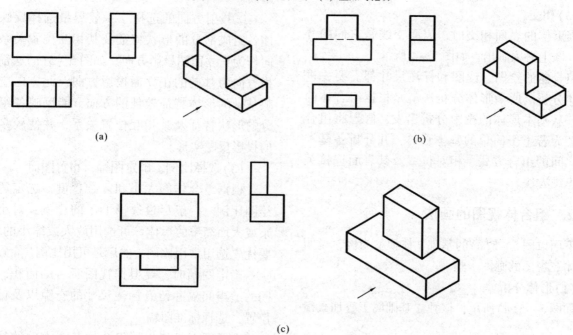

图 5-2 表面平齐与不平齐
（a）前后表面均平齐 （b）前表面平齐后表面不平齐 （c）前表面不平齐后表面平齐

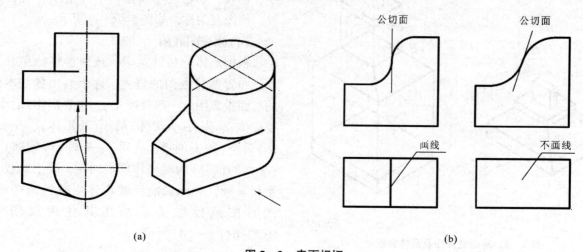

图 5-3 表面相切

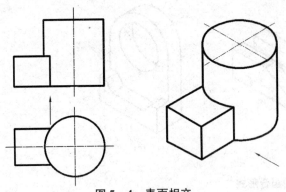

图 5-4 表面相交

(3) 相交

当形体的表面相交时,表面交线是它们的分界线,图上必须画出,如图 5-4 所示。

组合体的绘图、读图和标注尺寸都需要先进行形体分析。所谓形体分析法就是根据组合体的特点,从基本形体的投影分析出发,假想将组合体分解为若干个简单的基本形体,并分析各基本形体之间的组合方式、相对位置及其表面连接关系的思维方法。

5.1.2 组合体视图的画法

下面以图 5-5(a)的基础立体模型为例,说明组合体三视图的画图步骤。

(1) 形体分析

如图 5-5(a)所示,该独立基础属于叠加式组合体,可分解为 3 个四棱柱和 1 个四棱台,叠加顺序如图 5-5(b)所示。

(2) 选择正立面图

选择正立面图需要确定组合体的放置位置和投射方向。

① 组合体放置位置的确定　一般应选择物体的自然或工作位置放置,以方便看图。如图 5-5(a),根据基础在建筑中的位置及其工作状态,将其底面水平放置,并使其他主要平面平行于投影面。

② 投射方向的选择　一般尽量选择反映出形体各组成部分的形状特征及其相互位置关系的方向作为正立面图投影方向。如图 5-5(a),箭头所指方向为基础的正立面投影方向,此方向应是反映基础的形体特征较佳的方向,能反映各组成部分的形状特征及其相互位置关系,并使较多表面的投影反映实形。

(3) 选择比例、确定图幅、布置图面

根据组合体的大小和复杂程度,选定适当的绘图比例。一般尽量选择 1:1 的比例;对小而复杂或大而简单的形体,可选用放大或缩小的比例;要优先选用常用比例,然后是可用比例。

确定图幅时,要根据视图所占的面积、视图间的适当间隔并留有标注尺寸的空隙以及标题栏位置,选择标准图幅。

布置图面是指根据组合体各个方向的最大尺寸和视图之间应预留的空隙(标注尺寸),用对称线、轴线、中心线和其他基准线定出各视图的位置,使图面匀称,如图 5-6(a)所示。

(4) 画视图底稿

根据形体分析的结果,按照形体的组合方式和已布置的三视图的位置,逐个画出各基本形体的三面投影图。一般是按先主(主要形体)后次(次要形体)、先大(大形体)后小(小形体)、先实(实体)后空(挖去的槽、孔等)、先外(外轮廓)后内(里面的细部)的顺序作图。同时,要三面投影联系起来画,先画最能反映形体形状特征的视图,然后按照投影关系画出其他两视图。如图 5-6(b)~(d)所示。

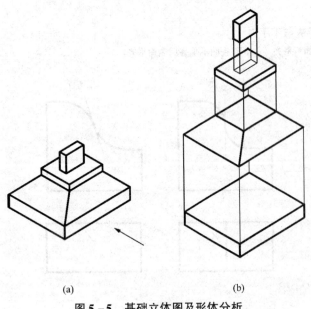

图 5-5　基础立体图及形体分析

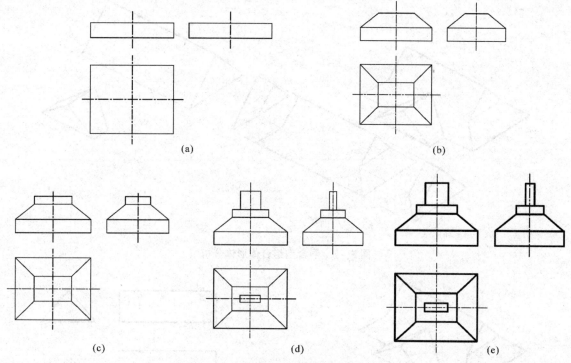

图 5-6 独立基础三视图的作图步骤

(5) 校核并加深

校核完成的底稿。当确认底稿无误后,按国标规定的各类线型要求,加深、加粗各类图线,完成组合体的三视图,如图 5-6(e)所示。

加深的一般方法和步骤如下:

①先画视图,后画尺寸界线和尺寸线;

②同一种宽度的图线应一并画成,以保证图线的宽度一致;

③同一方向同样宽度的图线,按由上向下、由左向右的顺序逐步绘制;

④当曲线和直线连接时,先画曲线,后画直线。

例 5-1 根据图 5-7(a)所示立体图画其三视图。

解 图示立体图为叠加和切割混合型组合体,可看成是由两个三棱柱正交而成。其中长三棱柱两端同时被两侧平面和两正垂面所截,短三棱柱的后部可以看作被长三棱柱的前表面(侧垂面)所截,如图 5-7(b)。放置位置可将短三棱柱的前端面平行于 V 面并置于前部。

作图步骤:

①根据长三棱柱的外围尺寸,画出其截切前轮廓的投影,如图 5-8(b)所示。

②画出长三棱柱被两侧平面和两正垂面截切后交线的投影。其中,两侧平面的 W 面投影为反映实形的三角形,正面和水平面投影积聚成直线段;两正垂面的 V 面投影积聚成直线段,水平和 W 面投影为相仿的梯形,如图 5-8(c)所示。

③根据短三棱柱的位置和尺寸,先画其 V 面投影,再画 W 面投影和 H 面投影,如图 5-8(d)所示。

必须注意,将组合体分解成若干个基本形体是作图分析过程,实际上组合体是一个整体,最后加深轮廓时只加深叠加或切割后实际存在的交线。

5.1.3 组合体视图的读法

根据组合体的视图想象出组合体空间形状结构的过程,称为读图。画图是读图的基础,读图是画图的逆过程,读图是提高空间想象思维能力和投影分析能力的重要手段。

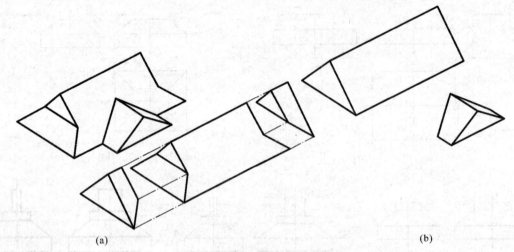

图 5-7 混合型组合体形体分析

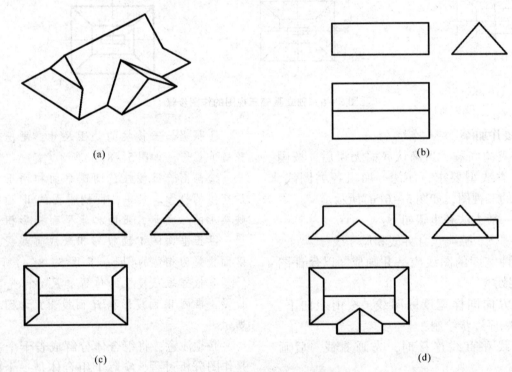

图 5-8 混合型组合体视图画法

5.1.3.1 读图必备的基础知识和基本要领

①掌握基本形体的投影图特征，如棱柱、棱锥、圆柱、圆锥、圆球等。

②能够根据基本体的投影图特征，正确分离和判断组成组合体的基本形体和简单体。

③能够结合形体的组合形式和表面连接关系的投影特点，正确确定组成形体的相对位置关系，想象出组合体的整体形状。

④要以特征视图为主，将几个视图联系起来分析。

通常一个视图不能反映形体的确切形状，只有将两个或两个以上的视图联系起来分析，才能弄清组合体的形状。如图 5-9 所示的 3 组视图中，正立面图都相同，其中(b)和(c)的左侧立面图也相同，平面图为特征视图，3 个视图结合起来才可

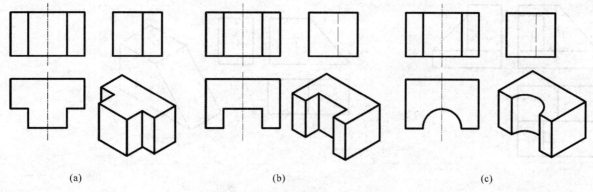

图 5-9 从特征视图入手看图

确定 3 个不同形状的物体。

5.1.3.2 读图的基本方法

(1) 形体分析法

形体分析法看图,就是把表达形体形状特征的视图分解为若干部分,然后根据投影关系联系其他视图,分别想象出各部分的形状;再根据它们之间的组合方式、相对位置和表面连接关系,综合起来想象出组合体的整体结构形状。

现以识读图 5-10(a) 所示支撑板组合体的三视图为例,说明读图的思考过程。

① 分形体,对投影 从最能反映形体特征的视图(一般为正立面图)出发将 3 个视图结合起来分离基本形体,找出每一个基本形体在各视图中的投影。如图 5-10(a) 所示。该组合体由三部分组成,每一部分可根据"长对正,高平齐,宽相等"的投影规律,找到其在其他视图上的对应投影。

② 明形体,定位置 根据分离的投影图,将各基本形体的形状逐一分析清楚。形体 I 的 V 面投影是梯形,H 面投影是两个相邻矩形,W 面投影是矩形,所以,它是一个梯形四棱柱,如图 5-10(b) 所示。形体 II 的 V 面和 H 面投影都是矩形,W 面投影是三角形,所以它是一个三棱柱,如图 5-10(c) 所示。形体 III 的三面投影均为矩形,所以它是一个四棱柱,如图 5-10(d) 所示。几个基本形体的组合方式是叠加式。其中形体 I 在形体 III 后半部的上方,形体 II 在形体 III 前半部的右上方,并在形体 I 的前侧。

③ 综合起来想整体 根据上述对各组成部分的结构形状和相对位置的分析,综合归纳即可想象出该形体的整体形状。如图 5-10(e) 为该组合体的立体图。

(2) 线面分析法

线面分析法是根据线、面的投影特性,分析视图中线段、线框的含义及其相互位置关系,从而想象出形体的表面性质和细部形状的读图方法。运用线面分析法,需要熟练掌握投影基础中有关点、线、面投影分析的基本知识,从而帮助我们构思物体的形状结构。

看图时一般以形体分析法为主,线面分析法为辅。有些简单图形,用形体分析法就可以看懂物体的形状。对于复杂的图形,在形体分析的基础上,对一些不易搞清楚的局部,再进行线面分析。

下面通过实例,说明用形体分析法和线面分析法进行组合体读图的具体步骤:

例 5-2 识读图 5-11(a) 所示组合体的三视图。

解 先根据形体分析法看图,想象出各部分的形状、组合方式、相对位置和表面连接关系;再根据线面分析法看图,分析视图中不易看懂的线段、线框的含义及其相互位置关系,从而想象出形体的表面性质和细部形状;最后综合起来想象出组合体的整体结构形状。

① 形体分析。由图 5-11(a) 所示,H 面投影是由两部分形体相交而成,右前部形体的 V 面投影是五边形,W 投影和 H 面投影的棱线均相互平

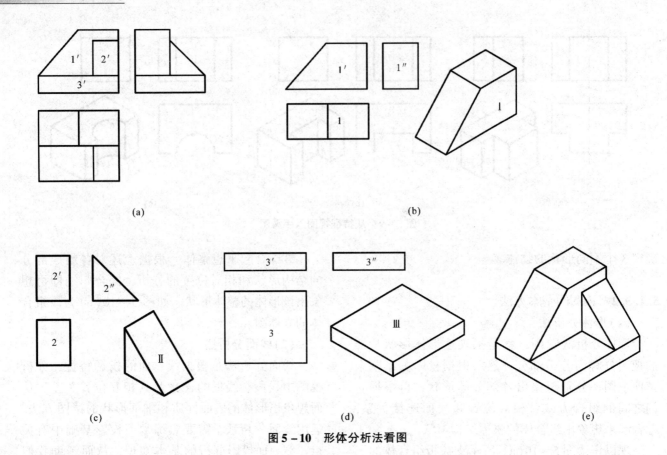

图 5-10 形体分析法看图

行,说明它的原始状态是五棱柱,如图 5-11(b) 所示。

后面形体的 W 投影是五边形,V 面投影和 H 面投影的棱线也相互平行,说明它的原始状态也是一个五棱柱,如图 5-11(c) 所示。两个五棱柱正交而成图 5-11(d) 的组合体。

②线面分析。图 5-11(e) 中 H 面投影的梯形线框 p,按投影关系,W 面投影与之对应的也是一个梯形 p″,V 面投影与之对应的没有梯形,而是一条线段 p′,这说明 P 平面是一个正垂面,P 平面的右侧也是与它对称的正垂面。

从图 5-11(f) 中 H 面投影的梯形线框和三角形线框,按照投影关系找到 V 面投影与之对应的也是一梯形线框和三角形线框,W 面投影与之对应的没有梯形线框和三角形线框,而是一条线段,说明 Q 平面是一个侧垂面,Q 平面的后侧也是与之对称的侧垂面。

正垂面 P 和侧垂面 Q 的交线是一条一般位置线。

综上分析,可以想象出形体的形状与图 5-11(d) 所示立体图一致。

5.1.4 由两视图补画第三视图

已知形体的两视图,补画第三视图,实际上就是画图与看图的综合练习。

例 5-3 如图 5-12(a) 所示,已知组合体的正立面图和左侧立面图,补画平面图。

解 根据已知投影进行形体分析,可以判断该物体的原始形体是四棱柱。V 面投影左上角的斜线,对应 W 面投影上的凸形线框,说明该平面是正垂面,即四棱柱的左上角被正垂面所切割。截切后形状也为凸形,其对应的 H 面投影应为相仿的凸形线框。W 面投影上方左、右各有一个缺口,缺口的垂直边,对应的 V 面投影是一梯形线框,说明它在形体上是一正平面,其 H 面投影应是一段水平直线段;而缺口的水平边和凸形线框的顶边,对应得 V 面投影均为水平线段,说明它们都是水平面,其 H 面投影都应是反映平面实形的

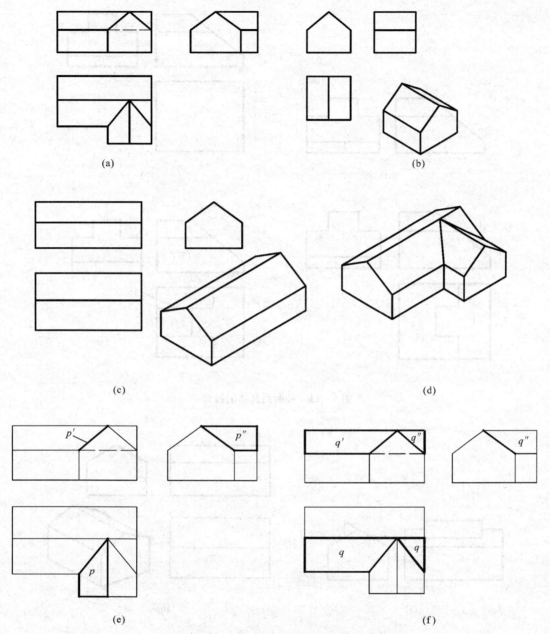

图 5-11 形体分析法、线面分析法看图

线框。

作图步骤：

①画出原始四棱柱的 H 面投影，见图 5-12(b)。

②画出左侧凸形正垂面 I 的 H 面投影，见图 5-12(c)。

③画出前后缺口底面 V、VI 的 H 面投影，同时完成顶面 IV 的水平投影，见图 5-12(d)。

④检查 3 个视图之间的投影关系是否正确，与想象物体的投影是否一致。最后按要求加深图线。

例 5-4 已知建筑形体的正立面图和左侧 W 立面图，补画其平面图，如图 5-13(a)所示。

解 根据已知的两面投影图可知，该建筑形体由上、下两部分形体组合而成。下部形体的 W 面投影是一五边形，对应 V 面投影的棱线相互平行，说明其原始形状是五棱柱，可以看作是一个两坡屋顶的建筑物，如图 5-13(b)所示。上部形

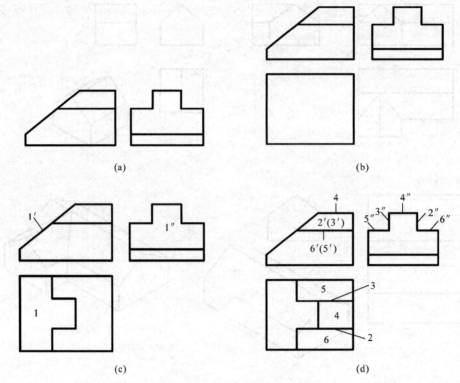

图 5-12 补画组合体的投影

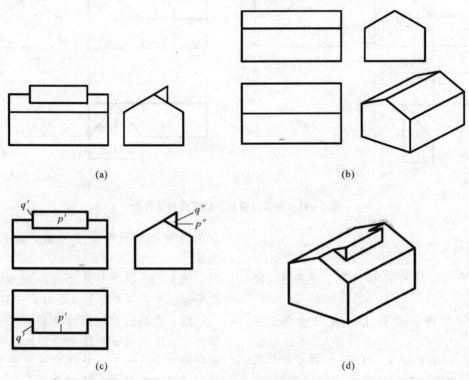

图 5-13 补画组合体的投影

体的 W 面投影是一个三角形，对应的 V 面投影为一矩形，可见其原始形状是一个三棱柱。从线面分析来看，W 面投影的三角形线框 q'' 对应 V 面投影的两条铅垂线，可知为左右对称的两个侧平面；V 面投影的矩形线框 p' 对应 W 面投影的铅垂线，说明为一正平面，如图 5-13(c) 所示。

由以上分析可知，该组合体为一个三棱柱叠加在两坡顶建筑物(五棱柱)屋顶前半坡靠屋脊处，如图 5-13(d) 所示。

作图步骤：

①画出原始五棱柱的 H 面投影，见图 5-13(b)。

②画出三棱柱的 H 面投影，由于三棱柱顶部的侧垂面与五棱柱的一个侧垂面重合为一个平面，故其 H 面投影没有交线，见图 5-13(c)。

③检查 3 个视图之间的投影关系是否正确，与想象物体的投影是否一致。最后按要求加深图线。

5.2 组合体的尺寸标注

在工程图样中，为了确切地表达形体，除用视图表达形体外，还必须标注尺寸，以确定其大小。

5.2.1 基本形体的尺寸标注

任何形体都有长、宽、高 3 个方向的大小尺寸，标注时必须将这 3 个方向的尺寸标注齐全，图 5-14 为常见基本形体的尺寸注法示例。

所注尺寸的数量以能完全确定该形体的形状和大小为度，一个尺寸只需标注一次，不应重复标注，也不能漏标。尺寸一般标注在形体的实形投影上，且尽量集中标注在一两个视图的下方和右方。

一般情况下，棱柱和棱锥类的基本形体[图 5-14(a)~(c)]，应标注出其底面尺寸和高度。棱台类的基本形体[图 5-14(d)]，需标注出其上、下底面尺寸和棱台高度。底面尺寸应标注在平面图上。

圆柱和圆锥应标注底面直径和高度，若将直径标注在非圆视图上可以省去表示底圆实形的视图[图 5-14(e)~(g)]。球体标注直径，在直径代号前加注字母"S"，只需一个视图来表达[图 5-14(h)]。

5.2.2 组合体的尺寸标注

标注组合体的尺寸，应能够确定组合体中各基本形体的大小以及它们之间的位置关系。因此，组合体的尺寸标注，应包括以下 3 种尺寸：

(1) 定形尺寸

定形尺寸是确定组合体中各基本形体形状和大小的尺寸。

(2) 定位尺寸

定位尺寸是确定组合体中各基本形体之间相互位置的尺寸。

标注定位尺寸时，必须在长、宽、高 3 个方向各选择一个或几个标注尺寸的起点，即尺寸基准。一般根据组合体特征和工作位置来选择尺寸基准，如底面、回转体轴线和重要的端面，对称形体可选择对称轴线或中心线为尺寸基准。尺寸基准确定后，再标注各基本形体相对基准的定位尺寸。

(3) 总体尺寸

总体尺寸是确定组合体的总长、总宽和总高的尺寸。

5.2.3 尺寸的配置

尺寸标注除了要符合制图标准的规定，以及标注完整、准确无误外，还要注意以下几点：

(1) 明显

同一基本形体的定型尺寸和定位尺寸尽量集中标注在反映该形体特征的视图上。与两视图有关的尺寸，应标注在两视图之间。各形体的尺寸标注要符合集中与分散的原则。对于房屋建筑图，水平面方向的尺寸应集中标注在平面图上。

(2) 清晰

尺寸一般应标注在视图轮廓线之外，并靠近被标注的轮廓线，某些细部尺寸允许标注在视图内。应尽量不要把尺寸注在虚线上，不要重复标注。同轴回转体的尺寸尽量标注在非圆视图上。对于房屋建筑图，各视图有时画在不同的图纸上，

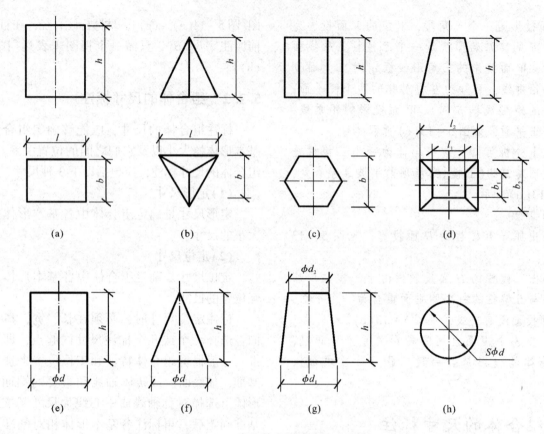

图 5-14 常见基本形体的尺寸注法

为便于施工,允许重复标注尺寸。

(3) 整齐

尽量将形体的定型、定位和总体尺寸组合起来,排列成几行,小尺寸在内,大尺寸在外,平行的尺寸线之间的距离为 7~10mm。在房屋建筑图中,为便于施工,尺寸标注宜采用封闭式,即将被标注部位的各细部尺寸编排在一起,但应注意使每一方向的细部尺寸总和等于总体尺寸。

(4) 合理

合理的标注尺寸要符合物体的使用功能、成型加工、设计施工的要求。初学者需要注意的是,具有相贯线的组合体,只能标注相交两立体的大小尺寸和定位尺寸,不能对相贯线标尺寸。具有切口的组合体,只能标注截切前完整立体的尺寸和截平面的定位尺寸,不能标注截交线的尺寸。

下面以图 5-15 所示景墙的三视图为例,说明组合体尺寸的标注方法和步骤。

①进行形体分析并分别标注出各基本形体的定型尺寸 从图中可以看出,景墙由墙体(四棱柱)和花台(四棱柱)组成,墙体上开有漏窗(六棱柱)。墙体的定型尺寸为长 3600、宽 400、高 2200。墙上漏窗的定型尺寸为长 1100(200 + 700 + 200)、宽 400、高 600(300 + 300)。花台的定型尺寸为长 2000、宽 800、高 420、壁厚 120。景墙的长度和高尺寸集中标注在立面图上,宽度尺寸标注在平面图上。花台的长度和宽度尺寸集中标注在平面图上,高度尺寸标注在左侧立面图上。

②标注定位尺寸 如图 5-15 所示,首先确定长、宽、高 3 个方向的尺寸基准:底面、景墙左端面和背面,再标注各基本形体相对各尺寸基准的定位尺寸。如图中,漏窗长度方向的定位尺寸为 500,高度方向的定位尺寸为 1200,宽度方向不须标注定位尺寸。花台的定位尺寸为 2300 和 200。

③标注总体尺寸 图中总长为 4300,总宽为 1000,总高为 2200。如图 5-15 所示。

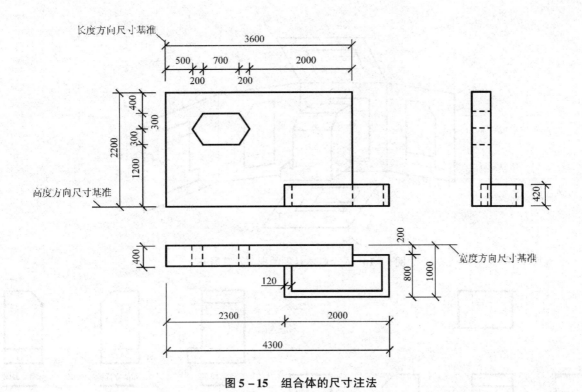

图 5-15 组合体的尺寸注法

5.3 视 图

对于形状和结构比较复杂的工程形体,仅用前面介绍的三视图难以完整、清晰地把它们表达清楚,为此国家标准《房屋建筑制图统一标准》GB/T 50001—2010 规定了多种图样画法,画图时可根据形体的具体情况选用。为了使技术图样的表示法与国际上一致,以适应国际贸易、技术和经济交流的需要,我国还颁布了《技术制图标准》,包括了各类技术图样(机械、电气、建筑和土木工程等)的画法。

5.3.1 六面基本视图

根据制图标准规定,在原有 3 个投影面的基础上再增加 3 个与其对应的投影面,这 6 个投影面统称为基本投影面。将物体置于其中,分别向 6 个投影面投射所得的 6 个视图,统称为基本视图。6 个基本视图除平面图、正立面图、左侧立面图外,还有背立面图——由后向前投射所得的视图,底面图——由下向上投射所得的视图,右侧立面图——由右向左投射所得的视图。

6 个投影面的展开方法是:正立投影面仍保持不动,其他投影面逐一展开,如图 5-16 所示。

同三面投影一样,六面投影图之间仍然保持"长对正、高平齐、宽相等"的投影规律。投影图的排列位置如图 5-17(a)所示。靠近正立面图的一侧反映物体的后面,远离正立面图的一侧反映物体的前面,背立面图与正立面图的左右关系正好相反。在同一张图纸内按图 5-17(a)配置视图时,可不标注视图名称。展开后的六面视图可以平移到其他位置,如在同一张图纸上绘制若干个视图时,各视图的位置宜按图 5-17(b)的顺序进行配置。视图的名称注写在各视图的下方,用粗实线绘一条横线,其长度应以图名所占长度为准。

画图时,应根据形体的结构特点和复杂程度,选择必要的基本视图,选择的原则是:用较少数量的视图完整、清晰地表达形体。如图 5-18 为某房屋视图的图样布置。画房屋的多面视图,通常把左侧立面图画在正立面图的左边,把右侧立面图画在正立面图的右边,以便就近对照。房屋视图的外轮廓线用粗实线,其他可见轮廓用中实线,门窗分格细实线。

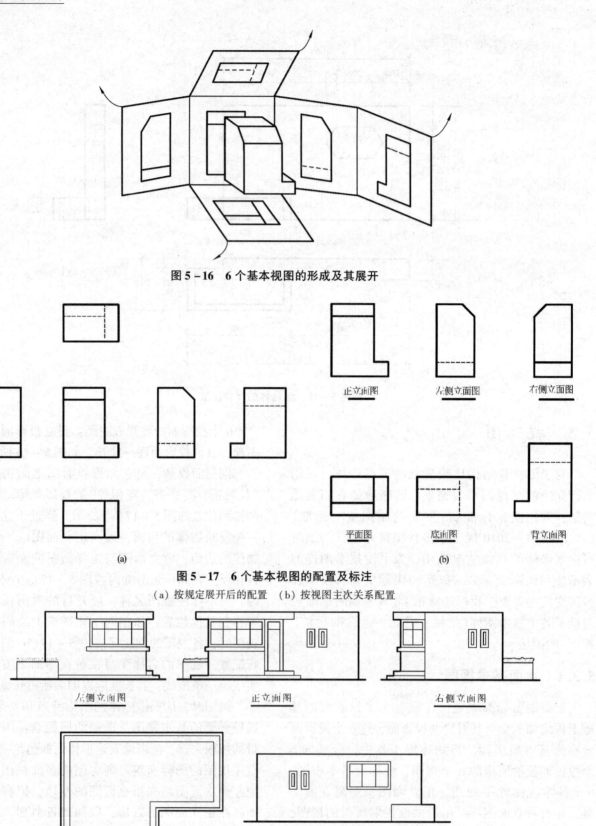

图 5-16　6 个基本视图的形成及其展开

图 5-17　6 个基本视图的配置及标注
（a）按规定展开后的配置　（b）按视图主次关系配置

图 5-18　房屋视图的布置

5.3.2 辅助视图

对于形状复杂的形体，那些用基本视图不易表达清楚，或不便表达的部分结构，可以用辅助视图补充表达。

5.3.2.1 局部视图

把形体的某一局部向任一基本投影面投影，所得到的视图称为局部视图。局部视图只表达形体某个局部的构造和形状。如图 5-19 所示形体的 A 向和 B 向局部视图。

画局部视图时，要用箭头表示局部视图的观看方向，并标注大写拉丁字母予以编号，如图中"A""B"，在局部视图下方注写"A 向"和"B 向"，且这些字母均沿水平方向书写。

局部视图一般按投影关系配置，也可以画在其他地方。局部视图的边界线可用断开线表示，但当所表示的部分是完整的，外轮廓自行封闭时，断开界线可省略。

局部视图可以用较大的比例绘制，称为局部放大视图，应在图名后注写放大的比例。

5.3.2.2 斜视图

当形体的某些部分倾斜于基本投影面时，基本视图就不能反映其真实形状。这时可将它投影到一个与倾斜表面平行的辅助投影面上，在此投影面上得到的视图称为斜视图，如图 5-19 中部的 C 向视图。

斜视图的画法和标注与局部视图基本相同。斜视图最好布置在箭头所指方向，必要时允许将图形旋转成水平位置，这时应加"旋转"二字，如图 5-19 中的 C 向旋转视图。斜视图只要求表示出倾斜部分的图形，边界线用波浪线或折断线断开，其余部分仍在基本视图中表示。

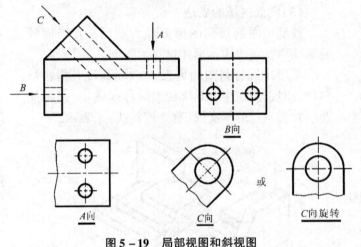

图 5-19 局部视图和斜视图

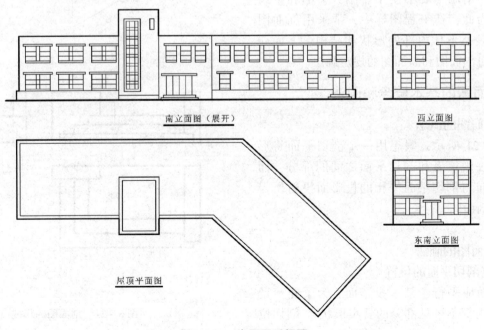

图 5-20 房屋展开视图

5.3.2.3 展开视图

工程形体的某些面与基本投影面平行,还有某些面与基本投影面不平行,为了同时表达出它们的形状和大小,可将该部分展开至与某一选定的基本投影面平行的位置,再按正投影法绘制。经展开后再向基本投影面投影所得到的投影图称为展开视图。展开视图不作任何标注,只要在该视图图名后注写"展开"字样即可。

如图5-20所示房屋,共选用了屋顶平面图、南立面图、西立面图和东南立面图等视图。其中,南立面图是展开视图。由于房屋的右侧向西南方倾斜,为了反映其实形,假想将其倾斜部分展开至平行于正立投影面位置后再进行投影,并在图名后注写"展开"字样。东南立面图为辅助视图,图上注写出反映投射方向方位的图名,故不再注出箭头。

5.4 剖面图

在投影图中,形体的内部形状和结构及被遮住的部分轮廓用虚线表示。对于内部形状和结构复杂的形体,将造成图面虚实线相互重叠、交错混淆、层次不清晰,既不便于看图,又不利于尺寸的标注。为此,在工程图样中,常采用剖面图和断面图来表达形体内部的形状和结构。下面介绍国家标准对剖面图和断面图的规定画法。

5.4.1 剖面图的基本概念和画法

5.4.1.1 剖面图的概念

如图5-21所示,假想用一个剖切平面将形体剖开,移去观察者和剖切平面之间的部分,而将剩余部分向与剖切平面平行的投影面投射所得的图形称为剖面图。

5.4.1.2 剖面图的画法

(1)确定剖切平面的位置

剖切平面应平行于某一投影面。为了能清楚地表达物体内部不可见部分的真实形状,剖切位置一般应选择能够反映形体全貌、构造特征以及有代表性的部位,如选在形体的对称平面上或通过孔、槽等的中心线。

(2)绘制剖面图

剖面图除应画出剖切面剖切到部分(断面)的图形外,还应画出沿投射方向看到的部分。

为了使图样层次分明、图形清晰,国标规定:被剖切面剖切到部分(断面)的轮廓线用粗实线绘制,剖切面没有切到,但沿投射方向可以看到的部分,则用中实线绘制。对于断面后边的不可见形体,一般不再画出虚线,如图5-21(b)所示。

(3)断面区域的表达

被剖切面剖切到的部分称为断面,在断面的轮廓线内,画出表示形体材料的图例。

常用建筑材料图例见表5-1。如没有指明材料种类时,用与主要轮廓线或对称线成45°且等间距、互相平行的细实线(称为图例线)来表示。

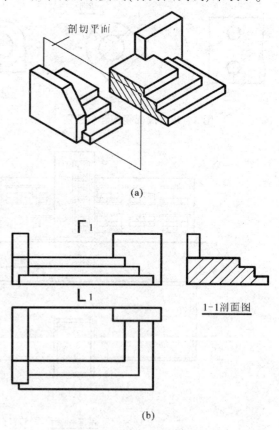

图5-21 剖面图的形成

表 5-1 常用建筑材料图例(摘自 GB/T 50001—2010)

序号	名称	图例	说明
1	自然土壤		包括各种自然土壤
2	夯实土壤	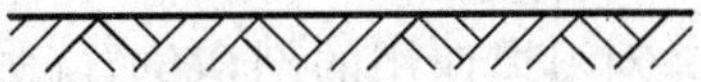	
3	普通砖	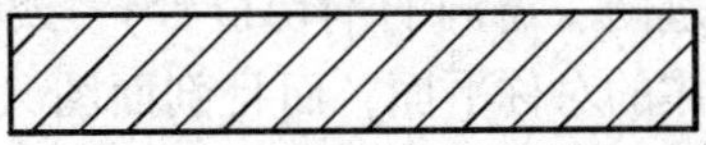	包括实心砖、多孔砖、砌块等砖体。断面较窄不易绘出图例线时,可涂红
4	混凝土	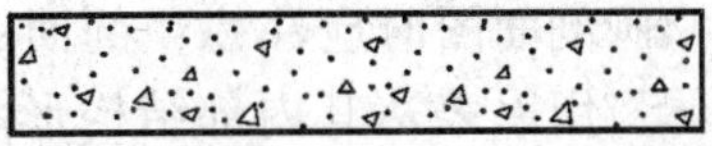	①本图例指能承重的混凝土和钢筋混凝土 ②包括各种强度等级、骨料、添加剂的混凝土 ③在剖面图上画出钢筋时,不画图例线 ④断面图形小、不易画出图例线时,可涂黑
5	钢筋混凝土		
6	饰面砖	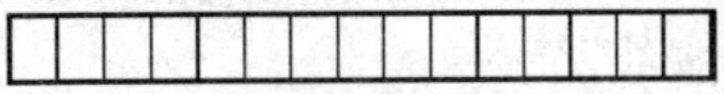	包括铺地砖、马赛克、陶瓷锦砖、人造大理石等
7	沙、灰土	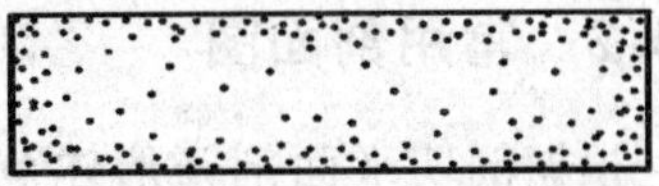	靠近轮廓线绘较密的点
8	毛石	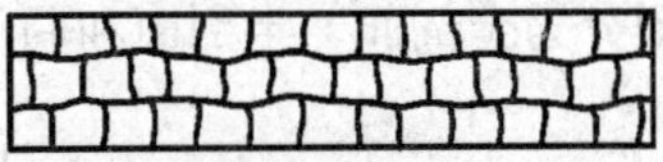	
9	金属		①包括各种金属 ②图形小时可涂黑
10	木材		①上图为横剖面,其中左上图为垫木、木砖、木龙骨 ②下图为纵断面
11	防水材料		构造层次较多或比例较大时采用上面图例
12	多孔材料		包括水泥珍珠岩、沥青珍珠岩、泡沫混凝土、非承重加气混凝土、软木、蛭石制品
13	粉刷	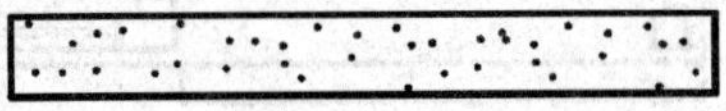	本图例采用较稀的点

注:①图例中的斜线一律画成与水平成45°角的细实线。图例线应间隔均匀,疏密适度。
②同一物体的各个剖面区域,其剖面线或材料图例的画法应一致。不同物体两个相同的图例相接时,图例线宜错开或使倾斜方向相反。

为表示工程构造物不同的材料,可以用一条粗实线画出材料分界线。较大面积的剖面图,允许只在剖面轮廓边缘画出材料图例。剖切面通过柱、杆、墩、桩一类实心构件的对称面或平行于薄壁板面剖切时,不画材料图例。

(4)剖切符号的标注

画剖面图时,为了表明剖切平面的剖切位置和剖切后的投影方向及名称,通常在物体平面图或立面图上标注剖切符号,在剖面图上要标注剖面图名称。

剖切符号由剖切位置线、投射方向线及编号组成,如图5-21所示。

①剖切位置线表示剖切平面的位置,用两段6~10mm长的粗实线表示,画在与剖切平面垂直的视图两侧,并且不宜与其他图线接触。

②投射方向线表示剖切后的投影方向,用两段垂直于剖切位置线的粗实线(长4~6mm)表示,画在剖切位置线的外侧,其指向即为投射方向。

③剖面图的编号是用阿拉伯数字按顺序从左到右、从上到下连续编排,并注写在投射方向线的端部。剖切位置线如有转折时,在转折处也应注写相应的编号。

在剖面图下方注写相应编号的图名,作为剖面图的名称,并在图名的下方画出等长的粗实线,如1-1剖面图。

对习惯使用的剖切位置(如画房屋平面图时,通过门、窗洞的剖切位置);或者当剖切平面通过形体的对称平面,而且剖面图又处于基本视图位置时,可不标注剖切符号,如图5-22所示的平面图。

画剖面图时应注意,剖面图只是假想的剖开形体,用以表达其内部结构形状的一种方法,因此除剖面图以外的其他视图,都应该画出完整的形状。对于剖面图中已经表达清楚的物体内部构造,在其他视图上投影为虚线时,一般不予画出;但对于没有表达清楚的内部形状,仍应画出必要的虚线。

5.4.2 常用剖面图

根据剖切平面剖开形体范围的大小,可将剖面图分为全剖面、半剖面和局部剖面图。

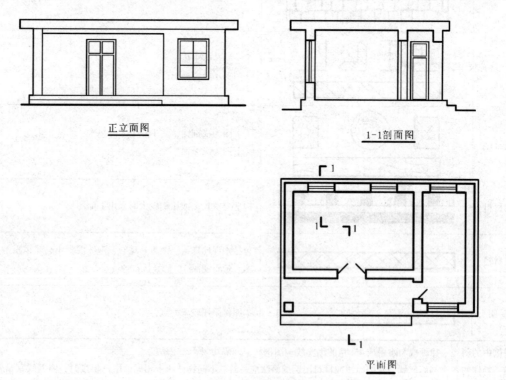

图5-22 房屋全剖面图

5.4.2.1 全剖面图

用剖切面完全地剖开物体所得的剖面图称为全剖面图。全剖面图适用于表达外形简单内部结构复杂的形体。全剖面图的剖切方法如下：

(1) 单一剖切面剖切

用平行于基本投影面的单一剖切平面剖切，如图5-21所示的1-1剖面图即是用单一剖切面剖切得到的全剖面图。如图5-22房屋的全剖面图，平面图是用一个水平剖切面沿着门窗洞将房屋剖开，移去上边部分后，由上向下观看的全剖面图，习惯上仍称为平面图。在房屋的全剖面图中，砖墙图例可以省略不画，但要把剖到的砖墙轮廓线画得粗些（粗实线），以区别没有剖到的轮廓线（中实线）。门用45°方向的中实线表示开启方向，窗扇简化为两条细实线。

(2) 几个平行的剖切平面剖切

当物体内部结构较复杂，用一个剖切平面不能将物体的内部结构全部表达清楚时，可用几个平行的剖切平面剖切形体，如图5-22所示。

如图5-22所示房屋的1-1剖面图是用两个互相平行的铅垂剖切平面剖切，移去左边部分后，由左向右观看的全剖面图。室内外地面线为加粗线（1.4b），1-1剖面图只画室内外地面以上部分，图线画法同平面图。房屋的正立面图只画外形，不画表示内部的虚线。

(3) 几个相交的剖切平面剖切

当物体有转折结构，用单一剖切面或几个平行的剖切平面都不能表达清楚时，可用几个相交的剖切平面（交线垂直于某一投影面）剖切形体，剖面图的图名后应加注"展开"二字，如图5-23所示楼梯的全剖面图。

画图时应注意：倾斜剖切面剖到的结构必须展开到与选定的基本投影面平行后再投影，使被剖切的结构反映实形，在展开剖面图上不画剖切平面转折处所产生的交线。

5.4.2.2 半剖面图

当物体具有对称平面时，在其形状对称的视图上，以对称平面为界，用剖切平面将形体剖开

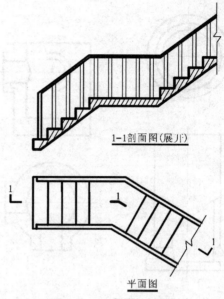

图5-23 楼梯的全剖面图

一半后投射，所得的剖面图称为半剖面图。如图5-24中正立面图和左侧立面图均为半剖面图。在半剖面图中，一半画成剖面图以表达内部结构形状，另一半则画成视图以表达外部形状。半剖面图适用于形状对称、内外结构均需表达的形体。

画半剖面图应注意：剖面图与视图的分界线用细点画线表示，半剖面图的剖切方法和标注与全剖面图相同。根据习惯，半剖面图一般画在对称线的右边（视图左右对称）或下边（视图上下对

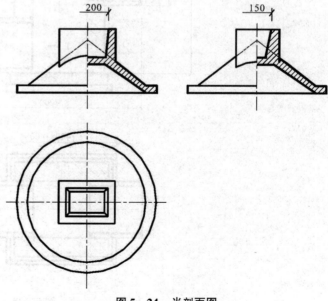

图5-24 半剖面图

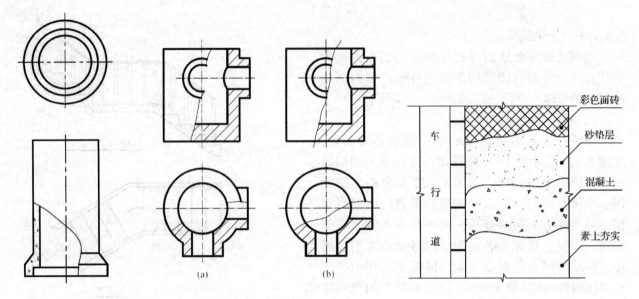

图 5-25 沟管的局部剖面图　　图 5-26 波浪线的正确画法　　图 5-27 路面分层局部剖面图
　　　　　　　　　　　　　　　　(a)正确　(b)错误

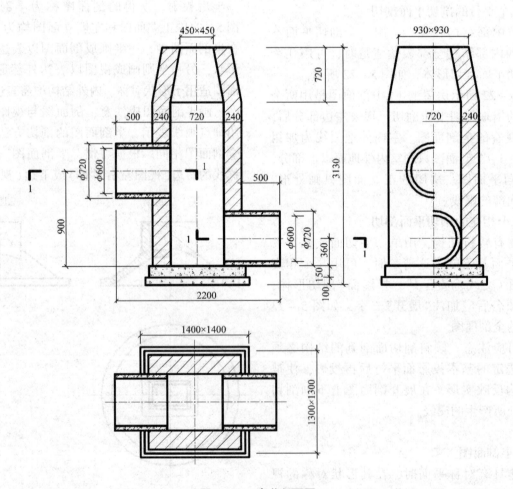

图 5-28 窨井剖面图

称)。如图5-24中所示,如果剖切平面通过形体的对称面,可省略标注。

在半剖面图中标注内部对称结构的尺寸时,只画一边的尺寸界限和尺寸起止符号,尺寸线应超过对称轴线,尺寸数字是整个对称结构的尺寸,如图5-24所示。

5.4.2.3 局部剖面图

在保留物体大部分外形的情况下,只需要表示出某一局部的内部构造时,可以用剖切面局部地剖开形体,所得的剖面图称为局部剖面图。如图5-25所示,混凝土沟管的正立面图画成局部剖面图,局部剖面一般用波浪线分界。

局部剖面图主要用于不适宜采用全剖面图或半剖面图,且内、外结构都需要表达的形体。

画图时应注意:波浪线可看成形体断裂痕迹的投影,故只能画在形体的实体部分,不能与图中的其他图线重合,也不能超出轮廓线之外。凡形体上与剖切平面相交的可见孔洞的投影内,波浪线必须断开,如图5-26所示。

在土建工程中,对于有分层结构的形体,常用分层局部剖面图。分层局部剖面图应按层次以波浪线为界将各层分开,如图5-27所示。分层局部剖面图多用于表达楼面、地面和墙面的材料和构造。

例5-5 阅读图5-28所示窨井的剖面图。

解 为了清楚地表达窨井的内部结构,视图采用了3个剖面图。正立面图是全剖面图,侧立面图左右对称采用半剖面图。平面图(即1-1剖面图)是采用两个平行剖切平面剖切所画出的全剖面图。图中画出了各部分的材料图例,并标注了尺寸。方形基本形体的尺寸简化标注成了乘积的形式。

5.5 断面图

5.5.1 断面图的基本概念

假想用剖切平面将物体的某处切断,仅画出剖切面与形体接触部分的图形,称为断面图,如图5-29所示台阶的1-1断面图。

断面图常用于表达物体某部分的断面形状,如建筑构件、杆件及型材等的断面。

5.5.2 常用断面图

根据断面图在绘制时所配置的位置不同,断面图可分为以下几种。

5.5.2.1 移出断面图

画在原视图之外的断面图称为移出断面图,移出断面图的轮廓线用粗实线绘制,比例常大于原视图的比例,以便于看图和标注尺寸,如图5-30所示。杆件的断面图可绘制在靠近杆件的一侧或端部处,并按顺序依此排列。

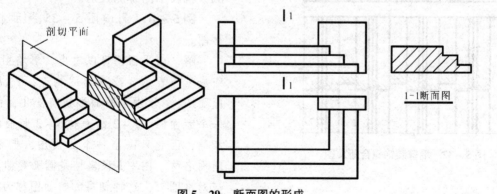

图5-29 断面图的形成

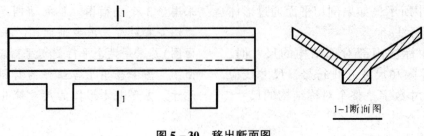

图 5-30　移出断面图

5.5.2.2　重合断面图

重叠画在视图轮廓线之内的断面图称为重合断面图，此时，断面图的比例应与视图的比例相同。通常建筑类制图重合断面轮廓线用粗实线绘出，当视图中轮廓线与重合断面图的图形重叠时，视图中的轮廓线仍应连续画出，不得间断，如图 5-31 所示。若重合断面的轮廓不是封闭的线框，其轮廓线也要比视图的轮廓线粗，并在轮廓线范围内，沿轮廓线边缘画出与轮廓线成 45°方向的图例线(细实线)，如图 5-32 所示。

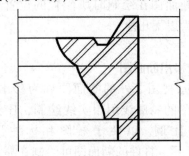

图 5-31　重合断面图

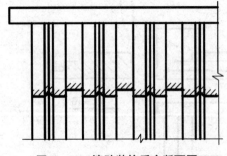

图 5-32　墙壁装饰重合断面图

5.5.2.3　中断断面图

对于较长且断面形状相同的物体，如杆件、

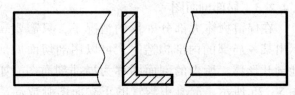

图 5-33　中断断面图

型材等，常把视图断开，将断面图画在中断处，称为中断断面图，中断断面图的轮廓线用粗实线绘制，如图 5-33 所示。

5.5.3　断面图与剖面图的区别

图 5-34 是柱子的断面图和剖面图画法比较，可以看出：

①断面图仅画出形体被剖切后的断面形状的投影，是"面"的投影；而剖面图则是画出断面以及剖切面后面部分形体的投影，是"体"的投影。

②剖面图的剖切符号包括剖切位置线、投射方向线和编号；而断面图的剖切符号只包括剖切位置线和编号，而不画投射方向线。投射方向由编号的注写位置表示，编号注写在剖切位置线哪侧，就表示向哪侧投射。

例 5-6　阅读图 5-35 所示水闸翼墙的断面图。

解　由平面图可以看出，翼墙由 a、b、c 3 段组成。为表示 3 段翼墙的构造，a、b 段各取一个断面图，c 段由于断面形状有变化，故在两端各取一个断面图。2-2 断面和 3-3 断面的构造和尺寸相同，因此只画出一个断面图，但要标注出两个断面名称。图中 b 段翼墙是圆弧弯曲段，剖切位置应对准圆心，这样切得的断面图称为正断面图。

在断面图上标注水闸翼墙断面的细部尺寸，本例高度尺寸主要采用标高的形式。

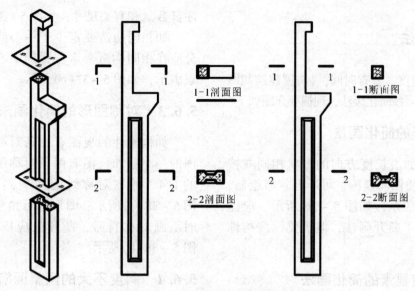

图 5-34 断面图与剖面图的区别

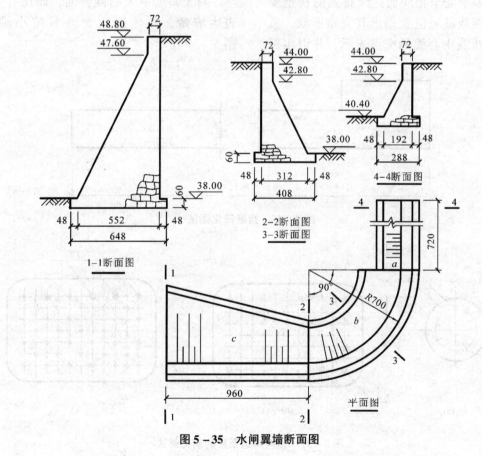

图 5-35 水闸翼墙断面图

5.6 简化画法

为了提高绘图速度、节省时间,《房屋建筑制图统一标准》中规定了一些简化画法,现摘要介绍如下:

5.6.1 较长图形的简化画法

较长的构件,如沿长度方向的形状相同或按一定规律变化,为使图面紧凑,可断开省略绘制,断开处应以折断线表示,如图5-36所示。应注意,虽然构件采用了断开画法,但仍要标注构件的实际全长尺寸。

5.6.2 相同构造要素的简化画法

构配件内多个完全相同而连续排列的构造要素,可仅在两端或适当位置画出其完整形状,其余部分以中心线或中心线的交点表示,并引出标注其数量和有关尺寸,如图5-37(a)(b)所示。

如相同构造要素少于中心线交点,则其余部分应在相同构造要素位置的中心线交点处用小圆点表示,如图5-37(c)所示。

5.6.3 对称图形的简化画法

如构配件的视图有一条对称线,可只画该视图的一半;如视图有两条对称线,可只画该视图的1/4,并在对称线的两端画出对称符号,如图5-38(a)所示。图形也可稍超出其对称线,此时不画对称符号,断开处应以折断线表示,如图5-38(b)所示。

5.6.4 斜度不大的倾斜面简化画法

对于斜度不大的倾斜面,如在一个视图中已表达清楚,其他视图允许只按小端画出,如图5-39所示。

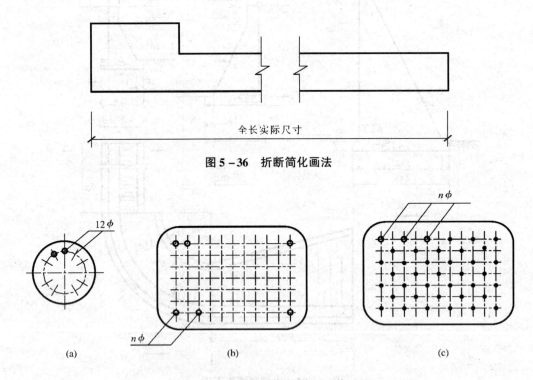

图5-36 折断简化画法

图5-37 相同构造要素的简化画法

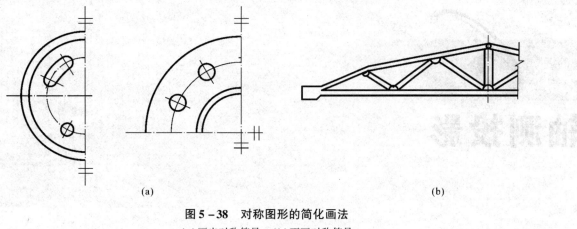

图 5-38 对称图形的简化画法
(a)画出对称符号　(b)不画对称符号

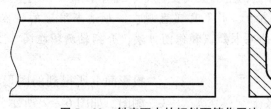

图 5-39 斜度不大的倾斜面简化画法

小　结

由基本几何体组合而成的立体称为组合体，形体分析法是组合体绘图、读图和标注尺寸的基础。分析各基本形体之间的组合方式、相对位置及其表面连接关系的思维方法称为形体分析法。综合运用形体分析法和线面分析法来绘制和阅读组合体的三视图并标注尺寸是本章的重点。对于形状和结构比较复杂的工程形体，仅用三视图难以完整、清晰地把它们表达清楚，为此国家标准《房屋建筑制图统一标准》规定了多种图样画法，包括基本视图和辅助视图、剖面图和断面图、简化画法等。画图时，根据物体的复杂程度和表达的目的，选择必要的视图、剖面图和断面图。选择的原则是：既要能完整、清晰地表达物体，又要使所选用图样的数量为最少。本章要求熟练掌握基本视图、辅助视图、剖面图和断面图的画法和应用。

思考题

1. 组合体有哪几种组合形式？形体表面之间的连接关系有哪几种情况？在绘图时要注意哪些问题？

2. 什么叫形体分析法？什么叫线面分析法？简述组合体画图的步骤和读图的思考过程。

3. 组合体的尺寸包括哪 3 种？什么是尺寸基准？如何确定尺寸基准？尺寸配置有哪些要求？

4. 基本视图有哪些？它们的名称是什么？如何在图纸上排列视图？

5. 辅助视图主要有哪些？其画法、配置和标注有什么规定？

6. 剖面图有哪几种？怎样绘制剖面图？剖切符号的标注有何规定？

7. 什么是全剖面图？全剖面图有哪些剖切方法？

8. 什么是半剖面图？半剖面图的画法和标注有哪些规定？

9. 什么是局部剖面图？局部剖面图中的分界线是哪种图线？画法有何规定？

10. 断面图有哪几种？它们都有哪些规定？如何标注？

11. 剖面图与断面图有哪些区别？

12. 制图标准中规定了哪些常用简化画法？其画法有何规定？

第 6 章 轴测投影

[**本章提要**] 轴测投影是将物体随同空间直角坐标系，用平行投影法将其投影在单一投影面上绘制的立体图，它具有画图简便省力、形象真实直观、图形清晰准确的特点。本章主要学习常用正轴测投影图和斜轴测投影图的基本知识和作图方法，介绍轴测图在园林工程中的应用。

6.1 轴测图的基本知识

我们已经学过的多面正投影图以其作图简便、度量性好而广泛应用在工程实践中。但它的直观性差，没有学过投影理论的人，很难读懂这种图样。为了帮助看图，以便研究和讨论问题，工程上常采用富有立体感的轴测图作为辅助图样，如图 6-1 所示。

6.1.1 轴测投影的形成

将物体连同其直角坐标系，沿不平行于任一坐标平面的方向，用平行投影法将其投射在单一投影面上所得到的图形称为轴测投影图，简称轴测图。如图 6-2 所示，投影面 P 称为轴测投影面，投射线方向 S 即为投影方向。轴测图能同时反映出物体长、宽、高 3 个方向的尺度。

空间直角坐标轴 OX、OY、OZ 在轴测投影面上的投影 O_1X_1、O_1Y_1、O_1Z_1 称为轴测投影轴，简称轴测轴。相邻轴测轴之间的夹角 $\angle X_1O_1Y_1$、$\angle X_1O_1Z_1$、$\angle Y_1O_1Z_1$ 称为轴间角。轴测轴上一段长度与它的实际长度之比，称为该轴的轴向变化率（或称轴向伸缩系数），分别用 p、q、r 表示。

X 轴向变化率 $p = O_1X_1/OX$

Y 轴向变化率 $q = O_1Y_1/OY$

Z 轴向变化率 $r = O_1Z_1/OZ$

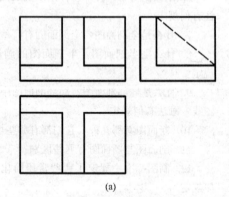
(a)

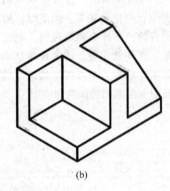
(b)

图 6-1　正投影图与轴测投影图

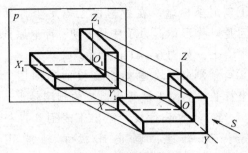

图 6-2 轴测图形成

6.1.2 轴测投影的特性

①互相平行的线段，其轴测投影仍然互相平行；直线平行坐标轴，其轴测投影亦平行相应的轴测轴。

②两直线平行，其轴向变化率相等；与轴测轴平行的线段，它们的投影长度与实际长度的比值等于相应的轴向变化率。

因此，知道了轴间角和轴向变化率，就可以沿轴向度量物体的大小，沿轴向量画出物体上各点、各线段和整个物体的轴测投影。由于只能沿轴向测量，所以称为轴测投影图。

6.1.3 轴测投影的分类

轴测投影面 P 与物体的倾斜角度不同，投影线与轴测投影面的倾斜角度不同，可以得到一个物体的无数个不同的轴测投影图。

根据投影方向 S 与轴测投影面 P 之间的相对位置，轴测投影分为两类，即正轴测投影与斜轴测投影。

投影方向 S 与轴测投影面 P 垂直，所得图形称为正轴测投影图；投影方向 S 与轴测投影面 P 倾斜，所得图形称为斜轴测投影图。

根据轴向伸缩系数的不同，上述两类轴测投影又可分为：

①正(斜)等测投影 3个轴向变化率均相等，即 $p=q=r$。

②正(斜)二测投影 其中两个轴向变化率相等，即 $p=q\neq r$ 或 $q=r\neq p$ 或 $p=r\neq q$。

③正(斜)三测投影 3个轴向变化率互不相等，即 $p\neq q\neq r$。

6.2 正轴测投影图

6.2.1 正轴测投影图的轴间角和轴向变化率

6.2.1.1 正等测图

当空间3个坐标轴都与轴测投影面倾斜成相同角度时，所形成的正轴测图为正等测轴测图。由理论分析可知：轴间角 $\angle X_1O_1Y_1$、$\angle X_1O_1Z_1$、$\angle Y_1O_1Z_1$ 都是 $120°$，轴向变化率 $p=q=r=0.82$，如图6-3(a)所示。

作图时一般将 Z_1 轴画成铅垂的位置。为了简化作图，在实际画图时，将各轴的轴向变化率取为1，称为简化轴向变化率。此时沿各轴测轴方向的线段投影长度都等于空间线段的实际长度，这样画出的图仅是沿轴向的长度比原来放大了 $1/0.82=1.22$ 倍，如图6-3(b)所示。

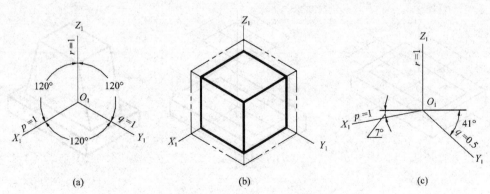

图 6-3 正等测图和正二测图的轴间角及轴向变化率
(a)正等测图　(b)放大了1.22倍　(c)正二测图

6.2.1.2 正二测图

当选定 $p=r=2q$ 时,所得到的正轴测投影图称为正二测图。经计算,X 轴和 Z 轴的轴向变化率 $p=r=0.94$,Y 轴的轴向变化率 $q=0.47$;轴间角 $\angle X_1O_1Z_1=97°10'$,$\angle Y_1O_1Z_1=131°25'$。为使作图方便,规定 Z_1 轴画成铅垂线,X_1 轴与水平线成 $7°10'$,Y_1 轴与水平线成 $41°25'$,并取简化轴向变化率 $p=r=1$,$q=0.5$,如图 6-3(c)所示。

6.2.2 基本画法

画轴测图的方法主要有坐标法、叠加法、切割法、综合法。以下通过实例,说明画图的步骤。

例 6-1 如图 6-4(a)所示,已知组合体的投影图,求作正等测轴测图。

解 从投影图中可知,该形体是由矩形底板和四棱台叠加而成。画轴测图时,也应采用叠加的方法绘制。

作图步骤:

① 确定坐标轴。在投影图上确定坐标轴的位置,因是对称形体,为了度量方便,可把原点定在对称中心上,如图 6-4(a)所示。

② 画轴测轴。先画矩形底板的轴测图,将底板的坐标长 a 和宽 b 度量到对应的轴测轴上,分别作 X_1 和 Y_1 轴的平行线,画出上表面。再将厚度 h_1 量到 Z_1 轴上,画出底板的轴测图,如图 6-4(b)所示。

③ 在底板的上表面,按其对称关系度量四棱台顶面、底面和高度的坐标,画底面和顶面的轴测图,如图 6-4(c)(d)所示。

④ 连接四棱台的棱线,擦去多余图线后描深,如图 6-4(e)所示。

例 6-2 如图 6-5(a)所示,已知组合体投影图,求作该组合体正等测轴测图。

解 从投影图中可知,该组合体是由一个长方体切去一角,左侧中部再切成通槽而成,画轴测图时,也应采取切割的方法绘制。

作图步骤:

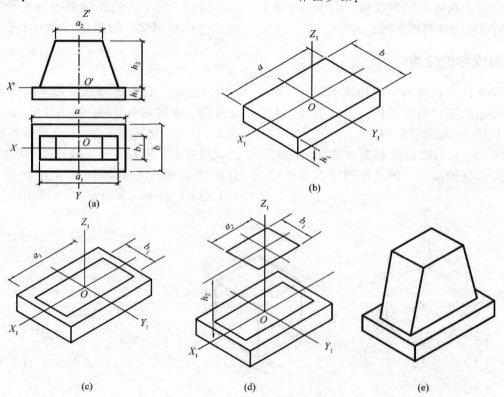

图 6-4 叠加组合体正等测轴测图画法

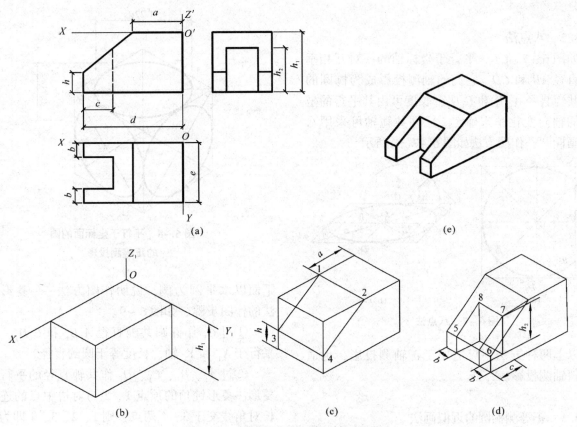

图 6-5 切割组合体正等测轴测图画法

① 确定坐标轴。在投影图上确定坐标轴的位置，如图 6-5(a) 所示。

② 画轴测轴。画完整的长方体的轴测图，先量画长方体的顶面，然后沿 Z_1 轴向下截取高度，如图 6-5(b) 所示。

③ 在长方体的左上角画斜面。从右端沿 X_1 轴量取 a，作 Y_1 轴平行线，得交点 1、2；再从底面沿 Z_1 轴量取 h，作 Y_1 轴平行线，得交点 3、4；然后连接 1、3 和 2、4，如图 6-5(c) 所示。

④ 在斜面上切槽。画切槽要特别注意，一定要沿轴测轴的方向度量相关尺寸。如图 6-5(d) 所示，先在底面前、后各量取宽度 b，再沿 X_1 轴量取长度 c；然后由所得点分别作 Z_1 轴平行线，并量取高度 h_2，得到 5、6、7、8 这 4 点；连 5、8、7、6 点为斜面上切口的位置。

⑤ 擦去多余作图线后描深。注意：要把因开槽而可见的棱线画出来，如图 6-5(e) 所示。

6.2.3 圆的轴测投影

6.2.3.1 平行弦法

图 6-6 是水平面上的圆。将平行于 Y 轴的直径 CD 作 n 等分，过分点画平行于 X 轴的弦。在轴测图上画出相应的弦，求出弦的端点，光滑连成椭圆。图示为正二测图，Y_1 轴尺寸取其 0.5。

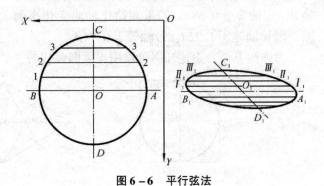

图 6-6 平行弦法

6.2.3.2 八点法

如图 6-7 所示，平行于坐标轴的一对互相垂直的直径 AB 和 CD，它们的轴测投影成为椭圆的一对共轭直径 A_1B_1 和 C_1D_1，长度可由其平行的坐标轴的轴向变化率来确定。已知共轭轴可采用八点法画椭圆，作图方法如图 6-7(b) 所示。

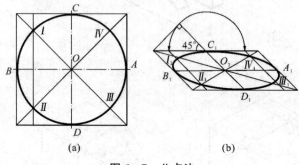

图 6-7 八点法

以上两种方法不仅适用于正轴测投影，也适用于斜轴测投影。

6.2.3.3 正等测椭圆的近似画法

如图 6-8 所示。当平行于 3 个坐标面上的圆的直径相等时，它们的正等测投影是 3 个大小相同的椭圆。从图中可看到：圆的外切正方形的轴测投影是菱形，椭圆与菱形的边相切于中点。正等测椭圆的长轴都在菱形的长对角线上，短轴都在短对角线上。

因此，平行于某一坐标面的圆，其轴测投影椭圆的长轴垂直于第三轴测轴，短轴平行于第三轴测轴。经计算，正等测椭圆的长轴等于圆的直径 d，短轴等于 $0.58d$。若采用简化轴向变化率画图，则长轴等于 $1.22d$，短轴等于 $0.71d$。

为作图方便，上述椭圆可以用 4 段圆弧代替。

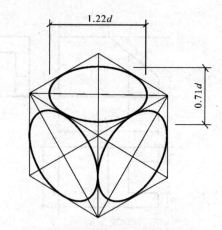

图 6-8 平行于坐标面的圆
的正等测投影

下面以水平圆为例，说明作图方法——菱形四心法的作图步骤，如图 6-9。

①过 O_1 作椭圆共轭直径 A_1B_1 和 C_1D_1，分别平行于 X_1 和 Y_1 轴，长度等于圆的直径。

②过 A_1、B_1、C_1、D_1 作共轭直径的平行线得菱形。菱形钝角的顶点 1、2 与对边中点的连线与长对角线交于 3、4 两点，则 1、2、3、4 即为四个圆心，如图 6-9(b)。

③分别以 1、2 为圆心，$1A_1$ 为半径画圆弧；再以 3、4 为圆心，$3A_1$ 为半径画圆弧，完成作图，如图 6-9(c)。

6.2.3.4 正二测椭圆的近似画法

在正二测投影中，当圆处于正平面、水平面、侧平面位置时，它们的轴测投影都是椭圆。由于 Y_1 轴的轴向变化率与 X_1 轴和 Z_1 轴不相同，所以正平圆的轴测图与水平圆、侧平圆的轴测图的做法也不一样。可用近似椭圆的做法来画这些圆的轴测投影。

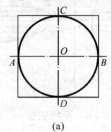
(a)

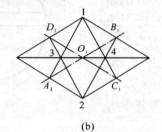
(b)

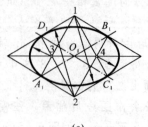
(c)

图 6-9 正等测椭圆的近似画法

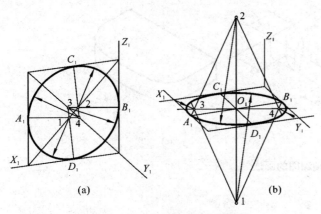

图 6-10 正二测椭圆的近似画法

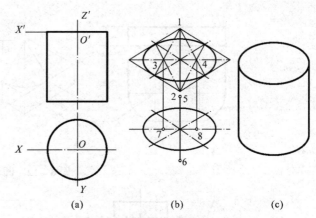

图 6-11 圆柱体轴测图的画法

(1) 正平圆的轴测图

先作圆外接正方形的轴测投影——菱形。菱形的边长等于圆的直径。椭圆的长、短轴分别与菱形的对角线重合，长轴与长对角线重合，短轴与短对角线重合。如图 6-10(a) 所示，A_1、B_1、C_1、D_1 为菱形各边的中点，过中点做各边的中垂线与菱形对角线相交于 1、2、3、4，即为 4 个圆心。以 1、2 为圆心，$1A_1$ 为半径画圆；再以 3、4 为圆心，$3B_1$ 为半径画圆。由于采用简化轴向变化率，椭圆长轴 $\approx 1.06d$；短轴 $\approx 0.94d$（d 为圆的直径）。

(2) 作水平圆、侧平圆的轴测图

作圆外接正方形的轴测投影——平行四边形。如图 6-10(b) 所示，A_1、B_1、C_1、D_1 为平行四边形各边的中点，过 O_1 点作一直线与 Z_1 轴垂直，即是椭圆长轴的方向，短轴与 Z_1 轴平行。取 $1O_1 = 2O_2 = d$（圆的直径）。连 $2A_1$、$1B_1$ 与长轴相交于 3、4，则 1、2、3、4 即为 4 个圆心。以 1、2 为圆心，$1B_1$ 为半径画圆；再以 3、4 为圆心，$3A_1$ 为半径画圆。当采用简化轴向变化率时，椭圆长轴 $\approx 1.06d$；短轴 $\approx 0.35d$。

侧平圆的轴测投影，其做法与图 6-10(b) 的画法相同，只是长、短轴的方向不同。

6.2.4 回转体的正轴测图

图 6-11(a) 所示为轴线垂直于水平面的圆柱体，现用菱形四心法作正等测图。

先作上顶圆的正等测投影椭圆，然后由四圆心 1、2、3、4 作铅垂线，沿轴线方向量取圆柱高度方向尺寸，求得下底圆的 4 个圆心，作下底圆的正等测投影椭圆，这种方法叫作移心法，如图 6-11(b) 所示。最后作两椭圆公切线，完成作图。

图 6-12(a) 所示是带圆角的长方体底板，作其正等测图。圆角是 1/4 圆柱，由图 6-9 椭圆近似画法可以看出，菱形相邻两边中垂线的交点就是 1/4 圆弧的圆心。由此可得出圆角正等测图的近似画法：由长方体轴测图的角顶量取圆角半径得切点，过切点作垂线，交点 1、2 是上顶面两圆心。用移心法求出下底面圆心 3、4，分别画圆弧。最后作小圆弧公切线，完成作图。

例 6-3 作柱座的正等测图（图 6-13）。

解 如图 6-13(a) 所示，柱座是带圆角的方板、圆弧回转体和圆柱的组合体。圆弧回转面不能直接画出轴测投影的轮廓线，可先作出若干纬圆的轴测图，然后作包络线与各纬圆相切，即为回转面的轴测图，这种方法叫作包络线法。

作图步骤如图 6-13(b) 所示，先画圆弧回转体的轴测投影图，图中作了 3 个纬圆的轴测图，分别是上下底圆和最大径圆，然后画 3 个椭圆的包络线与椭圆相切。再分别画出下面带圆角的方板和上面圆柱体的轴测图。

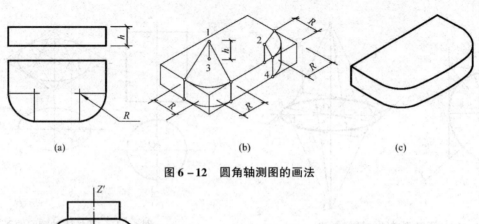

图 6-12 圆角轴测图的画法

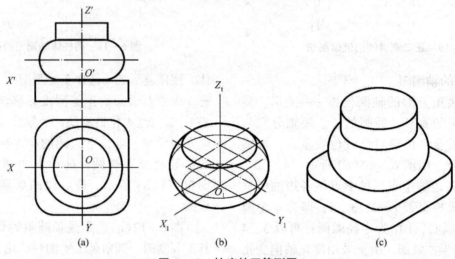

图 6-13 柱座的正等测图

6.3 斜轴测投影图

轴测投影方向与轴测投影面倾斜,所得到的轴测投影图称为斜轴测图。画图时,通常使空间形体的一个面与轴测投影面平行。常用的斜轴测投影图有两种,即正面斜轴测图和水平面斜轴测图,下面分别进行介绍。

6.3.1 正面斜轴测图

当轴测投影面与正立面平行或重合时,所得到的斜轴测投影称为正面斜轴测投影图,如图 6-14(a)所示。

6.3.1.1 轴间角及轴向变化率

由于坐标轴 OX 和 OZ 平行于轴测投影面(正平面),其投影不发生变形,故轴间角 $\angle X_1O_1Z_1 = 90°$,轴向变化率 $p = r = 1$。只有 Y_1 轴的轴向变化率和轴间角随投影方向不同而发生变化,实际上可以任意选择。为使图形明显和作图方便,通常取 Y 轴的轴向变化率为 0.5,轴测轴 O_1Y_1 与轴测轴 O_1X_1(或水平线)的夹角取 45°。轴测轴 O_1Y_1 的方向可根据需要选择,如图 6-14(b)(c)所示。

6.3.1.2 正面斜轴测图画法

凡平行于坐标面的圆,其斜二测投影仍为圆,平行于另外两个坐标面的圆的投影是椭圆。斜轴测投影椭圆的长短轴不具有正轴测图中椭圆长短轴与相应轴测轴垂直或平行的那种规律。正面斜二测图一般用来表达某一正面方向有圆或形状复杂的物体。

画正面斜二测图时,应将物体上的特征面平行于轴测投影面,使这个面的投影反映实形。先画反映实形的面,然后自前向后、由整体到局部画出物体的轴测图。

例 6-4 已知拱形门的投影图如图 6-15(a)

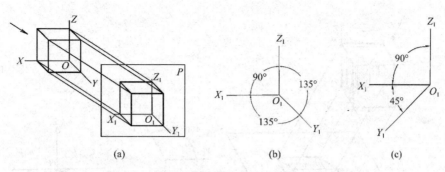

图 6-14 正面斜轴测图的轴间角和轴向变化率

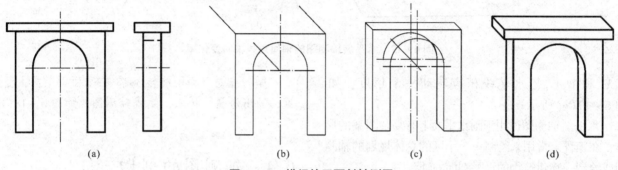

图 6-15 拱门的正面斜轴测图

所示,求作正面斜轴测图。

解 ①按实形画出前墙面,如图 6-15(b)所示。

②沿 Y_1 轴方向量取拱形门的厚度,尺寸取 1/2。完成门身的斜轴测图,如图 6-15(c)所示。

③画出顶板,完成整个轴测图,如图 6-15(d)所示。

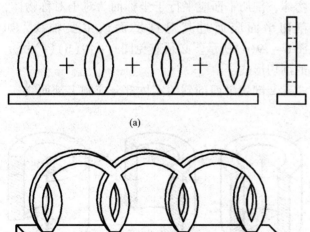

图 6-16 围栏的正面斜轴测图

例 6-5 已知围栏的投影图,求作正面斜测图,如图 6-16(a)所示。

解 使围栏的正面平行于轴测投影面,先画出与正面投影完全相同的图形。可见部分沿 Y 轴方向作平行线,并截取花窗宽度的 1/2,完成作图,如图 6-16(b)。

6.3.2 水平面斜轴测图

当轴测投影面与水平面平行或重合时,所得到的斜轴测投影称为水平面斜轴测投影图,如图 6-17 所示。

6.3.2.1 轴间角及轴向变化率

由于坐标轴 OX 和 OY 平行于轴测投影面(水平面),则不论投影方向如何变化,轴间角 $\angle X_1O_1Y_1 = 90°$,轴向变化率恒为 $p = q = 1$,如图 6-17(a)所示。

由于坐标轴 OZ 与轴测投影面垂直,投影方向 S 又倾斜于轴测投影面,所以轴测轴 O_1Z_1 是一条倾斜线,如图 6-17(b)所示。按习惯上仍将 O_1Z_1 轴画成铅垂线,轴向变化率通常也取 $r = 1$,并使

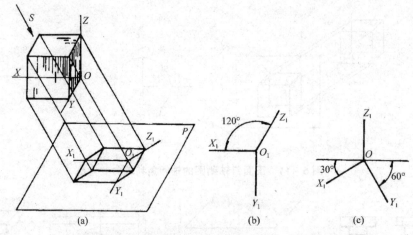

图 6-17 水平斜轴测图的轴间角和轴向变化率

O_1X_1 和 O_1Y_1 与水平线相应转动一个角度，如图 6-17(c)所示。

水平斜轴测图适用于画水平面上有复杂图案的形体，在工程上常用来绘制一个小区的总体规划的轴测图或绘制一幢建筑物的水平剖面的轴测图。

6.3.2.2 水平斜轴测图的画法

例 6-6 如图 6-18(a)所示，根据建筑的总平面图和立面图作水平面斜轴测图。

解 把总平面图旋转30°。在平面图上向上竖高度，画出房屋、树木，完成轴测图，如图 6-18(b)所示。

6.4 轴测图的剖切

在轴测图中为了表示物体的内部结构，可以假想用剖切平面把物体剖去一部分，画成剖切轴测图。

6.4.1 画剖切轴测图的规定

① 为了在轴测图上能同时表达出物体的内外形状，通常采用两个或三个互相垂直的平面剖切物体，剖切平面应平行于坐标面。对于对称物体，剖切平面应通过其对称平面或主要轴线，如图 6-19(a)所示。必须避免图 6-19(b)(c)所示的剖切形式。

② 剖切平面剖到的实体部分应画上剖面线，

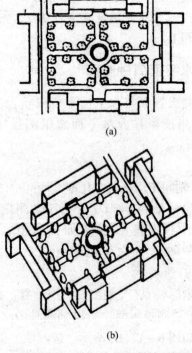

图 6-18 广场水平面斜轴测图

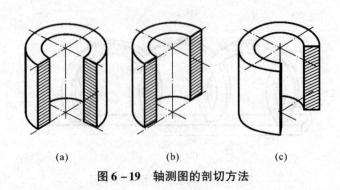

图 6-19 轴测图的剖切方法

其方向如图 6-20 所示。

6.4.2 剖切轴测图的画法

画剖切轴测图有两种方法：

①先画外形，后画剖面，并补画剖切后可看到的内部轮廓线，作图步骤如图 6-21(b)~(d)所示。

②先画剖面，后画可见的内外轮廓线。此法图线较少，作图简便，但初学者不易掌握，如图 6-22(b)(c) 所示。

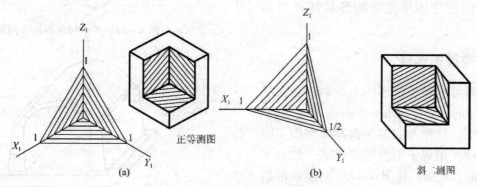

图 6-20 轴测图的剖面线方向

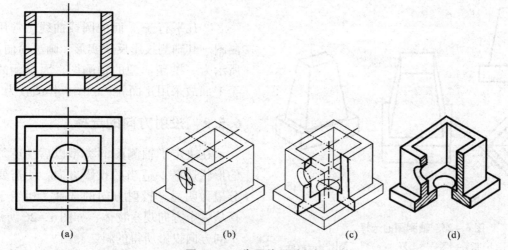

图 6-21 先画外形后剖切

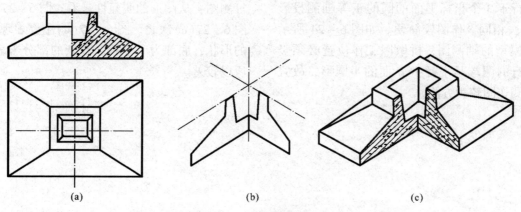

图 6-22 先剖切后画外形

6.5 轴测图的选择

在绘制轴测图时，首先要解决的是选用哪种轴测图来表达物体。在选择时应该考虑画出的图样有较强的立体感，同时还要考虑从哪个方向去观察物体，才能使物体最复杂的形状特征显示出来。

6.5.1 轴测类型的选择

①轴测图都可根据正投影图来绘制，在正投影图中如果物体的表面有与水平方向成45°，就不应采用正等测图。这种方向的平面在轴测图上将积聚为一条直线，削弱了图形的立体感，故宜采用斜二测图或正二测图，如图6-23(c)所示的斜二测图立体感较好。

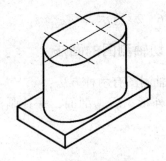

图6-24 桥墩模型的正等测图

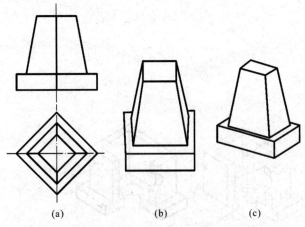

图6-23 轴测图的选择
(a)投影图 (b)正等测图——不好 (c)斜二测图——较好

②平行于3个坐标平面的圆的正等轴测投影(椭圆)画法相同，作图较简便。如图6-24所示为一桥墩模型的轴测图，桥墩因工作位置必须竖放，而墩身的两端是平行于H面的半圆形，故宜采用正等测作图较为方便。

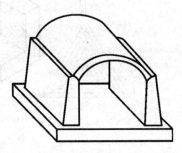

图6-25 拱涵模型的斜二测图

③凡平行于V面的圆或曲线，常用正面斜二测图。其轴测投影反映实形，画法简便。图6-25所示为一拱涵模型的轴测图，因拱涵的端面平行于V面故采用正面斜二测图，作图较为方便。

6.5.2 投射方向的选择

在决定了轴测图的类型以后，还须根据物体的形状选择一适当的投影方向，使需要表达的部分最为明显。投射方向的选择，相当于观察者选择从哪个方向观察物体，如图6-26所示为物体从不同方向投影所得的斜二测图。

图6-27所示工程物体3种不同投影方向的正等测图，从图形的明显性来看，图6-27(b)最好，图6-27(c)次之。图6-27(d)主要表现物体底部的形状，底部为一平板，复杂的部分未表达出来，所以较差。

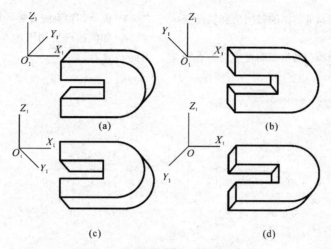

图 6-26　4 种不同方向的斜二测图
(a) 向左下观察　(b) 向右下观察　(c) 向左上观察　(d) 向右上观察

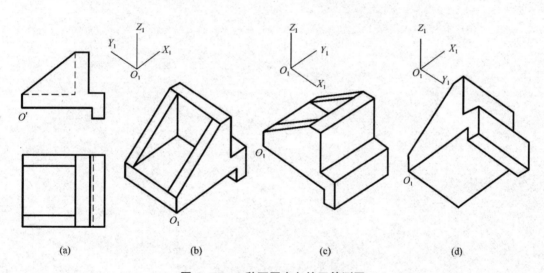

图 6-27　3 种不同方向的正等测图
(a) 两面投影　(b) 最好　(c) 次之　(d) 较差

小　结

轴测图是一种立体辅助投影。按投影方向不同，轴测投影可以分为两大类：正轴测投影和斜轴测投影。工程上常用的正轴测图有正等测图和正二测图，常用的斜轴测图有正面斜二测图和水平面斜等测图。应熟记 4 种轴测图的轴间角和轴向变化率。轴测图的基本画法有坐标法、叠加法、切割法。为了表示物体的内部结构，可以画成剖切轴测图。正等测投影椭圆的近似画法—菱形四心法，画法简便，3 面有圆的物体宜采用正等测投影法。平行于正面的圆或曲线，其斜二测投影反映实形，凡具有正平圆或曲线的物体应采用斜二测投影法。一般说来，正二测图的立体感较其他常用轴测图的立体感强。

思考题

1. 轴测图分为哪两类？它们有哪些特点？轴测投影有哪些特性？
2. 什么是轴间角和轴向变化率？正等测图和正二测图的轴间角、轴向变化率为何值？
3. 轴测图的基本画法有哪些？举例说明。
4. 平行于坐标面的圆的轴测图有哪些画法？正等测和正二测椭圆的长、短轴的位置有什么特点？

5. 正面斜二测图和水平面斜等测图的轴间角和轴向变化率为何值？

6. 平行于哪一个坐标面的圆，其斜二测投影仍为直径相等的圆？

7. 画剖切轴测图有哪些规定？如何画剖切轴测图？

8. 如何选择轴测图的类型？如何选择轴测图的投影方向？

第 7 章 标高投影

[**本章提要**] 修建在地面上的园林工程,常常需要绘制地形图,以便在图纸上表示出建筑物与地面的交线。由于地面的形状较复杂,而且水平尺寸比高度大得多,为表达清楚地面和复杂曲面,必须采取标高投影。标高投影是在水平投影图上加注某些特殊点、线、面的高度来表达形体形状的投影图。它以高程数字代替立面图的作用,是一种单面正投影。

7.1 点和直线的标高投影

7.1.1 点的标高投影

如图 7-1(a)所示,选择一个水平面 H 作为基准面,设其高程为零,基准面以上为正,基准面以下为负。A 点高出 H 面 5 单位,B 点在 H 面内,C 点低于 H 面 3 单位。作 A、B、C 的 H 面正投影。在投影图上字母的右下角分别标出它们与 H 面的高差 5、0、-3,即得 A、B、C 3 点的标高投影。5、0、-3 称为 A、B、C 3 点的标高。为了应用方便,选择基准时,尽量不采用负高程。

在标高投影图上必须附有比例尺及其长度单位,如图 7-1(b)所示。常用的单位为米(m)。

7.1.2 直线的标高投影

7.1.2.1 直线的表示法

① 连接两个点的标高投影以表示直线。如图 7-2 所示的 a_3b_5、c_4d_4 为直线 AB、CD 的标高投影,其中 CD 是一条水平线。

② 用直线上一个点的标高投影并标注直线的坡度和方向来表示直线。如图 7-3 所示,箭头的方向指向下坡。

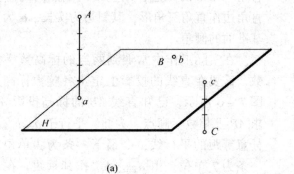

(a)

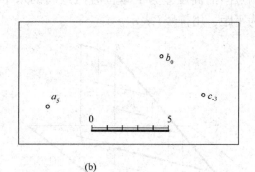

(b)

图 7-1 点的标高投影

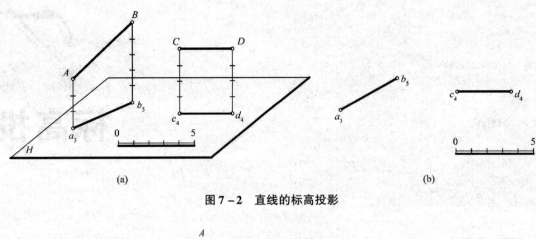

图 7-2 直线的标高投影

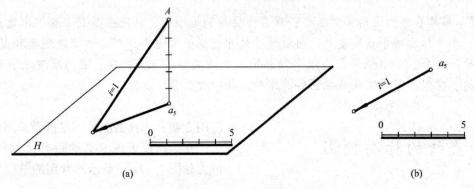

图 7-3 直线的表示法

7.1.2.2 直线的坡度和平距

如图 7-4 所示,直线两点间的高差和它们的水平距离(水平投影长度)之比称为直线的坡度,用符号 i 表示。

$$i = 高度差/水平距离 = H/L = \mathrm{tg}\alpha$$

上式表明两点间的水平距离为 1 单位时两点间的高度差即等于坡度。

当两点间的高度差为 1 单位时两点间的水平距离称为平距,用符号 l 表示。

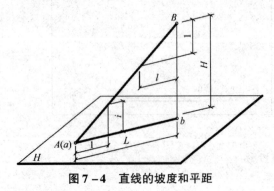

图 7-4 直线的坡度和平距

$$l = 水平距离/高度差 = L/H = \mathrm{ctg}\alpha$$

由此可知:直线的坡度与平距互为倒数,即 $i = 1/l$。坡度越大,平距越小;坡度越小,平距越大。

7.1.2.3 直线的实长及定整数标高点

在标高投影中求直线的实长,仍然采用直角三角形法。如图 7-5 所示,以直线的标高投影为直角三角形的一边,以直线两端点的高差为另一直角边作直角三角形,其斜边为实长,α 为直线对基准面的倾角。

在实际工作中常遇到两点的标高数字并非整数,需要在直线的投影上定出各整数标高点。如图 7-6 所示,已知直线 AB 的标高投影 $a_{3.3}b_{6.8}$,求 AB 上整数标高点。为此,平行于 $a_{3.3}b_{6.8}$ 作 5 条任意等距的平行线,令最下一条为 3 单位,最上一条为 7 单位。由 $a_{3.3}$、$b_{6.8}$ 作其垂线,在垂线上分别按其标高数字 3.3 和 6.8 定出 A、B 两点。连接 A、B,它与各平行线的交点Ⅳ、Ⅴ、Ⅵ即为直

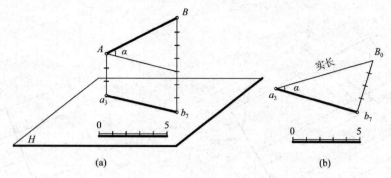

图 7-5 求线段的实长及倾角

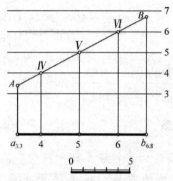

图 7-6 定直线上整数标高点

线 AB 上的整数标高点。再把它们投影到 $a_{3.3}b_{6.8}$ 上去，就得到直线上各整数标高点的投影。如平行线的距离采用单位长度，还可同时求出 AB 的实长及其对 H 面的倾角。

例 7-1 求图 7-7 中所示直线的坡度与平距，并求 C 点标高。

解 先用 $i = H/L$ 及 $l = 1/i$ 来确定直线的坡度和平距。

$H_{AB} = 21.6 - 9.6 = 12.0$

$L_{AB} = 36$（用所给比例尺量得）

因此，$i = 12/36 = 1/3$；$l = 3$。

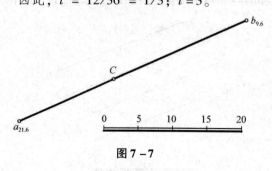

图 7-7

又量得 $ac = 15$，所以 $H_{AC} = 1/3 \times 15 = 5$。

故 C 点的标高为 $21.6 - 5 = 16.6$。

7.2 平面的标高投影

7.2.1 平面的等高线和坡度

7.2.1.1 等高线

平面上的水平线叫作平面上的等高线。在实际应用中，我们常取平面上整数标高的水平线为等高线。平面与基准面的交线是高程为零的等高线。

图 7-8 表示平面上等高线的标高投影。平面上的等高线有以下一些特性：

①等高线是直线；
②等高线互相平行；
③等高线的平距相等。

等高线的平距指相邻等高线的高差为 1m 时，两相邻等高线间的水平距离。

7.2.1.2 平面的坡度

平面上与等高线垂直的直线叫作最大坡度线。最大坡度线的坡度就代表平面的坡度。如图 7-8 所示，最大坡度线对基准面 H 的倾角，即是平面对基准面的倾角。最大坡度线的平距就是等高线的平距。

将平面上最大坡度线的投影附以整数标高，并画成一粗一细的双线，使与一般直线有所区别，这种表示方法称为平面的坡度比例尺。坡度比例尺一定与等高线垂直，如图 7-8(b) 所示。

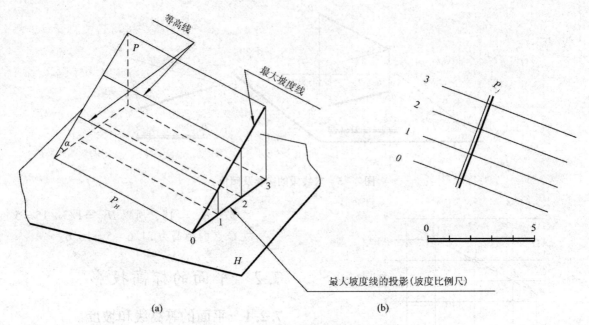

图7-8 平面的等高线和最大坡度线

7.2.2 平面的常用表示法

7.2.2.1 用几何元素表示平面

平面可由以下几何元素确定：不在同一直线上的三点；一直线及线外一点；平行或相交二直线；平面图形。

例7-2 已知一平面由 a_{47}、b_{63}、c_{52} 三点所给定，求平面上的等高线（每5m一根）、最大坡度线，平面对基准面倾角 α（图7-9）。

解 先求直线 $a_{47}b_{63}$ 上5的倍数的标高点和标高为52的点，以便和 c_{52} 相连确定等高线方向。然后过直线 $a_{47}b_{63}$ 上标高为50、55、60的各点作高程为52的等高线的平行线，即为所求等高线。

作等高线的垂线，就是平面上最大坡度线。以相邻两条等高线间的一段坡度线为直角三角形的一个直角边，以5单位长为另一直角边，则直角三角形斜边与最大坡度线夹角，即为平面对基准面倾角 α。

7.2.2.2 用一组等高线表示平面

可用高差相等的一组等高线表示平面。如图7-10所示，通常取高差为1m，此时等高线之间的距离为平面坡度线的平距。

7.2.2.3 用坡度比例尺表示平面

如图7-11所示，坡度比例尺的位置和方向一

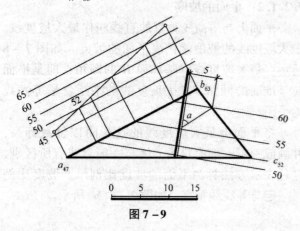

图7-9

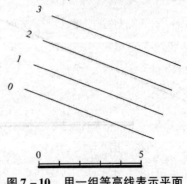

图7-10 用一组等高线表示平面

经纬度,平面图方向在赤道也随之而定。其纵横比例尺数系指点在赤道上的垂直比例尺,即沿平面上的等距线。

7.2.4 用一条等高线和平面图的坡度表示平面

图7-12(a)是由平面图上的一条等高线和平面图的坡度表示平面。即沿平面图的一条等高线,又标出平面图的坡度,从等高线的垂直方向和坡度比例尺(按度的刻数),就可分析出所示的比例刻截面,才能在图上投影等高距的平行线,即可作出平面图上等高线的投影轨迹,如图7-12(b)所示。

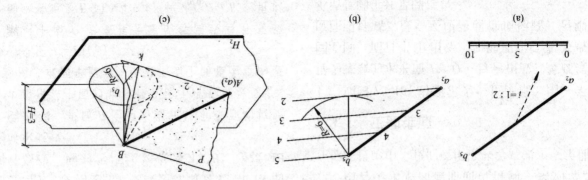

图7-11 用坡度比的尺子表示平面

7.2.5 用一条真线和平面图的坡度表示平面

凡一直线可以作无数平面,若再平面图的坡度给定后,又找出了平面图向某一方向的倾斜可以确定,如图7-13(a)所示,图中的 a_2b_5 和平面图的坡度 $i=1:2$ 给出,求平面图上的等高线方向,故绘制底图头。

例7-3 如图7-13(b)所示,平面用其真线 a_2b_5 和平面图的坡度 $i=1:2$ 给出,求平面图上的等高线。

解 设 a_2 有一条其高差为2的等高线,其 b_5 有一条其高差为5的等高线,两条等高线之间的水平距离为: $L = H \times l = 2 \times (5-2) = 6m$。

设点 a_2 ,作其真线与另一定点 b_5 的坡度等于 k 点 $6m$ 的长,并作图向短线,设以 b_5 为圆心, $R=6$ 为半径(按图中所给比例画出),作圆弧,再根据切线为其 a_2,但在切线与等高线上标尺为 3、4 的圆角圆弧。三等高线 a_2b_5 ,求得其真线与等高线2平行,故得3、4的等高线。

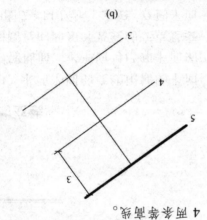

图7-12 用一条等高线和平面图的坡度表示平面

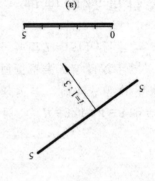

图7-13 用一条真线和平面图的坡度表示平面

7.2.3 画平面的交线

在标高投影中，求两个平面的交线可用两平面上各自等高线的交点连线的方法。如两平面相交时，水平面与已知平面的交线是等高线，而两相交面各自等高线的交点是交线上的一点。如图 7-14 所示。求 P、Q 两平面的交线。用四个断面为 12 和 15 的水平面作为辅助平面，与 P、Q 相交，其交线是标高为 12 和 15 的等高线，两对等高线交点为 A、B，连接 AB 即为所求交线。

例 7-4 平面 P 由等高线 a_4b_4 和其上坡度为 $i = 1:1$ 给出，平面 Q 由其等高线 a_4c_0 和坡度为 $i = 4:3$ 给出，求两平面交线及平面 P 上最大坡度线的标高投影，如图 7-15(a)。

解 平面 P 上最大坡度线与等高线垂直，平面 Q 上最大坡度线与等高线垂直。 a_4b_4 的水平距离 $L = 1 \times 4 = 4$，作 $e_0//a_4b_4$，其次

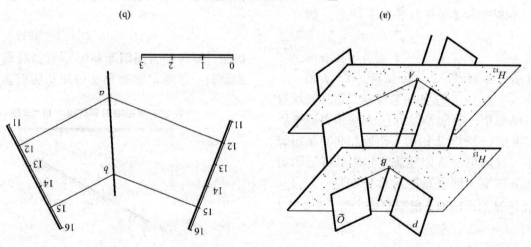

图 7-15

7.3 曲面的标高投影

由若干水平面截曲面可得到一系列等高线。在标高投影中，我们常用这些等高线来表示曲面。

7.3.1 正圆锥面

如图 7-16(a) 所示为一正圆锥，用一系列水平截平面截此正圆锥，等高线均为与 P_0 与它相切，等高线上画心圆，而且水平相等，如图所示。在等高线上，反映圆锥的水平投影特征，反映锥面的坡度和倾角，可测定不论是圆锥还是圆锥右。

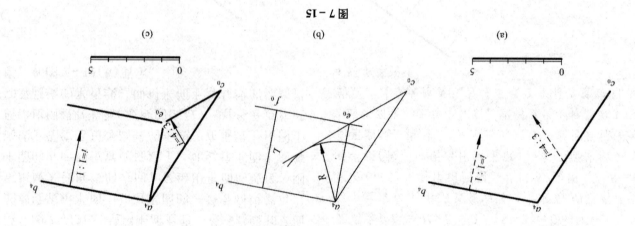

图 7-14 两平面相交交水交线

7.3.2 回转曲面

如图 7-18(a)所示一曲面斜坡道，它的两边

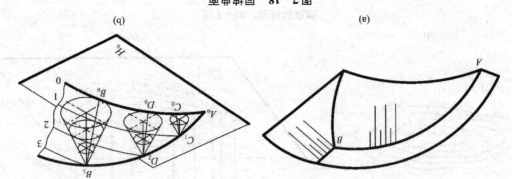

图 7-16 正圆锥面

如图 7-16(b)所示的是一个圆锥体，因为它的等高线在水平投影上较为疏密不大。

在土木工程中，经常建筑物的坡面做成回转的坡面形式，因为正圆锥面所有素线的坡度都是相同的，所以在工程转弯处，都用成正圆锥面。如图 7-17 所示，图中一卡一的箭头表示坡面的方向，再按坡度画下来。圆锥面上的素线就是示坡线，平面上的示坡线都是其垂直等高线。

回转曲面有下列的特性：

① 这样的正圆锥面在任何方向都和回转曲面相切，也就是说是回转曲面的素线，所以正圆锥面的等高线与该回转曲面的等高线。

② 曲面相切时，因此用一水平截切面切曲面时，所得的回转曲面上的等高线与圆锥面上的等高线相切。

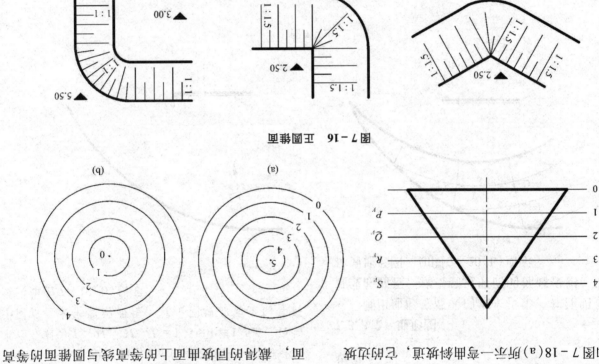

图 7-17 圆锥坡面

图 7-18 回转曲面

线——水平面——定相切，切点在所在曲面的切线
上。

回转曲面的等高线就是利用以上关系画出
来的。

例7-5 求图7-19(a)所示空间曲线ACDB
的水平投影。

解 此空间曲线可看作是图7-18(a)所画的
回转曲面上，作出顶点分别在$C(c_1')$、$D(d_2')$、
$B(b_3')$位置，母线为1:1.5的圆锥面，画出该曲
线投影图上高差为0、1、2m的等高线——水平圆
的半径分别为L、$2L$、$3L$，$L=1.5×1=1.5m$，分
别与垂直水平圆的曲线，就是空间曲线上的等高
线，如图7-19(b)所示。

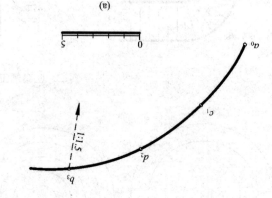

(a)　　　　　　　　　(b)

图7-19

7.3 地形图

7.3.1 地形等高线

把地面的高点与曲面相截，如图7-20所示用
水平面截剖小山丘，可得到一系列水平截剖曲线，
称为地形等高线。地形等高线有以下一些特点：
① 等高线一般是封闭的曲线。
② 除悬崖陡峭的地方外，等高线不相交。
③ 等高线愈密，表示地势愈陡峭，反之愈较
平缓。

7.3.2 地形图

画出地形等高线的水平投影，并注明每条等
高线的高程，就得到该地形的平面投影，这种图
称为地形图，如图7-20(b)所示。

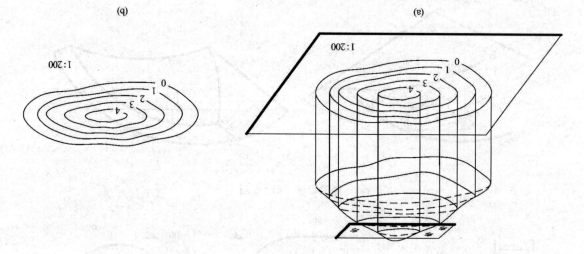

(a)   (b)

图7-20　地形等高线

坡度，表明地图的坡度大，图的下半部分等高线较稀疏，表明地势较平缓。

7.3.3 地形剖面图

由等高线地形图中，所得的地形剖面图称为地形剖面图，作图方法如图7-22所示。

① making $1-1$ 作垂线，它与地形图各等高线的交点为 $a、b、c…$ 如图7-22(a)所示。

② 按图上比例画出一组平行的等距离线，如图7-22(b)中 13、14、15…。

③ 在截距的一条线上，按图7-22(a)中 $a、b、c…$ 各点的水平距离，画出 $a_1、b_1、c_1…$ 等点。

④ 由 $a_1、b_1、c_1…$ 各点作垂线，与相应高程线相交，得到 $A、B、C…$ 等点。

⑤ 把这些点光滑连成曲线。

例7-6 如图7-23所示，已知等高线间距的高程分别为 21.5m、23.5m，求垂线 AB 与地面的交点。

解 通过等高线作垂直于地图的剖面图，画出剖面图。同时画出垂线 AB，将垂线与地形剖面图的4个交点 $K_1、K_2、K_3、K_4$ 按顺序划回原图上即为所求，不可见部分亦为所求。

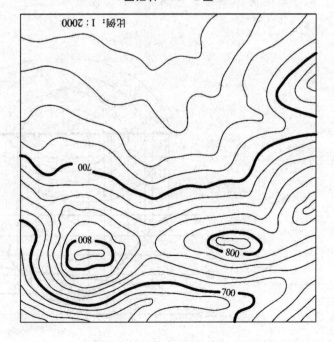

图7-21 地形图

在地形图中，通常每隔4根图缘线加粗并注有高程数字，叫做计曲线(m)，称为计曲线，按规定有高程数字均朝向高处标注。从图7-21中可看出相邻等高线的高差是20m。图的上方是800m，所以图有西北东北，南北各方向为等高线。图上有一个为高山头，两山头之间是鞍部。图上有等高线

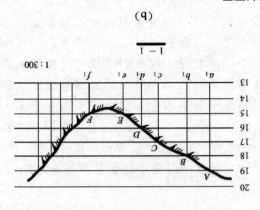

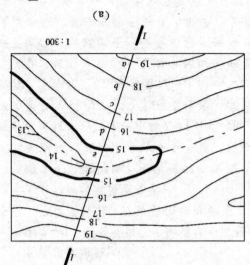

图7-22 地形剖面图

7.4 建筑物与地面的交线

7.4.1 建筑物与水平地面的交线

建筑物表面可以是平面、圆柱面或其他曲面等。它们与水平面的交线是一条等高线，所以求建筑物与水平地面的交线，实际上就是要求出建筑物表面上相应高度的等高线；就房屋施工而言，即方室外地坪为水平面与建筑物表面的交线为开挖线。实际施工中，根据建筑物的设计标高及室外地坪为标高等条件，作图时就能画出建筑物的开挖线。

例7-7 有着倾斜为$\frac{1}{3}$的等腰梯形的斜坡，其底面标高为$-3m$，斜坡形状和各梯形投影如图$7-24(a)$所示，图中标高数如图(a)所示。

解 ① 求开挖线。本图中开挖线是各坡面上的等高线，它们分别与相应的底边成平行线。其水平距离：$L_1=2/3×3=2m$，$L_2=3/1×3=3m$，$L_3=3/2×3=4.5m$。

② 求等坡线的交点。分别连接相邻的坡面上同等高的等高线的交点，即得4条等坡线。

③ 画出各种图形并涂光滑线。

例7-8 如图$7-25(a)$所示，有斜坡为$2m$的斜坡图上按一步台，台顶面标高$6m$，有一斜面引道

③ 画出各种图形并涂光滑线。

例7-9 有圆锥为空塔的塔有一面是$4m$的塔，与平顶高度及其表面的投影如图$7-26(a)$所示。

解 ① 求开挖线。本图中开挖线即塔图上各斜面与坡脚的交点，本图中开挖线即为图形交线。

② 作开挖线。分别连接梯形侧等引高点线相对的点a_6c_2、d_6f_2。

③ 画出光滑线。

通到地平面图，与斜形边图与引高的侧形曲高的面投所示为$1：1$，图出各种开挖与地面交线。

解 ① 求斜坡面。本图中图上某因斜面即图上某在高为$2m$的等高线，它们分别作与斜面边线引高相

为的成平形，所以各斜面的等高线又与地斜边中心线平行等。由于边界是圆形，所以本图上其相应圆弧曲线为水平距离（即水坦距）$L=0.6×4=2.4m$。

② 求连接点。因相邻斜面的侧相离，$4个小圆$之间可通过交点连接，所以要画出关接圆面曲线，为水上梯形等。

③ 画出各种图形并涂光滑线。

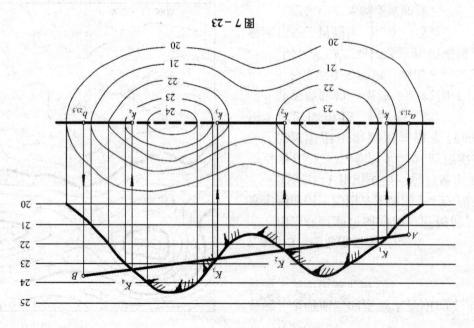

图7-23

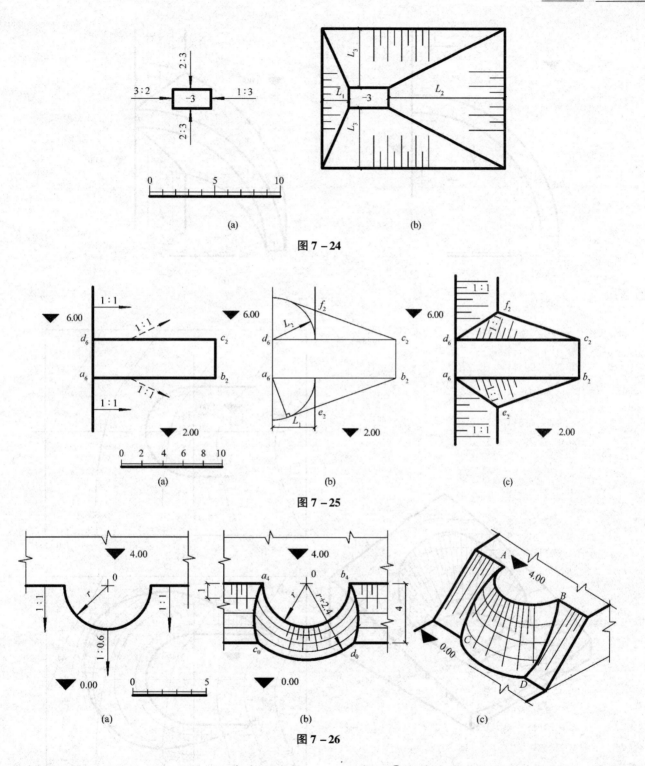

图 7-24

图 7-25

图 7-26

例 7-10 如图 7-27(a)所示，在高程为零的地面修一段弯道与干道相连，弯道路面逐渐升高到 4m。弯道和干道的边坡的坡度均为 1:1，画出坡脚线和坡面交线。

解 ①求坡脚线。干道边坡是平面，坡脚线平行于干道边界线，水平距离 $L = 1 \times 4 = 4$m。弯道边坡是同坡曲面，在同坡曲面的导线上取整数标高点 a、b、c、d。分别以 1、2、3、4m 画圆弧，

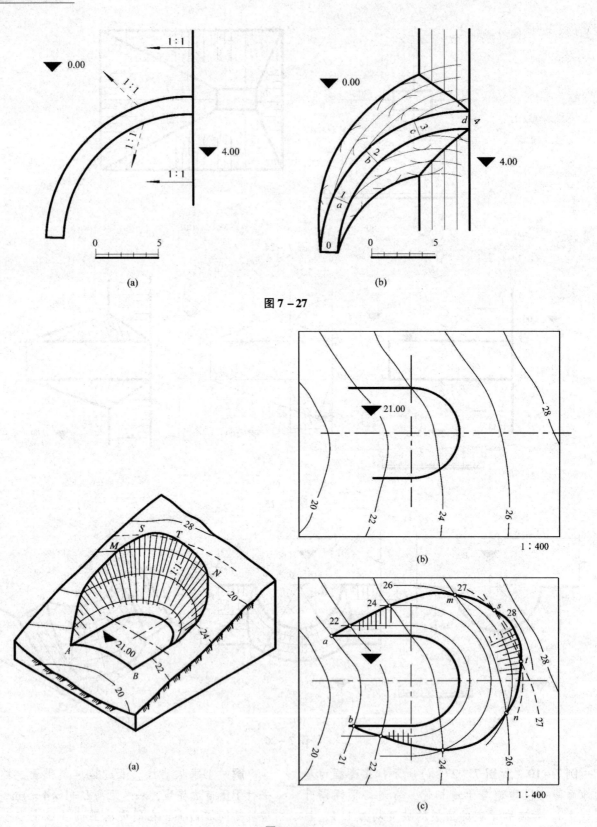

图 7-27

图 7-28

作曲线与圆弧相切,即为弯道边坡的坡脚线。

②求坡面交线。坡面交线是两段曲线。分别求出干道和弯道边坡上高程为 1、2、3m 的等高线,然后将同高程等高线的交点连成光滑曲线,即为坡面交线。

③画出各坡面的示坡线。

7.4.2 建筑物与地形面的交线

地面一般是起伏不平的曲面。建筑物与地面相交时,交线是不规则的曲线,必须求出一系列共有点以后才能连线。作图时,先根据地形等高线的高差,在建筑物坡面上作一系列等高线。则建筑坡面上的等高线与同高程地形等高线的交点,就是交线上的共有点。

例 7-11 在坡地上修建一高程为 21m 的水平场地,已知场地边坡的坡度为 1∶1,如图 7-28(a)(b)所示。求开挖线与场地边界线。

解 场地右端边界为半圆,故坡面是倒圆锥。场地两侧边界为两段与半圆相切的直线,故坡面是两个与倒圆锥相切的平面,因此没有坡面交线。

①场地高程 21m,其左侧边界应是地面上一段高程为 21m 的等高线。可在地面 20m 和 22m 等高线之间插入一条高程为 21m 的等高线,AB 段即为场地左侧边界线。

②作出坡面上与地面同高程的等高线,为此,坡面等高线间的高差应与地面等高线间高差相同。取高差 1m,水平距离也是 1m,作坡面 22m 等高线。取高差 2m,水平距离也是 2m,可作出坡面上其他等高线。同高程等高线的交点,即是开挖线上的点。

③坡面与地面上高程 26m 的两条等高线有两个交点 M 和 N,而高程 28m 等高线不相交。可在地面和坡面上各插入一条 27m 的等高线,求得 S、T 两交点,也是开挖线上的点。

④用曲线光滑连接各共有点,画出示坡线,完成作图。

例 7-12 如图 7-29(a)(b)所示,在山坡上修一个水平场地,场地高程 25m,填方坡度为 1∶1.5,挖方坡度为 1∶1,求各边坡与地面交线及各坡面交线。

解 水平广场的高程为 25m,所以地面上高程为 25m 的等高线是填方和挖方的分界线。地面高于 25m 的一边需要挖,低于 25m 的一边需要填。参看图 7-29(a),挖方部分有 3 个坡面,因此产生 3 条开挖线和两条坡面交线。同样,填方部分也有 3 个坡面,产生 3 条坡脚线和两条坡面交线。

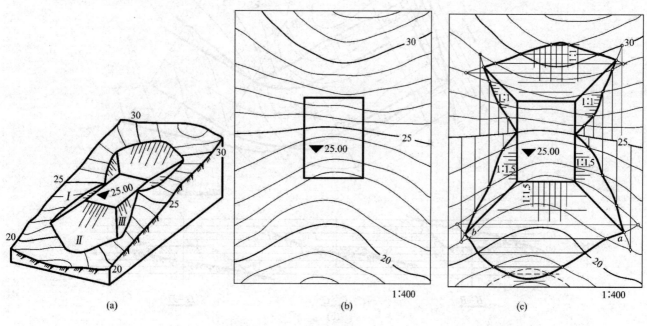

图 7-29

这些坡面都是平面，所以坡面交线都是直线。

①地面上相邻等高线的高差为1m，所以坡面上相邻等高线的高差也应取1m。填方坡度1∶1.5，相邻等高线的水平距离为1.5m；挖方坡度1∶1，相邻等高线的水平距离为1m。

②求填方部分的坡脚线和坡面交线。

画出Ⅰ、Ⅱ、Ⅲ坡面上的等高线。光滑连接坡面上和地面上同高程等高线的交点，即为坡脚线。坡脚线相交于A、B两点，广场的两个角点与A、B的连线即为坡面交线。因相邻坡面的坡度相等，故坡面交线应是45°线。

③挖方部分的作图与填方部分相同，如图7-29(c)所示。

④画上示坡线，完成作图。

例7-13 在图7-30(a)所示地形上修筑道路，已知路面位置及道路的标准剖面，求道路边坡与地面交线。

解 路面高程60m，所以地面高程低于60m的部分要填方；高于60m的部分要挖方。60m等高线是挖方和填方的分界线。

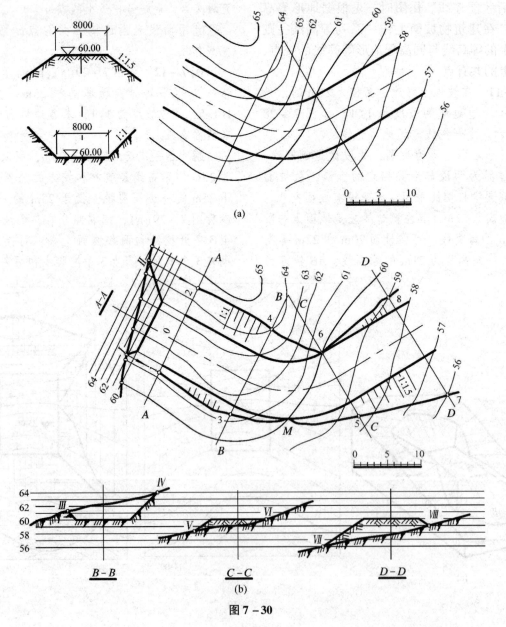

图7-30

本例中有一段道路的坡面等高线与地形等高线接近平行，不易求出交点，在这种情况下，可采用剖面法作图。每隔一定距离作一个与道路中线垂直的铅垂剖切面(如图中的 $A-A$、$B-B$、$C-C$、$D-D$)，用这个铅垂剖切面剖切地面与道路。地形剖面轮廓与道路剖面轮廓的交点就是开挖线或坡脚线上的点。

①在适当位置作剖切线 $A-A$。

②按地形图相同的比例作地形的 $A-A$ 剖面图。按道路标准剖面画出路面及边坡线，因 $A-A$ 处地面高出路面，所以该处是挖方，坡度1:1。

③在剖面图上标出道路边坡与地形剖面的交点 I、II。然后在地形图的 $A-A$ 剖切线上量取 01、02 分别等于 I、II 两点到道路中心线的距离，得 1、2 两点，就是开挖线上的点。

④同理可作出 $B-B$、$C-C$、$D-D$ 等剖面，并求得交点 3、4、5、6、7、8 等。将同侧的点依次光滑连接。

小 结

标高投影是在水平投影图上加注某些特殊点、线、面的高程来表达地面和复杂曲面的投影方法。要求理解直线的坡度和平距，平面的等高线、最大坡度线和平面的坡度等基本概念。平面可以用几何元素、等高线、坡度比例尺、一条直线或一条等高线加平面的坡度来表示，给定平面要能作出它的等高线。常见的曲面有正圆锥面、同坡曲面和地形面，要熟悉它们的特性。本章的重点是求作建筑物与水平地面或地形面的交线，要求掌握在标高投影图中求作交线的基本原理和方法，能解决一般的填、挖方工程问题。

思考题

1. 标高投影的概念是什么？
2. 什么是直线的坡度和平距，它们之间有什么关系？如何确定直线的实长及定整数标高点？
3. 什么是平面的等高线和坡度？
4. 在标高投影图中，表示平面有哪些方法？已知一条直线和平面的坡度，如何求作平面上的等高线？
5. 在标高投影中，如何求作两平面的交线？
6. 正圆锥面的等高线有什么特性？同坡曲面有什么特性？
7. 地形面如何表达？如何绘出地形图和地形剖面图？
8. 什么是开挖线和坡脚线，如何求作建筑物与水平地面的交线及坡面交线？
9. 求作建筑物与地形面的交线主要有哪两种方法？

第 8 章 透视投影

[**本章提要**] 透视投影是利用中心投影法将物体投射在单一投影面上所得到的图形,物体的透视投影称为透视图。透视图符合人们的视觉印象,在园林设计中常常用于表达建筑物的造型和园林景观,用来比较、审定设计方案。园林工程设计中经常使用的透视图主要有一点透视(平行透视)、两点透视(成角透视)和鸟瞰图,本章主要学习透视投影原理和透视作图方法。

8.1 透视的基本知识

站在笔直的公路上,向远处望去就会发现:同一宽度的路面距我们越远越变得狭窄,最后汇交于一点。路边的行道树和电杆也变得越远越矮小,越靠拢。这种现象称为透视现象,它是视觉印象的一种特性。

透视图是以人的眼睛为投影中心的中心投影,其基本特点是近大远小,符合人们的视觉印象。透视图形象直观,能将设计师构思的方案比较真实地预现,故一直是园林设计人员用来表达设计意念,推敲设计构思的重要手段。

8.1.1 透视图的形成和特点

透视投影的形成过程如图 8-1 所示,从投影中心向形体引投影线,投影线与投影面(画面)相交所组成的图形,即为透视图简称为透视。

与正投影图相比较,透视图有如下特点:

(1) 透视图是中心投影

透视图是用中心投影法所得的投影图,投影线集中交于一点(投影中心);正投影图则是平行正投影,各投影线互相平行且垂直于投影面。

(2) 为单面投影

透视投影是单面投影图,形体的三维同时反映在一个画面上;正投影是一种多面投影图,必须有两个或两个以上的投影图,才能完整地反映出形体的形状。

(3) 不反映实形

透视图有近大远小的透视变形,一般不反映形体的真实尺度,但能直观地反映其形象;正投影图能够准确反映形体的三维尺度,作为施工图使用的平面图、立面图、剖面图,都是正投影图。

如图 8-2 是一幅建筑的透视,它符合人的视觉印象,给人以真实感。在工程设计工作中,往往需要在工程没有建成之前就看到该建筑所能给予人们的视觉印象和感受,以便供设计人员研究、分析建筑造型的优劣,并供他人予以评价和欣赏。所以在工程设计中广泛应用透视图来形象逼真地表现园林建筑造型及园林景观。

8.1.2 基本术语和符号

在学习透视图之前,首先掌握透视图中的基本术语和符号。如图 8-3 所示:

①基面(H) 放置物体的水平面,绘制建筑物的透视图时,即为地面。

②画面(V) 绘制透视的投影面,一般垂直于

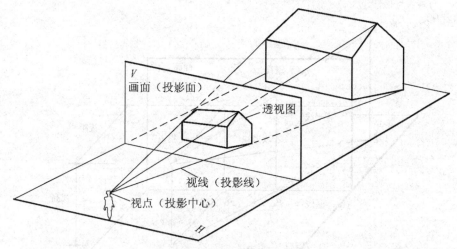

图 8-1 透视图的形成

图 8-2 建筑的透视图

基面，也可用倾斜平面作画面。

③基线(OX)　画面与基面的交线。

④视点(S)　眼睛所在位置，即投影中心。

⑤站点(s)　视点 S 在基面上的正投影，即人站立的地方。

⑥主点(s')　视点 S 在画面上的正投影，又称心点。

⑦视线　从投影中心向形体引的投影线，即视点 S 与所画形体各点的连线。

⑧主视线(Ss')　引自视点并垂直于画面的视线。

⑨视平线(hh)　过主点 s' 在画面上所作的水平线，视平线平行于基线。

⑩视高(h)　视点 S 到基面的距离，当画面为铅垂面时，视平线与基线的距离反映视高。

⑪视距(D)　视点 S 到画面的距离，当画面为铅垂面时，站点与基线的距离反映视距。

8.1.3　点的透视

如图 8-3 是点透视的直观图，点 A 是空间任意一点。通过 A 点的视线 SA 与画面的交点 $A°$，即为点 A 的透视。点 a 是空间点 A 在基面上的正投影，也称为基点。基点的透视 $a°$，称为点 A 的次透视。

站点 s 与基点 a 的连线 sa 是视线 SA 和 Sa 的 H

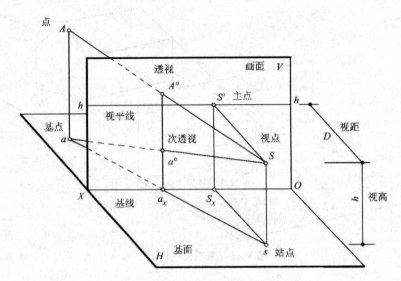

图 8-3 基本术语

面投影。由视线 SA 和 Sa 所确定的平面是铅垂面。它与画面的交线 $A°a°$ 是铅垂线。所以点的透视有以下特性：点的透视 $A°$ 与次透视 $a°$ 位于同一条铅垂线上，延长 $A°a°$ 与基线相交于 a_X，该点也是站点与基点的连线 sa 与基线的交点。

8.2 直线的透视

8.2.1 直线透视的特性

直线的透视是直线上一系列点的透视的集合，也可以看作是通过该直线的视平面与画面的交线，如图 8-4 所示。所以直线的透视与次透视一般仍为直线。直线上的点，其透视与次透视分别在该直线的透视与次透视上。两相交直线的交点的透视和次透视必在直线的透视和次透视的交点上。

8.2.1.1 直线的迹点和灭点

(1) 直线的迹点

直线与画面的交点称为直线的迹点。如图 8-5 所示，延长直线 AB 与画面交于 N，点 N 是直线的迹点，迹点的透视即其自身 N。其次透视 n 在基线 OX 上，它是 ab 的延长线与基线的交点，$Nn \perp OX$。

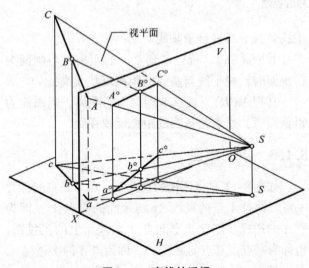

图 8-4 直线的透视

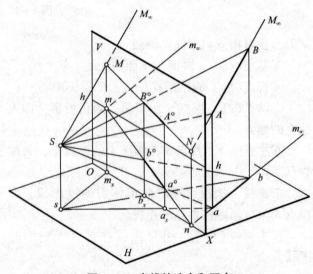

图 8-5 直线的迹点和灭点

(2) 直线的灭点

直线上无穷远点的透视称为直线的灭点。在几何学中，引入无穷远点后，即认为两平行直线相交于无穷远点。所以直线的灭点是平行于该直线的视线与画面的交点。如图 8-5 所示，自视点 S 作视线平行于 AB 与画面交于 M，点 M 是直线的灭点。自 S 作视线平行于直线的 H 面投影 ab，与画面的交点 m 是直线的次灭点，次灭点 m 一定在视平线上，且 $Mm \perp OX$。

(3) 直线的全透视

直线的迹点和灭点的连线 NM 确定了直线的透视方向，称其为直线的全透视或透视方向线。直线的透视必然在该直线的全透视上。

根据直线对画面的相对位置不同，可将直线分为画面相交线和画面平行线两大类，两类直线又有不同的透视特性。

8.2.1.2 画面相交线的透视特性

与画面相交的直线称为画面相交线，如图 8-5 所示。

①画面相交线，在画面上有该直线的迹点，同时又能求出该直线的灭点。

②画面相交线的透视必通过直线的迹点和灭点，即在该直线的全透视上。

③画面相交线上的点分线段之比，其透视不能保持原来的比。如图 8-4 中 $A°B°/B°C° \neq AB/BC$。

④一组互相平行的画面相交线，其透视有一个共同的灭点，次透视也有一个共同的次灭点。如图 8-6 所示，平行直线 AB 和 CD 的透视汇交于同一灭点 M。它们的次透视必汇交于同一次灭点 m。

8.2.1.3 画面平行线的透视特性

与画面平行的直线称为画面平行线，如图 8-7 所示。

①画面平行线，在画面没有迹点，也不能求出该直线的灭点。如图 8-7 中画面平行线 AB 与画面不相交，平行于 AB 的视线与画面平行，因而灭点在无穷远处。

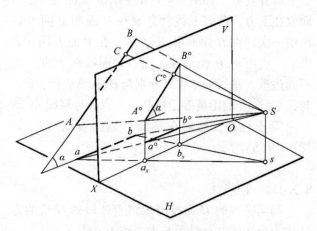

图 8-7 画面平行线的透视

②画面平行线的透视与本身平行，它与基线的夹角反映空间直线对基面的倾角 α。画面平行线的次透视平行于基线，成为水平线。图 8-7 中，AB 平行于画面，则 $A°B°//AB$，$a°b°//OX$。

③画面平行线上的点分线段之比，等于点的透视分透视线段之比。在图 8-7 中，$A°C°/C°B° = AC/CB$。

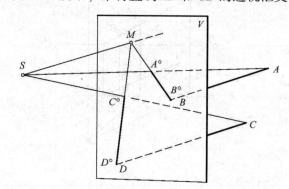

图 8-6 两条互相平行的画面相交线

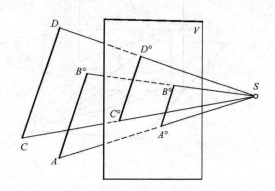

图 8-8 两条互相平行的画面平行线

④一组互相平行的画面平行线,其透视和次透视分别平行。图8-8两条平行的画面平行线 AB 和 CD,其透视 $A°B°/\!/C°D°$,次透视 $a°b°/\!/c°d°/\!/OX$。

8.2.2 基面上直线的透视

在图8-9中,直线 AB 在基面 H 上,延长 AB 与画面相交,则迹点 N 在基线 OX 上。过视点 S 作视线平行于 AB,则直线的灭点 M 在视平线上。

画透视图时,通常将基面和画面沿基线拆开,上下对齐安放。如图8-9(b)所示,V 面在上,H 面放在下方,此时基线就分别在 H 面和 V 面上各出现一次,在 H 面上用 ox 表示,在 V 面上用 $o'x'$ 表示。也可将 H 面放在上方,V 面放在下方,均不画边框。基线 ox、$o'x'$ 分别与视平线平行,$o'x'$ 与视平线 hh 的距离等于视高,站点 s 与基线 ox 的距离等于视距。然后在基面上画出直线 AB,如图8-9(b)所示。

8.2.2.1 视线法

利用视线的 H 面投影求得直线段透视长的方法称为视线法,这是最基本的作图方法。

①求迹点 N　延长 AB 与 ox 交于 n,过 n 作铅垂线与 $o'x'$ 交得 N,即为直线的迹点,如图8-9(c)所示。

②求灭点 M　在图8-9(c)中,过站点 s 作直线 $sm/\!/AB$ 与 ox 交于 m,由 m 作铅垂线与 hh 交于 M,即为直线的灭点。

灭点 M 也可根据直线 AB 与 V 面的倾角 β 来确定。如图8-9(a)所示,令视点 S 绕视平线 hh 旋转至 V 面内 S_1 位置,则 $S_1s'=Ss'$、$S_1s' \perp hh$、$\angle S_1Ms'=\beta$。于是在图8-9(c)中,过主点 s' 作直线垂直于 hh。在其上截取 S_1s' 等于视距得 S_1 点。作 S_1M 使它与 hh 的夹角 $\angle S_1Ms'$ 等于 β 角,M 即为直线 AB 的灭点。

③作直线的透视方向线　连接 MN 是直线的全透视,直线段 AB 的透视必在 MN 上。

④确定直线段 AB 的透视长 $A°B°$。

如图8-9(a)所示,视线 SA、SB 的水平投影 sA、sB 与基线 ox 交于 a_x 和 b_x,则 $A°$、$B°$ 应在过 a_x、b_x 的铅垂线上。于是在图8-9(c)中,连 sA、sB 与 ox 交于 a_x 和 b_x,过 a_x、b_x 作铅垂线与 MN 交得 $A°$ 和 $B°$。

例8-1　作基面上直线的透视(图8-10)。

解　AB 与基线相交,交点就是迹点。CD 与基线平行,没有迹点和灭点。这时可作辅助线 CC_1,在辅助线的全透视 $C_1°M_2$ 上定出 $C°$ 点,$C°D°$ 应平行于 $o'x'$。EF 与基线垂直,主点 s' 是其灭点。作图步骤如图8-10所示。

8.2.2.2 交线法

由于两直线交点的透视,必为两直线透视的交点。因此利用相交直线作直线段透视的方法称为交线法。

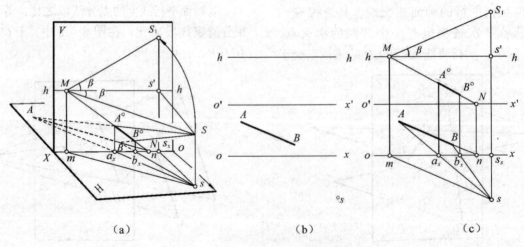

图8-9　H 面上直线的透视——视线法

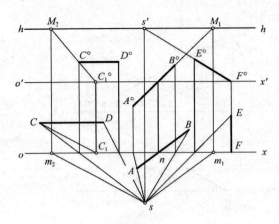

图 8-10

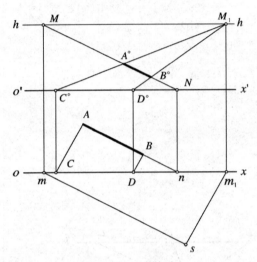

图 8-11 交线法

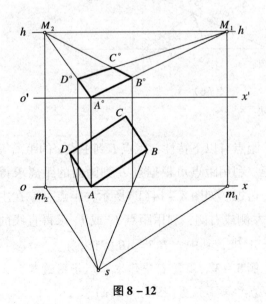

图 8-12

如图 8-11 所示，设已经作出 H 面上直线 AB 的迹点 N、灭点 M 和全透视 MN。端点 $A°$ 和 $B°$ 的确定方法如下：在 H 面上分别过点 A 和点 B 引辅助线 AC 和 BD，它们与基线交于 C 和 D。为使作图方便，可使 $AC /\!/ BD$，此时两辅助线有同一灭点 M_1。连 $C°M_1$ 和 $D°M_1$ 与 MN 交得 $A°$、$B°$ 即为直线的透视。

例 8-2 已知视点和 H 面内矩形 $ABCD$，作出此矩形的透视（图 8-12）。

解 先作出矩形两组对边的灭点 M_1 和 M_2。由于点 A 在画面是迹点，透视为其本身，自 A 直接引到 $o'x'$ 上得 $A°$。连 $A°M_1$ 和 $A°M_2$ 分别是 AB 边和 AD 边的全透视。

用视线法求得 $B°$ 和 $D°$。连 $B°M_2$ 和 $D°M_1$，交得 $C°$。

8.2.2.3 量点法

(1) H 面上直线的量点

在图 8-13(a) 中，为求 AB 的透视，引辅助线 BB_1，使 $AB_1 = AB$，即 $\triangle ABB_1$ 构成一个等腰三角形。求出 AB 的灭点 M 和 BB_1 的灭点 L，连 $A°M$ 和 $B_1°L$ 交得点 B 的透视 $B°$。我们把这种与基线 ox 及已知直线 AB 交等角的辅助线的灭点 L，称为直线 AB 的量点。由图 8-13(a) 可以看出：$\triangle ABB_1$ 是等腰三角形，所以 $A°B_1° = AB_1 = AB$。又因 $\triangle sml \backsim \triangle ABB_1$，所以 $ML = ml = sm$。由此可得到量点的重要特性：

直线 AB 的量点 L 到灭点 M 的距离等于站点 s 到 m 的距离，也等于视点 S 到灭点 M 的距离。利用量点可作出 AB 的透视长 $A°B°$，而不需要 AB 的 H 面投影。

(2) 利用量点作基面上直线的透视

如图 8-13(b) 所示，已知直线 AB 的实长，直线对画面倾角 β 为 30°，视点、画面给定，且点 A 在画面上，求作直线 AB 的投影。

①作图前在视平线 hh 上定出主点 s'，在 $o'x'$ 上定出点 A 的透视位置 $A°$。

②求灭点 M：作 $s'S_1 = $ 视距，$\angle S_1 M s' = \angle \beta$，则 M 是直线的灭点。

③求量点 L：以 M 为圆心，MS_1 为半径画圆

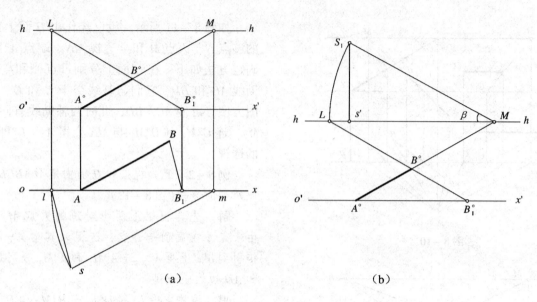

图 8-13 量点法

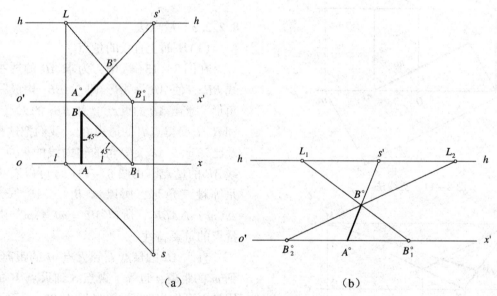

图 8-14 距点法

弧,与 hh 交于 L。

④自 $A°$ 在 $o'x'$ 上截取 $A°B_1° = AB$ 实长,连 $A°M$、$B_1°L$ 交得点 B 的透视 $B°$。

8.2.2.4 距点法

在图 8-14(a)中,直线 AB 垂直于基线,与 AB 及基线 ox 交等角的直线 BB_1 是 45°直线。我们把 45°直线的灭点称为距点,它是画面垂直线 AB 的量点,也记为 L。

距点有以下特性:距点 L 到主点 s' 的距离等于视距。利用距点可根据点 B 到画面的距离求得该点的透视。如图 8-14(b)所示,距点可取在主点 s' 的左侧或右侧,利用距点 L_1 或 L_2 求得直线的透视长 $A°B°$,其中 $A°B_1° = AB$ 实长。

例 8-3 用量点法作水平广场的透视,设给定视点和画面位置[图 8-15(a)]。

解 在广场的平面图上定出灭点 m_1、m_2 和量

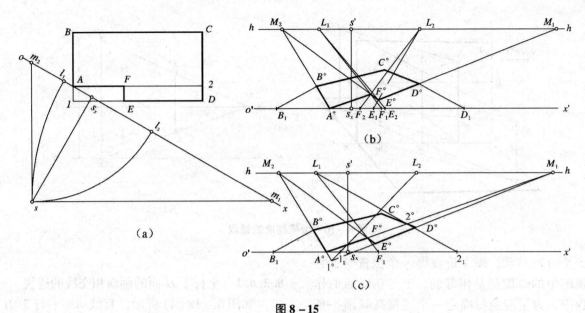

图 8-15
(a)已知　(b)方法一　(c)方法二

点 l_1、l_2。然后将灭点和量点不改变其相互距离地移到 hh 上，得到两组主向灭点 M_1、M_2 和量点 L_1、L_2。以主视线定位，在基线 $o'x'$ 上定出透视位置 $A°$，$A°s_x = As_x$。

方法一，如图 8-15(b)：
① 连 $A°M_1$，在基线 $o'x'$ 上量 $A°F_1 = AF$，连 F_1L_1 与 $A°M_1$ 交得 $F°$；
② 连 $L_2F°$ 与 $o'x'$ 交得 F_2，量 $F_2E_1 = FE$，连 E_1L_2 与 $M_2F°$ 交得 $E°$；
③ 连 $L_1E°$ 与 $o'x'$ 交得 E_2，量 $E_2D_1 = ED$，连 D_1L_1 与 $E°M_1$ 交得 $D°$；
④ 量 $A°B_1 = AB$，利用量点 L_2 在 $A°M_2$ 上求得 $B°$，分别连 $B°M_1$ 和 $D°M_2$ 交得 $C°$。

方法二，利用辅助线往往可以简化作图：
① 在图 8-15(a) 中，延长 BA 和 DE 交于 1 点，$A1 = EF$。延长 AF 与 DC 交于 2 点；
② 在图 8-15(c) 中，连 $A°M_1$，利用量点 L_1 在 $A°M_1$ 上求得 $F°$ 和 $2°$；
③ 自 $A°$ 向右在基线 $o'x'$ 上量 $A°1_1 = A1 = EF$，连 L_21_1 与 $A°M_2$ 相交于 $1°$，连 $M_11°$ 分别与 $M_2F°$ 和 $M_22°$ 交得 $E°$ 和 $D°$；
④ 按方法一求得 $B°$ 和 $C°$，完成作图。

8.2.3 透视高度的量取

如图 8-16(a) 所示，点 A 的透视 $A°$ 和次透视 $a°$ 的高度称为透视高，透视高不等于实高。如将 A 点沿任意水平方向 $AN(an)$ 引到画面，过交点在画面作铅垂线，因其透视为本身，所以这条铅垂线能反映该点的实高。因此，我们就将画面上表示空间点或直线实际高度的铅垂线称为透视图中的测高线或真高线。在画透视图时，必须用测高线来确定空间点或直线的透视高度。

8.2.3.1 求透视高度的方法

在图 8-16(b) 中，已知点 A 的真实高度为 h 和其次透视 $a°$，求点 A 的透视 $A°$。

为求点 A 的透视 $A°$，必须沿水平方向将点 A 引到画面内作测高线。如图 8-16(a) 过点 A 的任一条与基线相交的水平线 AN 与其 H 面投影 an 平行而有同一灭点，由此可以得出以下作图方法：

先在视平线 hh 上适当位置取一点 M，连 $a°M$ 与基线 $o'x'$ 交于 n，过 n 作铅垂线为测高线。在测高线上量取 nN 等于真实高度 h，连 NM 与过 $a°$ 的铅垂线交得 $A°$。

也可以先在基线 $o'x'$ 上适当位置取一点 n，连 $a°n$ 与视平线交于 M，作图方法同上。

8.2.3.2 集中测高线的应用

由初等几何可以证明：空间一点沿平行于画

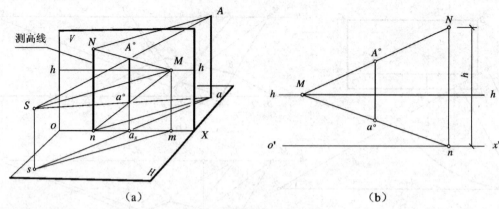

图 8-16 透视高度的量取

面的水平方向移动,则无论在哪一个位置时,它在透视图中的高度都是相等的。于是在以后的作图过程中,为了避免每确定一个透视高就画一条测高线。可集中利用一条测高线定出图中所有的透视高度,这种测高线称为集中测高线。如图 8-17 所示,已知 A、B、C 三点的次透视 $a°$、$b°$、$c°$,又已知点 A 高 h_1,点 B、C 的高同为 h_2,求三点的透视高。

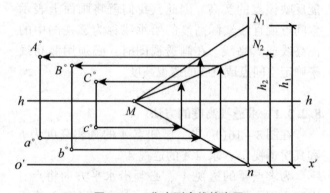

图 8-17 集中测高线的应用

在图面的空白处,在基线 $o'x'$ 上任取一点 n,过 n 作铅垂线为集中测高线。在视平线上任取一点 M 为辅助灭点,连接 nM。在集中测高线上量取 $nN_1 = h_1$,$nN_2 = h_2$,分别连接 N_1M 和 N_2M。欲自 $a°$、$b°$、$c°$ 求其透视 $A°$、$B°$、$C°$,可按图 8-17 中箭头所示步骤进行作图。

8.2.4 几种常见空间直线的透视

以下说明常见的几种空间直线的透视特性和作图。

8.2.4.1 平行于 H 面的画面相交线的透视

如图 8-18(a) 所示,直线 AB 平行于 H 面,它的灭点和次灭点是视平线上的同一点 M。延长 $AB(ab)$ 与画面交于 $N(n)$,铅垂线 Nn 是其测高线。图 8-18(b) 是用视线法作水平线的透视。自 $o'x'$ 上的 n 点量取 AB 直线的高度,得到迹点 N。连 MN,由 a_x、b_x 作铅垂线求得透视 $A°B°$。图中还同时求得次透视 $a°b°$。

8.2.4.2 画面垂直线的透视

如图 8-19 所示,直线 AB 垂直于画面,它的灭点和次灭点都是主点 s'。延长 $AB(ab)$ 与画面交于 $N(n)$,铅垂线 nN 是测高线。图 8-19(b) 是用量点法求其透视和次透视。用量点法作直线的透视一般先作次透视,再由次透视 $a°$、$b°$ 作铅垂线与 Ns' 相交得 $A°B°$。

8.2.4.3 铅垂线的透视

如图 8-20 所示,铅垂线 aA 的透视仍是铅垂线,在画面上无灭点和次灭点。图中点 a 在 H 面上,aA 高为 h。为了确定 $a°$、$A°$ 的位置,过 a、A 作两条平行的水平线 an 和 AN,分别与画面交于 n、N 两点,则 nN 就是 aA 的测高线。图 8-20(b) 中,点 M 是辅助线 an 和 AN 的灭点,用视线法求 $a°A°$。

8.2.4.4 一般位置线的透视

一般位置线是指与画面和基面都不平行的直

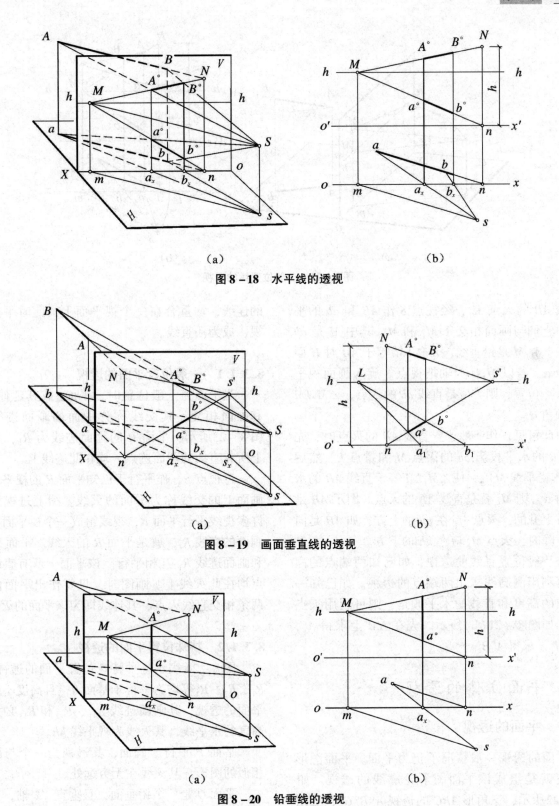

图 8-18 水平线的透视

图 8-19 画面垂直线的透视

图 8-20 铅垂线的透视

线，为求其灭点，先作出直线 H 面投影的灭点和量点，再利用直线与 H 面的夹角求解。

如图 8-21 所示，设有一般位置直线 AB，其 H 面投影为 ab，AB 与 H 面倾角为 α。为求一般位

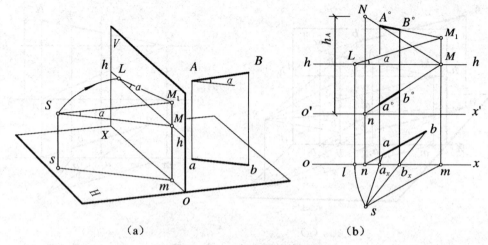

图 8-21 一般位置线的透视

置直线 AB 的灭点 M_1,经视点 S 作 AB 和 ab 的平行线,它们与画面相交于 M_1 和 M,其中 M 是 ab 的灭点。M_1M 是铅垂线,$\angle M_1SM$ 等于 AB 对 H 面的倾角 α。若以 M_1M 为轴把视点 S 旋入画面视平线上 L 点位置,则 L 应是直线 ab 的量点,$\angle M_1LM$ 等于倾角 α。

由此可见,作一般位置直线 AB 的灭点时,先作出 AB 的水平投影 ab 的灭点 M 和量点 L。然后过 M 作铅垂线 MM_1,使 $\angle M_1LM$ 等于直线 AB 的水平倾角 α,则 M_1 就是直线 AB 的灭点。图示 AB 是向远方上升的,灭点 M_1 在 hh 的上方;如 AB 是向远方下降时,灭点 M_1 应在 hh 的下方。

作一般位置直线的透视,如已知两端点的高度,可利用测高线求出两端点的透视。如已知一个端点的高度和直线的水平倾角,则可利用灭点作图,如图 8-21(b)所示。先在 NM 上求得 $A°$,连 $A°M_1$,求得 $A°B°$。

8.3 平面立体的透视

8.3.1 平面的透视

平面的透视一般情况下仍为平面。平面图形的透视就是组成该平面图形轮廓线的透视。如图 8-22 所示,三角形 ABC 的透视 $A°B°C°$,三角形 ABC 平面的次透视 $a°b°c°$。

如果平面通过视点 S,则平面上各点与视点 S 的连线,均重合在一个视平面上,此时平面的透视,成为一直线。

8.3.1.1 一般位置平面的透视

当平面为一般位置时,平面(或其延伸面)必和画面相交,其交线称为平面的画面迹线。如图 8-23 所示,平面 R 的画面迹线为 R_V,该平面上所有直线的画面迹点,均在此迹线上。

过视点 S,作平行于已知平面 R 的视平面,与画面 V 的交线称为平面的灭线。图上过视点 S 作许多视线平行平面 R,视线组成一个视平面,它和画面的交线 R_f,就是平面 R 的灭线。平面灭线 R_f 和画面迹线 R_V 互相平行。该平面上所有直线的灭点均在此灭线上。画图时,只要作出平面内任意两条相交直线灭点,其连线即为该平面的灭线。

8.3.1.2 特殊位置平面的透视

图 8-24 表示各种特殊位置平面的透视特性。R_1、R_2、R_3 等均为平行于基面 H,且高度不同的水平面的透视,其画面迹线 R_{V1}、R_{V2} 和 R_{V3} 必为不同高度的水平线,其灭线为视平线 hh。

平面 P 平行于画面,其透视为一个与原平面相似的图形。其灭线在无穷远处。

平面 Q 是一个铅垂面,且垂直 $o'x'$ 轴,其画面迹线 Q_V 和灭线 Q_f 均为铅垂线,其灭线 Q_f 通过主点 s'。

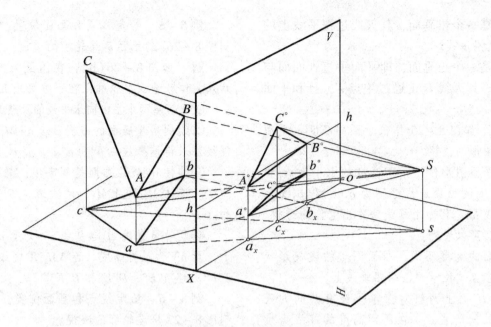

图 8-22 平面的透视

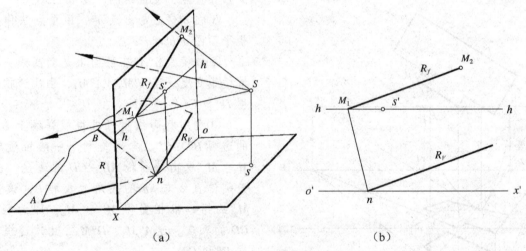

图 8-23 一般位置平面的透视

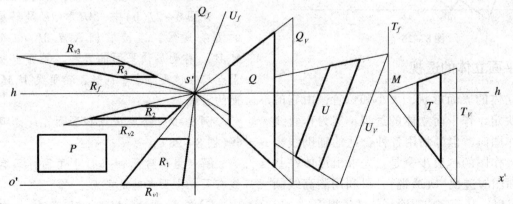

图 8-24 特殊位置平面的透视

平面 T 是一个铅垂面，其灭线过视平线上的灭点 M，T_f 是铅垂线。

平面 U 是一个正垂面，即平面垂直画面而与基面 H 倾斜。其灭线 U_f 也通过主点 s'，且和平面迹线 U_V 平行。

例 8-4　如图 8-25 作位于不同高度水平面上同一平面图形的透视。

解　设平面图形位于不同高度的水平面 H_1 和 H_2 上。H_1 和 H_2 的画面迹线分别为 $o_1'x_1'$ 和 $o_2'x_2'$，灭线是视平线 hh。图示用视线法作出它们的透视。通过作图我们可以看到：

① 水平面的高度不同，平面图形的透视形状不同，但对应点均位于同一条铅垂线上。

② H_1 和 H_2 面上两组对应水平线有共同的灭点，因而有共同的量点。在不同高度的迹线上量取水平线段实长，可利用同一个量点求得不同高度水平线的透视。

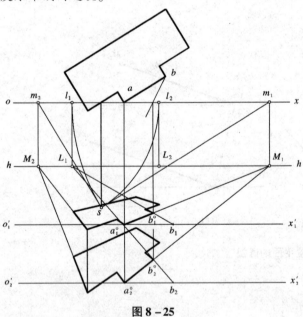

图 8-25

8.3.2　平面立体的透视

平面立体的表面形状、大小和位置，由它的轮廓线所决定。作平面立体的透视，实为作直线的透视。作图时，也可利用各种合适的辅助线来简化作图。作图的一般步骤是：先求出形体在基面上的平面图的透视（次透视），再利用测高线画出各部分高度，从而完成整个形体的透视。

例 8-5　给定视点和画面位置，用视线法绘制图 8-26(a)所示房屋轮廓的透视。

解　如图 8-26(b)，在图纸上方画基线 ox，站点 s 和房屋水平轮廓，在下方画出 hh 和 $o'x'$。

① 求房屋两个主方向水平线的灭点 M_1 和 M_2。

② 绘制房屋底面的透视，连 $a°M_1$ 和 $a°M_2$ 用视线法求得墙基线 $a°b°$ 和 $a°d°$。

③ 墙棱 $a°A°$ 在画面是测高线，量 $a°A°$ 为墙棱高度。连 $A°M_1$ 和 $A°M_2$，由次透视 $b°$、$d°$ 求得 $B°$ 和点 $D°$。

④ 延长屋脊线 ef 与基线 ox 交于 n，引到 $o'x'$ 上，量 nN 为屋脊高度。连 NM_1 用视线法求得屋脊 $E°F°$。连 $A°E°$、$D°E°$ 和 $B°F°$。

例 8-6　给定视点和画面位置，用量点法绘制图 8-27 房屋轮廓的透视。

解　在平面图上求出房屋两个主向水平线的灭点和量点，度量到视平线 hh 上。

① 在 $o'x'$ 上定出点 $a°$，用量点法作房屋的透视平面图 $a°b°c°d°e°f°$。

② 墙棱线 $a°A°$ 在画面上是测高线，$a°A°$ 等于墙棱线高度。连 $A°M_2$、$A°M_1$，由次透视 $d°$、$e°$ 求得 $D°$ 和 $E°$。

③ 利用测高线也可求得屋脊线上 B、C 两点的透视 $B°$、$C°$。本题是利用一般位置线的灭点 M_3、M_4 求山墙斜线 AB、CD 的透视。由量点 L_2 分别作直线与 hh 的夹角为 α 和 β，该直线与过 M_2 的铅垂线相交得 M_3 和 M_4，即为斜线 AB 和 CD 的灭点。连 $A°M_3$、$D°M_4$，由次透视 $b°$、$c°$ 求得 $B°$ 和 $C°$。

④ 连 $A°M_1$、$B°M_1$、$C°M_1$ 完成作图。

在图 8-27(b)中，AB 和 AE 是斜屋顶平面上的两条直线，连接它们灭点 M_3 和 M_1 的直线 M_1M_3，称为屋顶平面的灭线。屋面上所有直线的灭点均在该灭线上。同样，铅垂线 M_3M_4 是山墙平面的灭线。

例 8-7　给定视点和画面作纪念碑轮廓的透视（图 8-28）。

解　纪念碑正面平行于画面，只有画面垂直线有灭点，灭点就是主点。

① 在视平线 hh 上确定主点和距点 L，

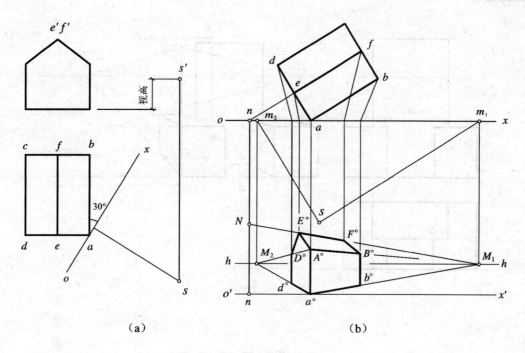

图 8-26

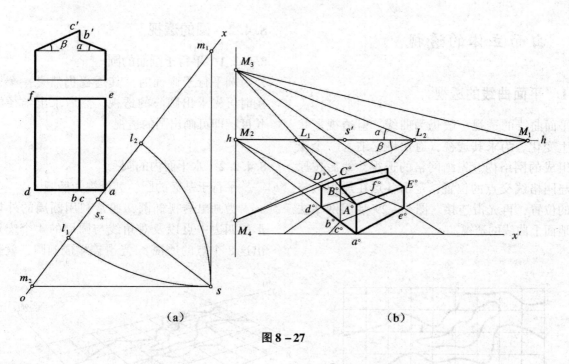

图 8-27

$s'L = 57 \text{mm}$。

② 作底座的透视。碑座的前端面位于画面上，反映实形。先画碑座前面，然后由前向后画各部分的透视。

③ 作碑身的透视时，将 ef 引到画面上作测高线 nN 等于纪念碑身在碑座以上的高度。

④ 绘制碑身和底座之间的交线，完成纪念碑的透视。

为确定各部分的透视深，图示是在 3 个不同高度水平面的迹线上量取实深 $c°d_1 = cd$、$A°b_1 = ab$、$Ne_1 = ne$，然后利用距点 L 求得 $d°$、$B°$ 和 $E°$。

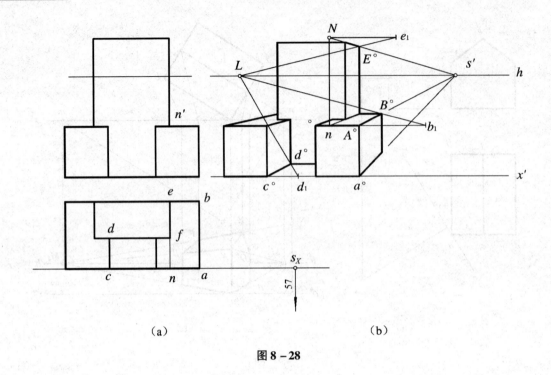

(a)   (b)

图 8 – 28

8.4 曲面立体的透视

8.4.1 平面曲线的透视

平面曲线的透视一般仍为曲线，但透视形状将发生变化。为求其透视，通常将它纳入一个正方形组成的网络内。先画网格的透视，然后按原曲线与网格线交点的位置，定出各点在透视网格线中的位置，再光滑连接。图 8 – 29 是用网格法绘制地面上曲线的透视。

8.4.2 圆的透视

8.4.2.1 平行于画面的圆

圆平行于画面时，其透视仍然是一个圆。作图时可先求出圆心的透视，然后求出半径的透视长度，即可画出圆的透视。

8.4.2.2 水平面内的圆

平行于基面的圆，其透视为椭圆。

为画出透视椭圆，通常利用圆周的外切正方形的四边中点以及对角线与圆周的 4 个交点。求出这 8 个点的透视，光滑连接成椭圆，就是圆周

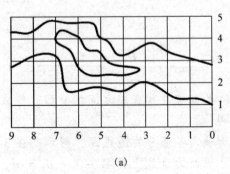
(a)

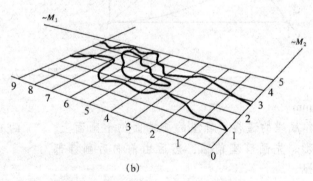
(b)

图 8 – 29 网格法

的透视。

图 8-30 是用八点法作水平圆的透视。为了作图方便,通常使正方形的一对对边 AB 和 CD 平行于画面,另一对边 AD 和 BC 垂直于画面。先作外切正方形的透视,透视深度用距点法求得。连 $A°C°$、$B°D°$ 得交点 $O°$ 是圆心的透视。过 $O°$ 作两边的平行线,与正方形四边的交点 $1°$、$2°$、$3°$、$4°$ 是 4 个切点的透视。至于圆周与对角线的交点,如图 8-30(a)中 87、56 的连线必平行于正方形的一组对边 AD,并与另一边 AB 交于 9、10 两点。于是在透视图中,按 9、10 点的实际距离在基线上量取 $9°$ 和 $10°$,连接 $9°s'$ 和 $10°s'$,与对角线交得 $5°$、$6°$、$7°$、$8°$,最后光滑连接 8 个点。$9°$ 和 $10°$ 也可由 $A°B°$ 为直径画半圆而求得,如图 8-30(b)所示,过 $1°$ 作 $45°$ 斜线与半圆相交,过交点作 $A°B°$ 的垂线与 ox 交得 $9°$ 和 $10°$。

园林工程中的圆形构筑物常常不单独出现,例如,圆形花坛常按周围的道路或建筑的方向画外切正方形,因而可能与画面倾斜某一角度。如图 8-31 所示,设画面通过圆外切正方形的角点 A 并与 AB 边倾斜 $30°$,画圆周的透视。这时用量点法画图较方便。先画正方形的透视,取对角线的中点 $O°$,连中点与两灭点交于正方形的两边得 $1°$、$2°$、$3°$、$4°$。过角点 $A°$ 在基线下方画半圆,过圆心作 $45°$ 斜线交于圆周,再作基线的垂线得 9、10 两点。其后利用量点 L_1 求得 $9°$ 和 $10°$,连接 $9°M_2$ 和 $10°M_2$ 与对角线交得 $5°$、

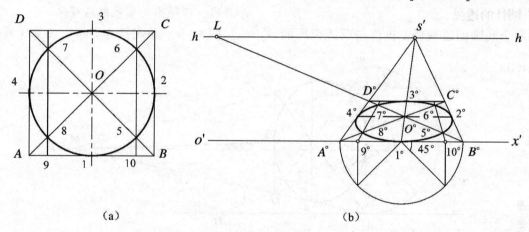

(a)　　　　　　　　　　(b)

图 8-30　水平圆周的透视

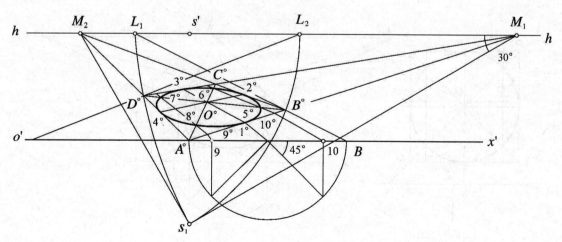

图 8-31　水平圆周的透视

6°、7°、8°。光滑连接八点。

通过以上作图可知：透视椭圆是一个内切于透视正方形的椭圆，切点是正方形中点的透视。注意的是，圆心的透视不是椭圆中心。

8.4.2.3 铅垂面内的圆

垂直于基面的圆，其透视仍为椭圆。

图8-32是用八点法作铅垂圆的透视，先用量点L确定外切正方形的透视深度$A°D°$，以真高线$A°B°$的长度为直径画半圆，求得9°、10°，其他作图方法同上。

8.4.3 回转体的透视

8.4.3.1 圆柱的透视

作出两个底圆的透视后，再作与两透视底圆公切的外形素线，就完成了圆柱的透视。图8-33是半径为d，柱高为h的铅垂正圆柱的透视。圆柱位于画面的后面，应先用距点L_1求出正方形AB边的透视位置$A°B°$。在这里$B_1n=BB_1$，所以n也是对角线的迹点，在透视图中nN为测高线。

例8-8 画出图8-34所示平放于H面上的空心圆柱的透视。

解 图8-34所示为一平放于H面上的空心圆柱，因前端面与画面重合，透视为本身。后端面平行于画面，透视仍为圆。画后端透视圆，可先作出圆心的透视$O_1°$，并求出两个圆周上的点$A_1°$和$B_1°$，分别以$O_1°A_1°$和$O_1°B_1°$为半径画圆，就得到后端面的透视圆。最后作相切的通向s'的外形素线，即得空心圆柱的透视。

例8-9 给定视点和画面位置作圆拱门的透

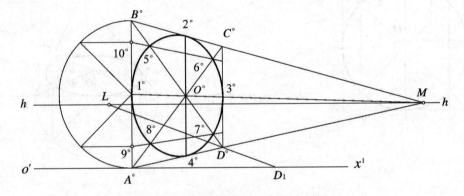

图8-32 铅垂面内的圆周的透视

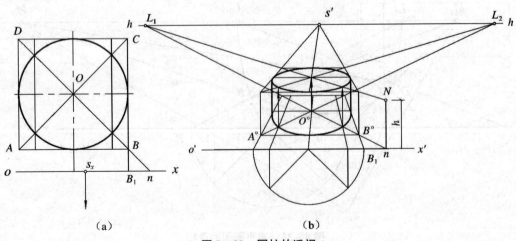

图8-33 圆柱的透视

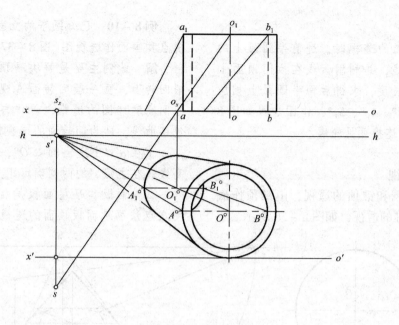

图 8-34

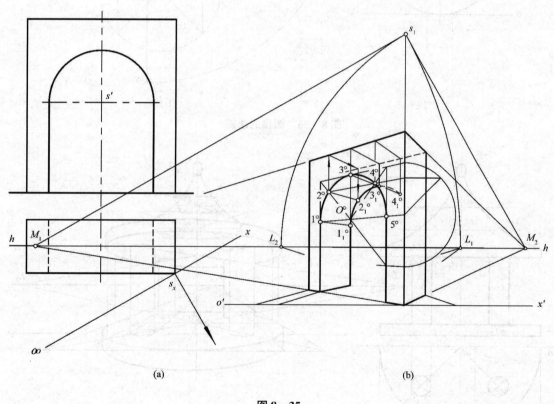

图 8-35

视(图 8-35)。

解 此例主要是解决拱门前后两个半圆弧的透视作图。可将前面半圆弧纳入半个正方形中。作正方形的透视，就得到透视圆弧上的 3 个点 1°、3°、5°。再作出两条正方形的对角线与半个圆弧交点的透视 2° 和 4°，光滑连接五点，就是前半圆弧的透视。

画后面半个圆弧的透视时，过前半圆弧上的五点引拱柱面的素线，并利用素线在拱门顶面上的次透视所确定的长度，求得后面半圆弧上相应的五点 $1_1°、2_1°、3_1°、4_1°、5_1°$，作图步骤如图8-35(b)所示，顺序连接可见轮廓。

8.4.3.2 圆锥的透视

先作出圆锥底圆和锥顶的透视，由锥顶作底圆的切线，即为圆锥的透视，如图8-36所示。

例 8-10 已知圆亭的立面图和平面图，给定视点和画面作透视图(图8-37)。

解 此例主要是解决亭顶的透视。亭顶是一般回转面，画一般回转面透视的方法是先画若干不同高度纬圆的透视，再作与各透视椭圆相切的包络曲线，即为回转面的透视轮廓。

①在 $o'x'$ 上定出圆心 $O°$，过 $O°$ 作铅垂线是测高线。在主点 s' 的两侧确定距点 L_1 和 L_2。

②地面板和亭屋面板是相同直径的圆柱。先用八点法画地面板顶面的透视，然后将八点沿高

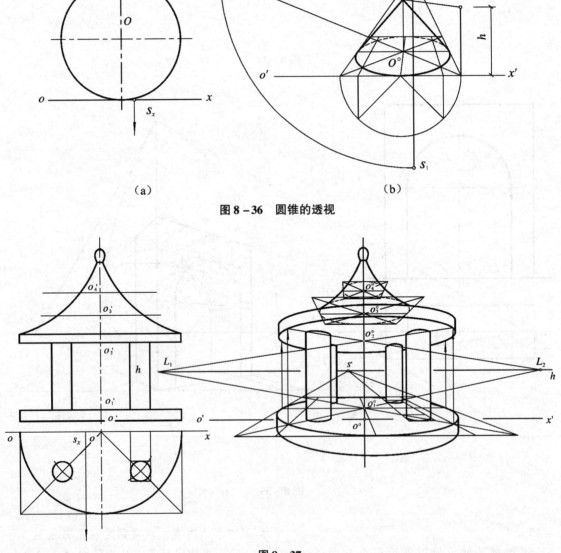

图 8-36 圆锥的透视

图 8-37

度方向平移到其他圆的外切透视正方形对角线和中心线上，画其他圆周的透视。

③画亭顶的透视，图中取了两个纬圆，先画透视椭圆，然后画其包络曲线。

④画 4 根柱子的透视也是利用圆的外切正方形作图。

8.5 视点和画面位置选择

当画面、视点和物体的相对位置不同时，物体的透视将产生不同的形象。为使画出的透视图符合人们观看实物时所获得的视觉印象，视点和画面位置的选择甚为重要。

8.5.1 视点选择

选定视点包括确定视距、站点位置和视高 3 个方面。

8.5.1.1 确定视距

人眼清晰可见的范围是以主视线为轴，清晰可见视锥角（视角）在 18°~53°范围，而以 30°左右为最佳。视距大小要保证视角大小适宜。一般情况下，建筑物的宽度大于高度，视角大小可由水平方向的两侧边缘视线间夹角来控制，如图 8 - 38

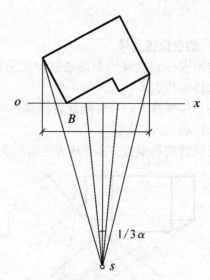

图 8 - 38 确定视距

所示。为使视角不超过两侧边缘视线间夹角，主视线应位于两侧边缘视线夹角的中央 1/3 范围之内，此时视距可取画面宽度 B 的 1.5~2 倍。

视距大小将影响透视形象。图 8 - 39 中，站点 s_1 距形体过近，视角约 60°，这时由于视角大小超过了人的视觉能力，立体前下方水平方向轮廓线的夹角（称为最近角）小于或等于 90°，完全违反正常视觉所得印象，透视图开始产生畸变失真。但若视角过小，画出的透视图缺乏透视效果，作图也不方便。

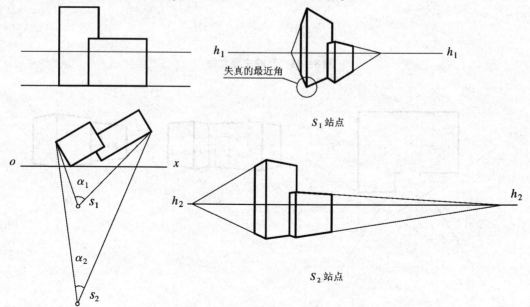

图 8 - 39 确定视距大小对透视图的影响

8.5.1.2 站点位置选择

确定站点位置应使绘制的透视能充分体现出建筑物的体形特点。

①站点应选在人们最可能观看建筑物的位置，如路口、广场出入口等。

②反映建筑物全貌，清楚地表达出建筑物的造型特点。图 8-40 中，s_2 位置使房屋的左部分被遮挡。

③反映建筑物的主要立面，重点突出，主次分明。图 8-41 中，s_2 的位置使正立面显得窄小。

④反映建筑物主要部分的形状特征。图 8-42 中，s_2 的位置看不到正立面的进门和凹角。

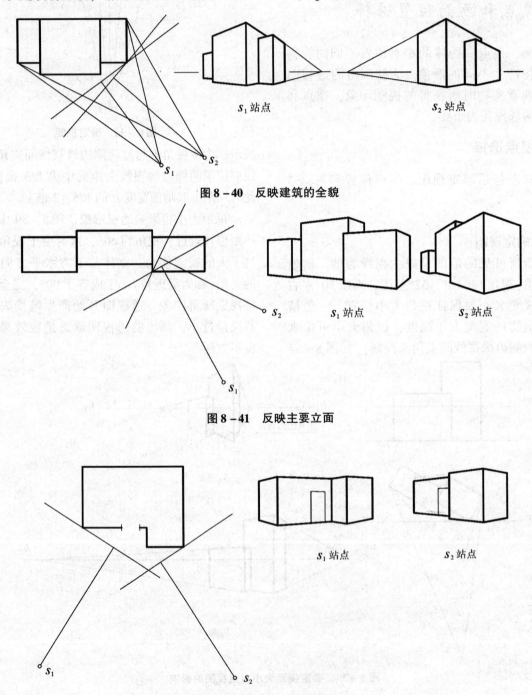

图 8-40　反映建筑的全貌

图 8-41　反映主要立面

图 8-42　反映主要部分

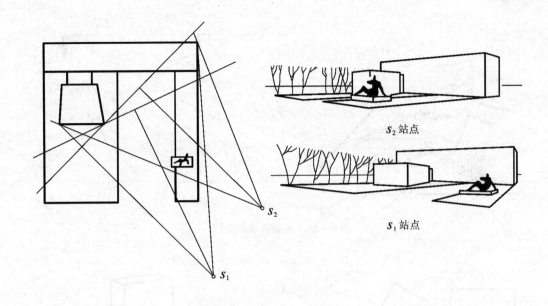

图 8-43 避免建筑重点重叠

⑤避免导致建筑物重点堆积和过于重叠。图 8-43 中，s_2 使两处建筑重叠在一起。

8.5.1.3 确定视高

一般可按人的身高（1.5～1.8m）确定。但有时为使透视图取得特殊效果，而将视高适当提高或降低。

降低视平线，透视图中的建筑给人以高耸雄伟之感，如同高坡上的建筑，如图 8-44 所示。升高视平线，可使地面在透视图中展现得比较开阔。为了显示出某一区域建筑群的总平面规划，可将视点升得更高，这就是通常所说的鸟瞰图。

升高视点，应使视线的俯角以不超过 30°为宜，这时建筑的透视基本上处于 60°视角之内，如果视点要移近建筑，以致使俯角超过 45°时，应采用倾斜画面，如图 8-45 所示。否则，将会产生不同程度的失真或畸形。

如图 8-46 所示，若保持视距不变，视点升高到 S_2（俯角 $\delta \geqslant 45°$），立体的透视已出现严重失真。这时如采用倾斜的画面 V_1，仍能获得较理想的透视。但由于铅垂线也具有灭点，画图较复杂。所以在升高视点时一般也应增加视距。

确定视高应注意以下问题：

①应避免建筑上的主要直线的透视成为一点，主要平面的透视成为一直线。图 8-47（a）中，视高与建筑等高，顶面透视积聚为一条直线。图 8-47（c），视高为零，具有特殊的效果。

②视平线不应取在建筑正中，上下的透视变形一样，图形显得呆板，见图 8-47（b）。宜取在下方 1/3 处附近。

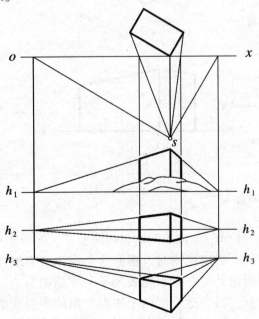

图 8-44 升高或降低视高对透视图的影响

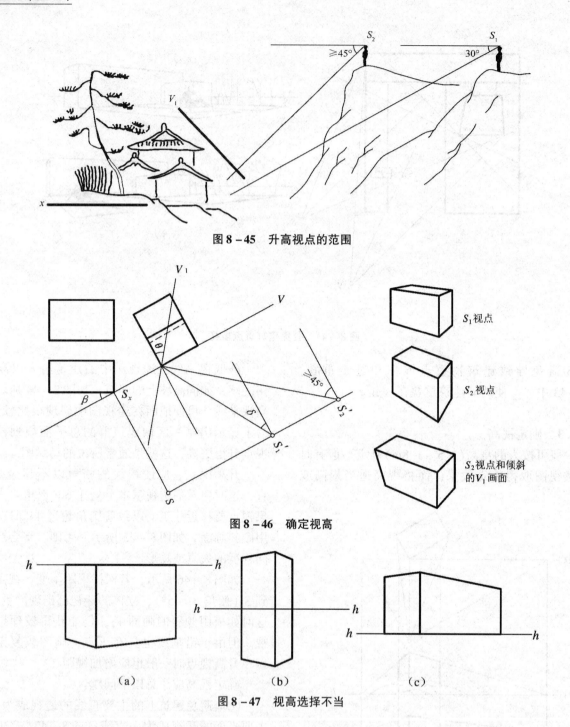

图8-45 升高视点的范围

图8-46 确定视高

图8-47 视高选择不当

8.5.2 画面位置选择

8.5.2.1 画面与建筑物立面的偏角

建筑物的立面与画面偏角 β 越小，则该立面上水平线的灭点越远，于是该立面的透视越宽阔。如增大偏角 β，该面的透视逐渐变窄，如图8-48所示。绘制透视图时，根据这个规律恰当地选择立面偏角，可有意识地表现某一立面的特点。如偏角 β 定得合适，则两个主向立面的透视宽度之比，大致符合实际宽度之比。用得最多的是正面

与画面的偏角 $\beta = 30°$，这样基本能满足上面的要求，而且画图比较方便。

选择偏角时应注意以下问题：

①如建筑物的两个主向立面的宽度接近，偏角不应选取 45°。否则透视图正中将出现一条较长的竖直线，两立面对称，主次不分，透视图显得呆板，如图 8-49。

②建筑物正立面偏角为零，画出的透视图就是通常所说的平行透视。这时应注意视点的选择。如视点位于建筑物正面宽度以内，可使视点在宽度中间稍偏于一侧，透视图较生动。

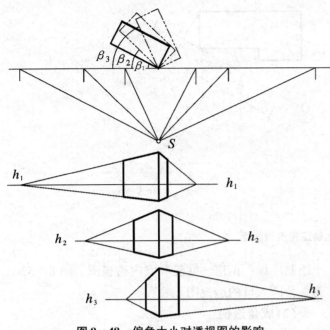

图 8-48 偏角大小对透视图的影响

8.5.2.2 画面与建筑物的前后位置

画面与立面偏角确定之后，若使画面前后平移，只影响透视图的大小，透视图的形象不变。画面放在建筑物前面，得到缩小了的透视图；如放在建筑物后面，得到放大了的透视图，如图 8-50 所示。画图时最好使画面穿过建筑，并通过建筑的某一角点。选择透视图的大小，取决于图纸幅面大小，并考虑建筑配景所占的位置。

8.5.3 在平面图上确定视点和画面的步骤

8.5.3.1 先定视点，后定画面

①按建筑物表现要求先定站点，使站点到图形边缘角点的视线夹角 $\alpha = 30°$ 左右。如图 8-51(a)。

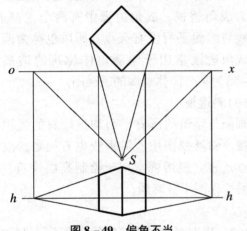

图 8-49 偏角不当

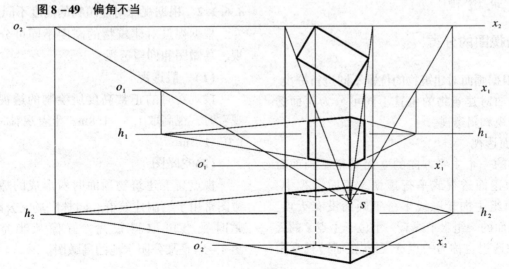

图 8-50 画面与建筑的前后位置

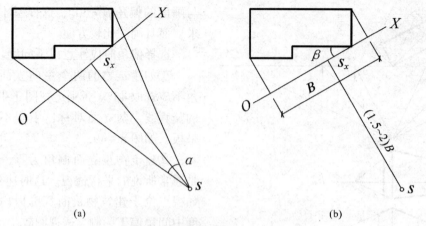

图 8-51 在平面图上确定视点和画面

②在两边缘视线夹角的中央 1/3 范围之内，从站点引主视线。

③垂直主视线作画面（基线 OX），基线一般通过建筑平面图的一个角点，这样可使作图过程简化。

8.5.3.2 先定画面，后定视点

①过平面图主立面的一个角点作基线 OX，使其与主立面的偏角 $\beta = 30°$，如图 8-51（b）。

②由平面图的两边缘角点向基线作垂线，得到近似画面宽度 B。

③在近似画面宽度 B 中间的 1/3 范围内，作基线的垂线，并使视距 $D(SS_X) = (1.5 \sim 2)B$。

8.6 建筑透视

8.6.1 透视图的分类

8.6.1.1 根据画面对建筑物的位置不同进行分类

根据画面对建筑物的位置不同可分为正面透视、成角透视和斜透视。

（1）正面透视

建筑物的一个主要方向的立面平行于画面时的透视称为正面透视或平行透视。正面透视中，建筑物有两组主向轮廓线平行于画面没有灭点，而垂直于画面的一组水平线有一个位于主点 s' 的灭点，故这种透视也称为一点透视。正面透视常用于绘制广场、街道、庭院和室内透视图。图 8-52 为某公园入口的透视图。

（2）成角透视

画面与建筑的两个立面均成倾斜角度时的透视称为成角透视。成角透视中有两个主向灭点，铅垂线与画面平行没有灭点，所以也称为两点透视。成角透视常用于绘制单体建筑的透视图，图 8-53 为某公园休息廊的透视图。

（3）斜透视

画面与建筑的所有平面均呈倾斜的透视称为斜透视。斜透视图中，铅垂线也有灭点，故也称为三点透视。斜透视常用于绘制高层建筑。画面倾斜后，作图十分麻烦。

8.6.1.2 根据视点对建筑物的高度不同进行分类

根据视点对建筑物的高度不同可分为一般透视、鸟瞰图和仰望透视。

（1）一般透视

按观看时的正常高度所绘制的透视图。站立观看时，视高取 1.5～1.8m；坐着观看时，视高取 1.0～1.3m。

（2）鸟瞰图

视点高于建筑物顶面时所形成的透视图。鸟瞰图常用于绘制建筑群、园林广场、公园总平面，此时视点可取得很高，好像从半空中观看，图 8-54 是某公园水池的鸟瞰图。

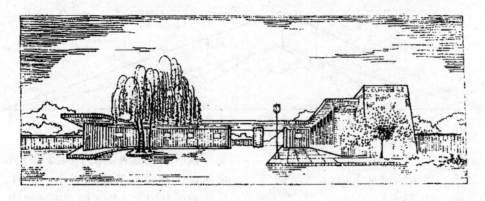

图 8-52　正面透视

图 8-53　成角透视

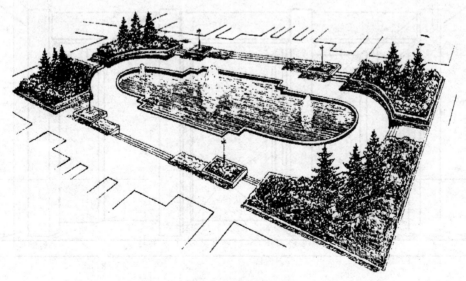

图 8-54　鸟瞰图

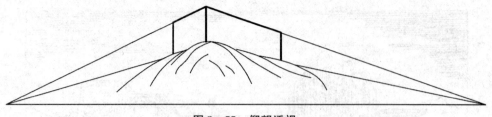

图 8-55 仰望透视

(3) 仰望透视

视点低于建筑,用于绘制从下面(山脚)仰望山上建筑物的透视。如图 8-55 所示。

8.6.2 基本作图法

绘制建筑透视的基本方法有:视线法,量点法,网格法等。

8.6.2.1 视线法

用视线法画图一般应将平面图放在图纸上方。如图幅所限,也可以在平面图基线 ox 下放一纸条,由站点引视线与基线相交作一记号。然后把纸条放在画面基线 $o'x'$ 的下面,画透视图。

例 8-11 放大一倍画雨篷的一点透视(图 8-56)。

解 ①在平面图上确定画面(基线 ox)和视点(站点 s),由站点引视线相交于基线作记号1、2、3…如图 8-56(a)。

②将视高放大一倍在画面上画视平线和基线,并定主点 s'。先画底板和雨篷的前面,长和高度尺

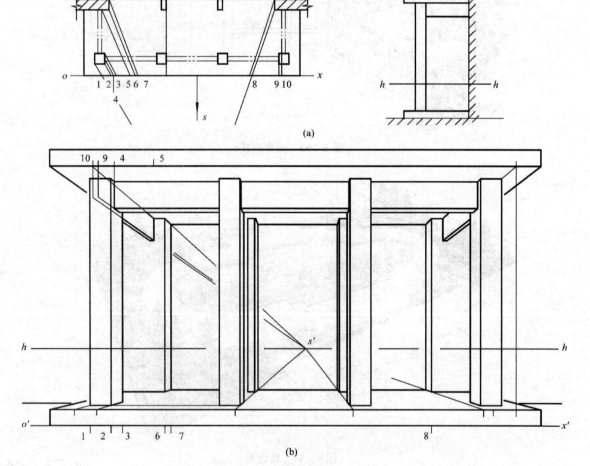

图 8-56

寸均应放大一倍，如图8-56(b)。

③画柱子的透视。把柱子间距和宽度放大一倍量到底板前面棱线上，分别与主点相连，由记号1、2、3作柱子透视(平面图1、2、3的间距应放大一倍)。

④画后墙和门洞的透视。在底板前面棱线上量门洞和门柱间距，由记号6、7、8确定透视深度。

⑤画梁的透视。将梁引到画面9、10点。把9、10点量到雨篷前面棱线上，作铅垂线并量取梁的高度，分别与主点相连由记号4、5确定透视深度。

⑥画细部透视。细部透视最好根据判断的方法绘制，如梁的厚度。最后加深可见轮廓。

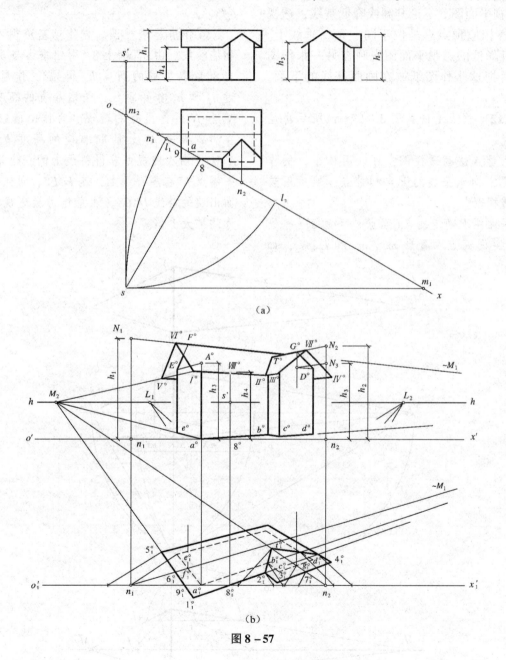

图 8-57

8.6.2.2 量点法

用量点法画图一般先画次透视,即透视平面图,透视平面图用于确定透视图上各铅垂线的透视位置,作图应准确。为避免作图线拥挤,可把基线降低(或升高)一个适当的距离,先画降低(或升高)的透视平面图。不论升高或降低基线,透视平面图的各相应顶点总是位于同一条铅垂线上。画图时可将降低的透视平面图先画在另一张作图纸上,然后把这张作图纸放在画面基线的下面,画透视图。

例 8-12 放大 1 倍画图 8-57(a)所示房屋的二点透视。

解 用量点法画透视图,可以用较小比例作出两组主要方向水平线的灭点和量点,然后用较大比例画透视图。

① 在平面图上确定视点(站点 s)和画面(基线 ox),并求主向灭点和量点 m_1、m_2 和 l_1、l_2,如图 8-57(a)。

② 将视高放大 1 倍,在图纸适当位置画视平线 hh 和基线 $o'x'$。然后把灭点和量点间距离放大 1 倍,移到视平线上得 M_1、M_2 和 L_1、L_2。

③ 画降低的基线 $o_1'x_1'$,作透视平面图,如图 8-57(b)所示。图中有关尺寸均放大 1 倍量到 $o_1'x_1'$ 上。

④ 作房屋透视图。先作墙基透视 $a°b°c°d°e°$,和墙棱线。由 $o_1'x_1'$ 上 $8_1°$ 引铅垂线与 $o'x'$ 交于 $8°$,自 $8°$ 量取屋檐的高度 h_4 得 $Ⅷ°$,作屋檐的透视。过 n_1 和 n_2 作铅垂线,量取屋脊的高度 h_1、h_2 得 N_1 和 N_2,作屋脊的透视。为作山墙斜线的透视,在测高线 $a°A°$ 上量取墙棱的高度 h_3 得 $A°$,连 $A°M_2$,由次透视可求得斜线上的一个端点 $E°$。另一端点 $F°$ 在屋脊线上,连 $E°F°$。同样也可求得前面山墙的斜线 $D°G°$。注意作房屋透视时,高度尺寸均扩大 1 倍。

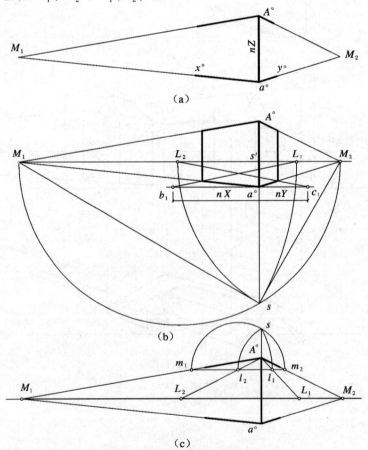

图 8-58 理想透视角度的选择

8.6.2.3 用判断和求相结合的方法画透视

视线法和量点法是最基本的画法，但是完全按照这种投影作图的方法画透视过于烦琐。先确定视点和画面，然后逐线去求透视，不仅会阻碍设计思想的发挥，而且画出的图样也不一定很理想。在实际工作中通常采用判断和求相结合的方法画透视。这种方法要求具有一定的写生经验，并熟练掌握透视作图原理。

任何物体都可以包括在一个长、宽、高为 X、Y、Z 的长方体或立方体内。先画一个具有理想透视角度和大小的长方体，然后根据物体的具体形状对此立体进行分割或倍增，以解决画图的度量问题。理想透视角度的选择常用以下方法确定，如图 8-58 所示。

① 用徒手画出较理想的透视角度，建议最近角 $\angle x°a°y° \geqslant 120°$，使最近铅垂线 $a°A° = nZ$（n 是画图比例），判断其效果是否满意。然后延长边线找出灭点 M_1 和 M_2。M_1M_2 间距一般应为物体长宽高最大尺寸的 6~8 倍，如图 8-58(a)。

② 连 M_1M_2 是视平线，过 $a°$ 作视平线的平行线即为基线，视高一般应为观看的高度。以 M_1M_2 为直径画半圆，在 $a°$ 的下方半圆周上定站点 s。分别以 M_1 和 M_2 为圆心，M_1s 和 M_2s 为半径画圆弧与视平线交于 L_1 和 L_2 即为量点，如图 8-58(b)。

③ 在基线上量 $a°b_1 = nX$，$a°c_1 = nY$，画长方体透视。推敲并研究这个长方体的透视效果是否理想。画面偏角可根据主点 S' 在 M_1M_2 之间的位置来判断，如 S' 位于 $1/4M_2M_1$ 处，画面偏角约 30°。

如两灭点过远画半圆不方便，可按图 8-58(c) 画图。在 $A°$（或 $a°$）到视平线之间任意画一条水平线，与 $A°M_1$、$A°M_2$ 交于 m_1 和 m_2，以 m_1m_2 为直径画半圆，重复步骤②在水平线上得 l_1 和 l_2。连 $A°l_1$ 和 $A°l_2$ 延长与视平线交于 L_1 和 L_2。

待画出一个满意的长方体透视后，再利用辅助作图法并根据物体的具体形状把长方体分割成几个部分，根据判断的方法画出物体的透视轮廓。

8.6.3 辅助作图法

建筑的细部由于平面图形小，用视线法或量点法作图误差大，下面介绍一些常用的辅助作图方法。

8.6.3.1 基面平行线的分段

如图 8-59 所示，已知基面平行线 AB 的透视 $A°B°$，将 $A°B°$ 分成 3 段，使 3 段实长之比为 3:1:2。自端点 $A°$ 作水平线，取单位长按比例截得分点 C_1、D_1、B_1；连 $B°B_1$ 与 hh 交于 M 作为辅助灭点，连 MD_1、MC_1 与 $A°B°$ 交得 $C°$、$D°$，即为所求。如要求在 $A°B°$ 的延长线上按 DB 的长度再取两点，则可过 $D°$ 作水平线与 B_1M 交得 B_2，按 $D°B_2$ 长在水平线上截得两分点，分别与 M 相连与 $A°B°$ 的延长线相交，即为所求。

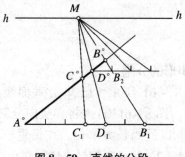

图 8-59 直线的分段

8.6.3.2 利用对角线作图

(1) 矩形等分

如图 8-60 所示，已知矩形的透视 $A°B°C°D°$。作对角线 $A°C°$ 和 $B°D°$，通过对角线的交点 $E°$ 作边线的平行线，就将矩形等分为二。重复此法，可继续等分为更小的矩形，图示为四等分。

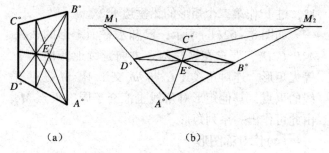

(a)   (b)

图 8-60 矩形的等分

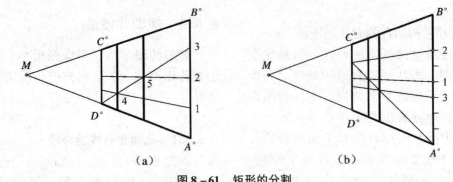

图 8-61 矩形的分割

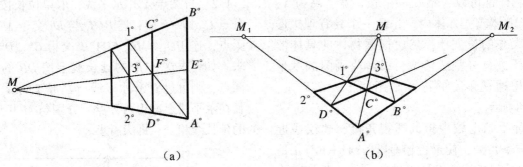

图 8-62 矩形的延续

(2) 矩形的分割

如图 8-61 所示，已知铅垂面矩形的透视 $A°B°C°D°$，图 8-61(a) 是将它竖向分割成 3 个全等的矩形。以适当长为单位，在铅垂边线上自 $A°$ 截取三点 1、2、3；连 1M、2M 与对角线 3$D°$ 交于 4、5；过 4、5 作铅垂线，则分割为相等的 3 个矩形。图 8-61(b) 是竖向分割成 3 个矩形，使其宽度之比为 3:1:2，作图方法同上。

(3) 矩形的延续

如图 8-62(a) 所示，已知铅垂面矩形的透视 $A°B°C°D°$，要求延续地作出几个等大矩形。作矩形水平中线 $E°F°$。连 $A°F$ 与 $B°C°$ 的延长线交于 1°，过 1°作第二个矩形的铅垂边 1°2°。

如图 8-62(b) 所示，已知水平面矩形的透视 $A°B°C°D°$，要求在纵横两个方向延续地作出几个等大矩形。连对角线 $A°C°$ 与 hh 交于 M，M 是对角线的灭点，其他矩形对角线也汇交于同一灭点 M，由此可作出一系列矩形。

(4) 作对称图形

如图 8-63 所示，已知矩形的透视 $A°B°C°D°$，作矩形 $A°B°1°2°$ 的对称图形。连对角线 $A°C°$ 和 $B°D°$ 交于 $K°$；连 1°$K°$ 与 $A°D°$ 交于 3°，连 2°$K°$ 与 $B°C°$ 交于 4°，则 $C°D°3°4°$ 为所求。

8.6.3.3 作平行线的透视

如图 8-64 所示，已知平行直线的透视 $l_1°$ 和 $l_2°$，其灭点超出图纸以外，现过点 $C°$ 引直线与它

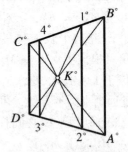

图 8-63 作对称图形

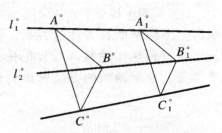

图 8-64 作平行线的透视

们相交于同一灭点。方法如下：以 $C°$ 为顶点任作 $\triangle A°B°C°$，使 $A°$、$B°$ 分别在 $l_1°$ 和 $l_2°$ 上。同样再作一个 $\triangle A_1°B_1°C_1°$，使 $\triangle A_1°B_1°C_1° \backsim \triangle A°B°C°$，连 $C_1°C°$ 必与已知直线相交于同一灭点。

8.6.3.4 立体的放大和缩小

图 8-65(a) 是利用对角线放大立体的画法，先将 aA 放大到 aA_1，作 $A_1B_1 /\!/ AB$ 与 aB 交于 B_1，作 $B_1b_1 /\!/ Bb$ 与 ab 交于 b_1，同理放大侧面。图 8-65(b) 是利用主点放大立体的画法。自主点向立体各顶点作射线，先将 $s'A$ 放大到了 $s'A_1$，分别作对应边的平行线与射线相交。

例 8-13 已作出建筑的透视轮廓，作门窗的透视（图 8-66）。

解 根据门窗的位置和宽度，按图 8-66 所示方法可作出门窗左右边线的透视，若 $A°B°$ 是真高线，可将门窗的高度量取在 $A°B°$ 上。$C°D°$ 是铅垂线，可由门窗的高度尺寸按比例截得对应点。连接各对应点，可作出门窗上下边线的透视。

例 8-14 已知台阶的透视位置 $A°B°C°D°$，作出踏步的透视，要求作五级（图 8-67）。

解 ① 先求出 $A°B°$ 的次透视 $A°b°$，并将其五等分得 $1°$、$2°$、$3°$、$4°$、$b°$。

② 过 $A°$ 引铅垂线，与 $M_2B°$ 延长后交于 B'；将 $A°B'$ 五等分得 $1'$、$2'$、$3'$、$4'$、B'。

③ 过 $1°$、$2°$…作铅垂线与 $1'M_2$、$2'M_2$…相交，作出台阶右端面的透视。

图示 M_3 是台阶坡度线的灭点，$A°M_3$ 和 $D°M_3$ 是台阶坡度线的透视，踏面和踢面交线的端点位于坡度线上。先作出坡度线的透视，可以简化作图。坡度线是一般位置线，其灭点由台阶的升角 α 确定。

④ 作踏步的透视，完成作图。

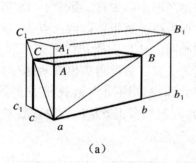
(a)

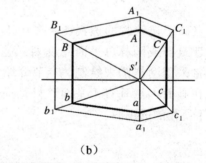
(b)

图 8-65 立体的放大和缩小

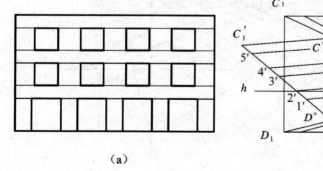
(a)　　　　　(b)

图 8-66

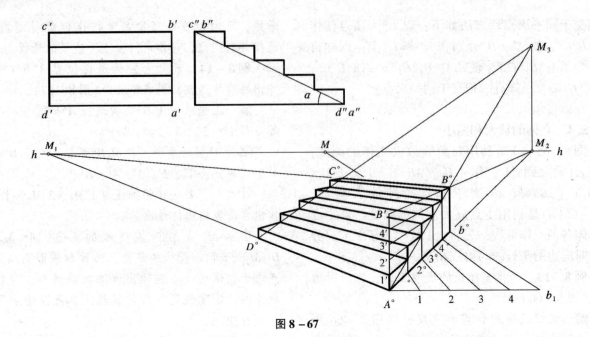

图 8-67

8.7 鸟瞰图

鸟瞰图是视点高于建筑物的透视图，多用于表达某一区域的建筑群或园林总平面的规划，对于这类鸟瞰图通常采用网格法来绘制。本节介绍的鸟瞰图是建立在画面仍然垂直于基面，只是提高视平线的情况下所作的透视图。

如前文所述提高视平线也应增加视距，否则图形会出现失真。实际画图时可以通过下述方法控制图形中的失真。如图 8-68 所示是水平面上正方形网格的透视，以两灭点 M_1 和 M_2 的连线为直径画圆，凡与圆周相接或超出圆周的透视正方形均为失真，最近角点出现 ≤90° 的夹角，这不符合视觉印象。圆周内透视正方形最近角虽然大于 90°，但许多正方形的透视看起来也是失真的，其

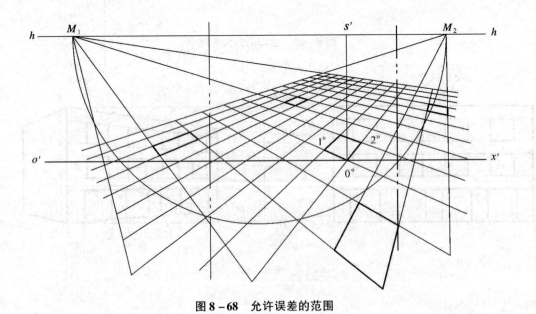

图 8-68 允许误差的范围

中越偏离主视线的透视正方形看起来也越失真。在主点 s' 到灭点的中点画两条铅垂的双点画线，它们之间与圆周的范围称为允许误差的范围。经验表明：在这个允许的范围内，能保证与视觉的一致性并满足设计要求。在此范围内先定最近角点 $0°$，过 $0°$ 画一条水平线作为基线（定视高）。确定画图比例，应使透视网格位于允许误差的理想范围内。如果感到透视图形太小，应增加两灭点的间距。

8.7.1 一点透视鸟瞰图

如图 8-69(a) 所示的总平面图，建筑、树木、道路的方向各不相同，也不规则时，可用一点透视方格网来绘制鸟瞰图。

① 在总平面图上，先定位置适当的画面 ox，按选定的方格宽度画出正方形网格，使一组网格线平行于画面，另一组网格线垂直于画面，如图 8-69(a) 所示。

② 在图纸上画视平线 hh，并选定主点 s' 位置，在 s' 的一侧设置距点 L，即正方形对角线的灭点，L 的位置应使透视网格位于允许误差的范围内。按图 8-68 的要求，选定视高画基线 $o'x'$，在 $o'x'$ 上取单位长定出垂直于画面的网格线的迹点 0、1、2…连接各迹点和主点，就是垂直于画面的一组格线的透视。连 $11L$ 是对角线的透视，过对角线与各格线的交点作基线 $o'x'$ 的平行线，就是平行于画面的另一组格线的透视，从而得到一点透视方格网，如图 8-69(b)。

③ 根据总平面图中，建筑、道路、树木在网格中的位置，尽可能准确地定出它们在透视网格中的位置，如图 8-69(c) 所示，画出透视平面图。

④ 透视高度可按下述方法量取。如图 8-69(d) 所示，如墙角线 $a°A°$ 的真实高度相当于 1.2 个网格宽，则于 $a°$ 处作水平线与相邻网格交于 $c°$、$d°$，由于 aA 和 cd 在空间对画面的距离相等，其透视变形程度相同，所以 $c°d°$ 即为 $a°$ 处一个网格的宽。于是在 $a°$ 处作铅垂线量取 $a°A° = 1.2c°d°$，即得墙角线的透视。同理可求取其他墙脚线和树木的透视。

8.7.2 两点透视鸟瞰图

如图 8-70 所示的总平面图，大部分或全部建筑的纵横方向一致，排列整齐，可用两点透视方格网来绘制鸟瞰图。

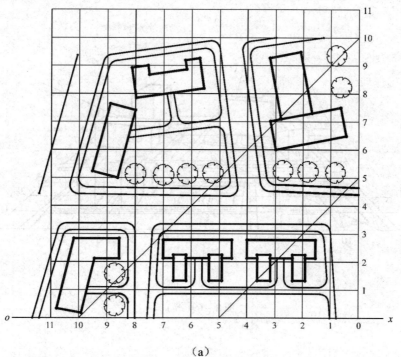

(a)

图 8-69

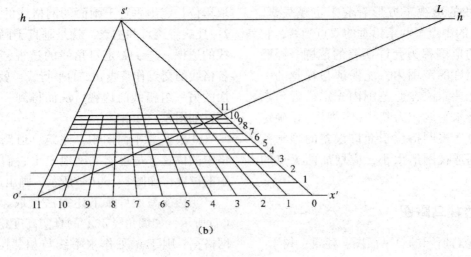

(b)

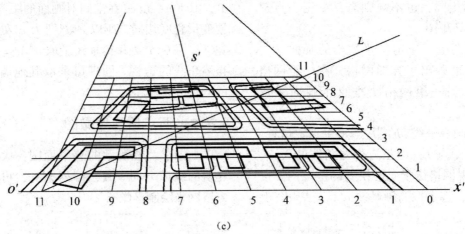

(c)

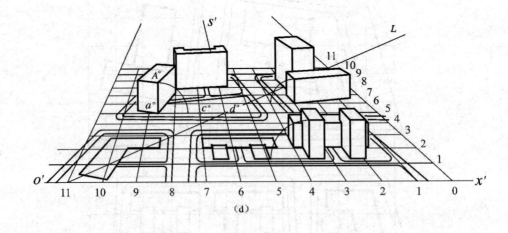

(d)

图 8-69(续)

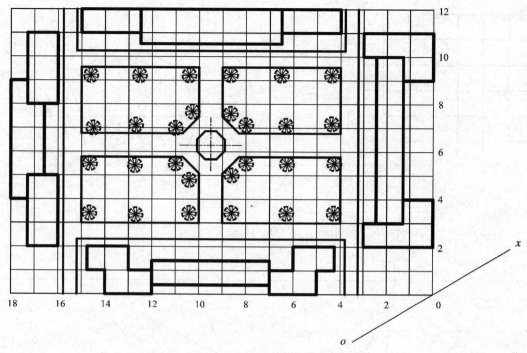

图 8-70

(1) 总平面图中的网格应与建筑物方向平行，选定合适的画面 ox，如图 8-70 所示。

(2) 用量点法绘制透视网格。如图 8-71 所示，介绍两点透视方格网的一种画法：

① 在图纸下方适当位置画一条水平线并在其上取一点 O，以 O 为圆心，以任意长为半径画圆，与水平线交于 m_1 和 m_2。根据偏角 β（使 $\angle Om_1s = \beta$）在圆周上定出站点 s。过 O 作铅垂线与圆周交于 k，连 sk 与水平线交于 m_d。分别以 m_1、m_2 为圆心，sm_1、sm_2 为半径画圆弧与水平线交于 l_1 和 l_2，见图 8-71(b)。

② 在圆周内定角点 0°，过 0° 作水平线为基线 $o'x'$。连 $0°m_1$、$0°l_1$、$0°l_2$、$0°m_2$，见图 8-71(b)。

③ 在图纸上方画视平线 hh（视高按需要确定），视平线与 $0°m_1$、$0°m_2$、$0°m_d$、$0°l_1$、$0°l_2$ 交于 M_1、M_2、M_d、L_1、L_2 见图 8-71(c)。通常 M_1 超出图板，画图时也可以不用。

④ 作网格的透视。在透视图上确定网格的宽度（画图比例应使透视网格位于允许误差的范围内）。然后利用对角线的灭点 M_d 和量点 L_1、L_2 完成作图，见图 8-71(c)。

⑤ 如偏角 β=30°，则可直接画图。如图 8-71(d) 所示，在图板上方画视平线并设置二灭点 M_1 和 M_2。平分 M_1M_2 得 L_2，平分 L_2M_2 得 s'，平分 $s'M_2$ 得 L_1。在图板下定基线，并画出透视网格。

(3) 画透视平面图，见图 8-72(a)。

(4) 画透视图。将建筑和树木引到画面作测高线。如图 8-72(b) 所示，如果建筑的真实高度等于两个平面图网格的宽，在基线上量取两个网格，度量到测高线上得 nN_2。

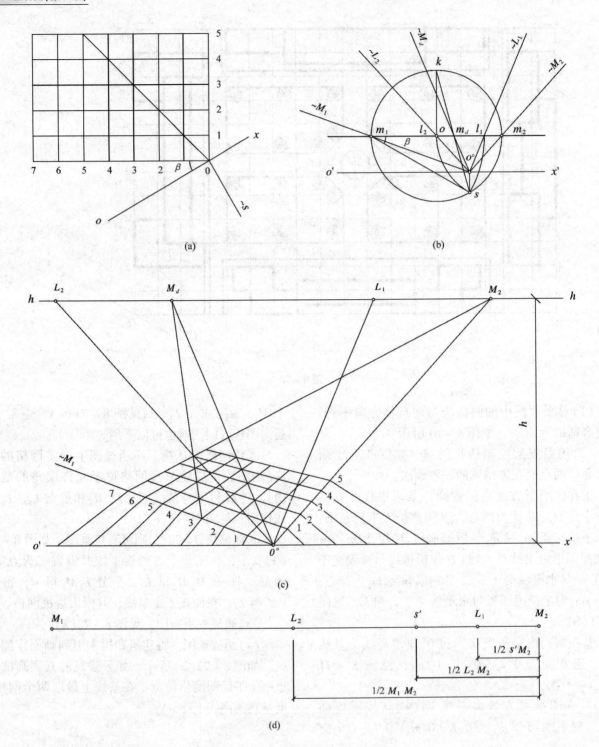

图 8-71 两点透视网格的一种画法

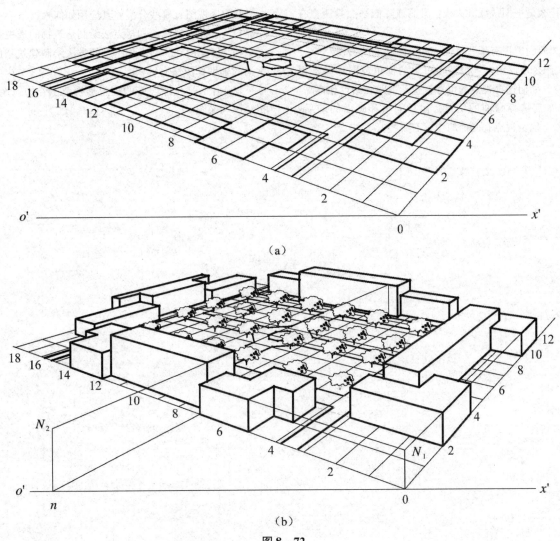

图 8-72

小 结

本章主要阐明透视的基本知识和透视图的绘制方法。要求理解透视的基本术语及其相互的联系,理解直线透视的特性和迹点、灭点、量点和距点等基本概念。透视基本画法有视线法、量点法和网格法。基面上直线的透视画法是绘制透视的基础,运用测高线可以求出空间直线的透视,完成平面立体的透视,掌握用八点法绘制圆周和曲面立体的透视。常用建筑透视有平行透视、成角透视和鸟瞰图。要熟练掌握视点和画面位置的选择原则和方法,掌握建筑透视的作图方法和步骤。在实际设计工作中,主要是运用求和判断相结合的画法画透视,必须熟练掌握透视原理和辅助作图法。

思考题

1. 透视图是如何形成的?有什么特点?透视的基本术语有哪些?

2. 点和直线的透视特性是什么?

3. 什么是直线的迹点、灭点和次灭点?什么是直线的全透视?

4. 基面直线透视的基本画法有哪些?求基面直线的灭点有哪些方法?

5. 什么是量点和距点?它们有哪些特性和应用?

6. 画面垂直线、水平线、铅垂线有哪些透视特性?如何求一般位置直线的灭点?

7. 什么是测高线和集中测高线?如何运用测高线求透视高度?

8. 什么是平面迹线和灭线？升高或降低平面其透视有何变化？

9. 圆周的透视有哪些特性？如何画圆周的透视？

10. 什么是视角？人眼清晰可见的视角范围和最佳视角是多少？如何选择视点的位置，包括视距、站点和视高？

11. 如何选择画面的位置，包括偏角和画面的前后？在平面图上确定视点和画面的步骤有哪些？

12. 透视图有哪些分类？其应用如何？

13. 怎样用视线法和量点法绘制建筑物的透视？

14. 怎样用判断和求相结合的方法绘制建筑物的透视？常用的辅助作图法有哪些？

15. 什么是允许误差的理想透视范围？如何用透视网格绘制鸟瞰图？

第9章 投影图中阴影

[**本章提要**] 在阳光的照射下，物体本身会出现明暗的变化，还会在地面、墙面或其他物体的表面形成阴影。在园林工程设计中，为了增强立体感，使图形更生动、更逼真、更富表现力，常采用加绘阴影的画法，同时阴影也是图样渲染的基础。本章主要阐明阴影产生的几何规律，介绍在正投影图和透视图中准确加绘阴影的作图原理和方法。

9.1 阴影的基本知识

9.1.1 阴和影的形成

阴影的形成必须具备3个要素，即光源、物体和承影面，其中光源可以位于无穷远或者在有限距离处，前者形成平行光线，而后者则为辐射光线。

在光线的照射下，物体表面的受光面称为阳面，背光面称为阴面(简称"阴")。阳面和阴面的分界线称为阴线。如图9－1所示，照射到物体阳面上的光线受到阻挡，就会在物体自身或其他物体迎光的表面上产生一片阴暗的部分，这称为落影(简称"影")。影所在的面称为承影面。影的轮廓线称为影线。从图中可以看出：影线正是物体阴线的落影。

9.1.2 阴影的作用

正投影图只能反映物体三维空间中的两维，如果对所描绘的对象加绘阴影，会增加图形的立体感和真实感。如图9－2所示在正投影图上加绘了阴影不仅丰富了图形的表现力，而且仅凭物体的正投影也能帮助我们想象出物体的空间形象。

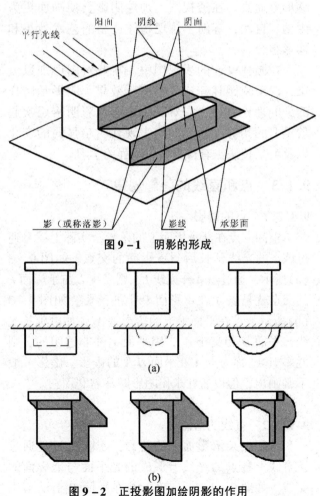

图9－1 阴影的形成

图9－2 正投影图加绘阴影的作用
(a)未画阴影的正投影 (b)画出了阴影的正投影

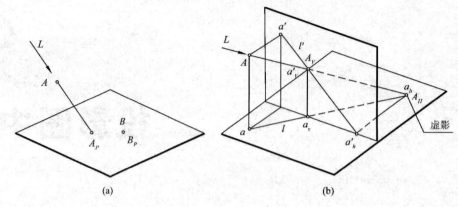

图 9-3 点的落影

这种画法既保持正投影具有度量性、画图简便的优点,又能较形象确切地表现物体的结构特点。

一幅单线条绘制的透视图,固然能表现出物体的立体形状,但从直观效果来说,画面单调不够形象逼真。在透视图上加绘阴影会使画面更为生动、自然,有助于体现物体造型的艺术效果和体形组合。

在园林设计的表现图中,需要对图形加以渲染,以反映园林建成后的实际效果。阴影是图样渲染的理论基础,它对刻画画面色彩明暗层次起着重要的指导作用,如何表现其明暗强弱的变化以及渲染技法,有待于相关课程的学习。

9.1.3 点和直线的落影规律

9.1.3.1 点的落影

空间一点在某承影面上的落影,实际上就是通过该点的光线延长后与承影面的交点。如图 9-3 (a) 所示,通过点 A 作光线 L,则光线 L 与承影面 P 的交点就是点 A 在承影面 P 上的落影。如图 9-3 (b) 所示,点在平面 V 上的落影是 A_V,如再延长光线与平面 H 相交于 A_H,因平面 V 并非透明的,则此影点 A_H 称为点 A 在平面 H 上的虚影。虚影一般不必画出,但以后在求作阴影时常需利用它。

9.1.3.2 直线的落影

直线在某承影面上的落影,实际上就是通过该直线上各点的光线所形成的光平面与承影面的交线。如图 9-4 所示直线 AB 在平面 P 上的落影是 A_PB_P。同时可以知道,线上任一点的落影必在

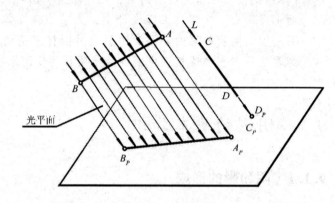

图 9-4 直线的落影

直线的落影上。直线在平面上的落影一般仍是直线,当直线平行于光线时,它的影子成为一点。

直线的落影有以下规律:

(1) 直线落影的平行规律

① 直线与承影平面平行时,直线的落影与直线本身平行且等长。如图 9-5(a) 所示,直线 AB 平行于承影平面,则它在平面 P 上的落影 A_PB_P 与 AB 平行且等长。

② 两条平行直线在同一承影平面上的落影仍互相平行。如图 9-5(b) 所示,直线 AB 平行于 CD,则它们在承影平面 P 上的落影 A_PB_P 平行于 C_PD_P。

③ 一条直线在两个互相平行的承影平面上的落影成为两段平行线。如图 9-5(c) 所示,承影平面 P 和 Q 互相平行,直线 AB 在两个平面上的落影 A_PC_P 平行于 C_QB_Q。其中 C_P 和 C_Q 称为影的过渡点对,即直线 AB 部分落影于平面 Q,通过 C_Q 过渡到 C_P,部分落影于平面 P。

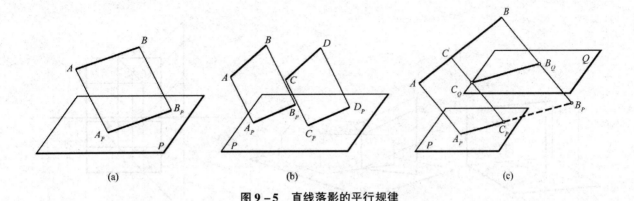

图 9-5 直线落影的平行规律

求作阴影时常用到过渡点对。例如，先作出两端点 A、B 在平面 P 和 Q 上的落影 A_P 和 B_Q，再作出点 B 在平面 P 扩大面上的虚影 B_P，连接 $A_P B_P$，过 B_Q 作 $A_P B_P$ 的平行线与平面 Q 的边线交于 C_Q。由 C_Q 作返回光线，可确定 AB 落影于平面 P 的部分长 AC 并求得 AB 在平面 P 上的落影 $A_P C_P$。

(2) 直线落影的相交规律

① 直线与承影面相交时，直线的落影通过直线与承影面的交点。如图 9-6(a) 所示，直线 AB 与承影面 P 相交于 B 点，则它在平面 P 的落影 $A_P B_P$ 应通过交点 $B(B_P)$。

② 两条相交直线在同一承影平面上的落影必定相交，且落影的交点就是两直线交点的落影。如图 9-6(b) 所示，直线 AB 和 CD 的交点 E 在平面 P 上的落影 E_P，也是两直线落影 $A_P B_P$ 和 $C_P D_P$ 的交点。

③ 一条直线在两个相交承影面上的落影，应相交于这两个承影面的交线上。如图 9-6(c) 所示，承影面 P 和 Q 相交，直线 AB 在两个平面上的落影 $A_P C_P$ 和 $C_Q B_Q$ 相交于两平面交线上的 $C_P(C_Q)$ 点。$C_P(C_Q)$ 点称为折影点。

求作阴影时常用到折影点，例如，先作出两端点 A、B 在平面 P 和 Q 上的落影 A_P 和 B_Q，再作出点 B 在平面 P 延伸面上的虚影 B_P，连接 $A_P B_P$ 与两平面的交线交于 $C_P(C_Q)$，即为折影点。连 $C_Q B_Q$ 是 AB 在平面 Q 上的落影。由 $C_P(C_Q)$ 作返回光线可以确定直线 AB 分别落影于平面 P 和 Q 的部分长。

(3) 垂直线的落影规律

① 直线与承影平面垂直时，直线的落影与光线在承影平面上投影的方向一致。如图 9-7(a) 所示，铅垂线 AB 在水平面 H 上的落影 $B_H K_H$ 与光线的水平投影 l 的方向一致。铅垂线在铅垂面 V 上的落影 $A_V K_V$ 仍是铅垂线，$K_V(K_H)$ 是折影点。

② 某投影面垂直线在任何承影面上的落影在该投影面上的投影是与光线投影方向一致的直线。如图 9-7(b) 所示，通过铅垂线的光平面是铅垂面，具有积聚性。因此铅垂线 AB 在平面 P、Q、H 面上的落影 $B_H C_H$、$C_P D_P$ 和 $D_Q A_Q$ 的水平投影积聚在光平面的水平投影上，成为与光线投影方向一致的直线，如图 9-7(c) 的平面图所示。

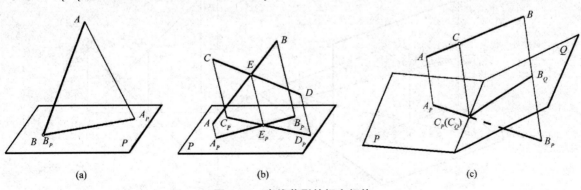

图 9-6 直线落影的相交规律

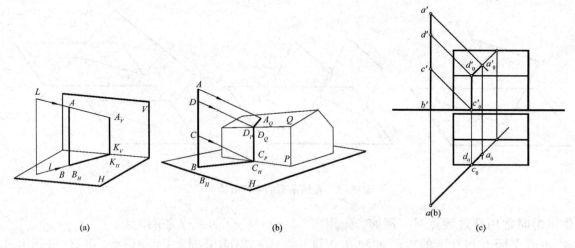

图 9-7 垂直线的落影规律

9.2 正投影图中的阴影

9.2.1 常用光线

在正投影图中加绘阴影，通常采用平行光线，并使其方向和正方体的体对角线的方向相一致，由左前上方射至右后下方（图 9-8）。因而光线 L 的各个投影 l、l'、l'' 均与水平线呈 45°角，特把这种方向的光线称为常用光线。

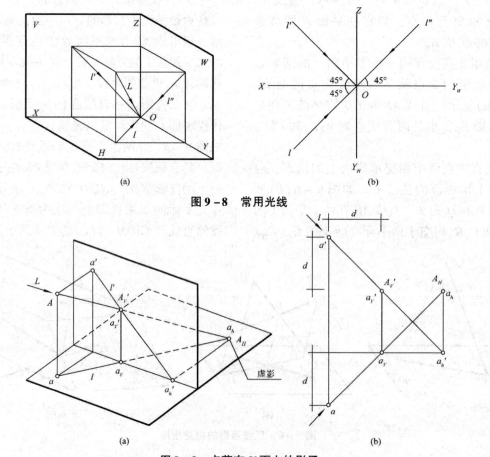

图 9-8 常用光线

图 9-9 点落在 V 面上的影子

9.2.2 落影的基本画法

在正投影图中加绘物体的阴影，实际是画出阴和影的正投影，以下文阐述落影的基本画法。

9.2.2.1 点在投影面上的落影

如图9-9(a)所示，照于点A的光线延长后与V面交得落影A_V。A_V的V面投影a_V'与A_V重合，H面投影a_V位于OX轴上。同时a_V、a_V'还应分别位于光线的投影l、l'上。于是在投影图上，如已知A(a、a')，可先过a、a'分别作45°方向的光线投影l和l'。l与OX轴相交得a_V，过a_V作连系线与l'相交得a_V'，如图9-9(b)所示。

在图9-10中，因点A离H面比离V面近，故影子落在H面上。投影图上落影A_H(a_h、a_V')的做法如图9-10(b)所示。

9.2.2.2 点在具有积聚投影的承影面上的落影

如图9-11所示，求点A(a、a')在铅垂柱面P上的落影A_P(a_p、a_p')。因承影面的水平投影具有积聚性，过a引光线l与P相交得a_p。由a_p作连系线，过a'引光线l'相交得a_p'。

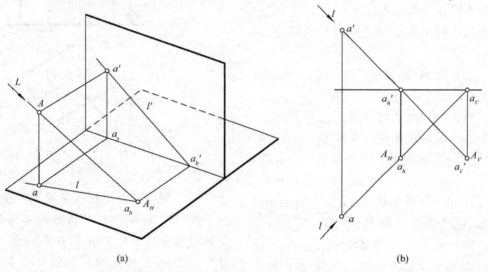

图9-10 点落在H面上的影子

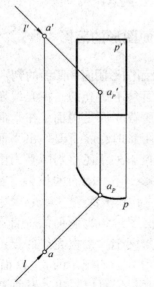

图9-11 点落在H面垂直柱面P上的影子

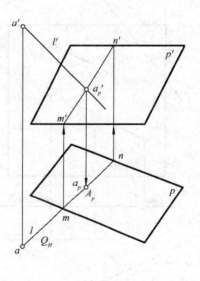

图9-12 点落在一般位置平面P上的影子

9.2.2.3 点在一般位置面上的落影

如图 9-12 所示,求点 $A(a, a')$ 在一般位置平面 $P(p, p')$ 上的落影 $A_P(a_p, a_p')$。因承影面无积聚性,可利用求一般位置直线与一般位置平面交点的方法求落影。过 a、a' 引光线 l 和 l',并通过光线 $L(l, l')$ 作辅助面 Q_H。求辅助面 Q 与一般位置平面 P 的交线 $MN(mn、m'n')$。l' 与 $m'n'$ 相交得 a_p',由 a_p' 作连系线与 l 相交得 a_p。

9.2.3 直线的落影

直线在某承影面上的落影,实际上就是通过该直线上各点的光线所形成的光平面与承影面的交线。

例 9-1 求直线 AB 在 H 面垂直面 P、Q 上的落影(图 9-13)。

解 在投影图中,求直线的落影,只要作出两端点的落影,然后连以直线。本例因平面 P 和 Q 的 H 面投影 p、q 有积聚性,故实际上成为求落影的 V 面投影。

先作出端点 A、B 的落影 $A_P(a_p、a_p')$ 和 $B_Q(b_q、b_q')$,它们分别位于平面 P、Q 上。在 AB 上任取一点 C,求得在平面 Q 的落影 $C_Q(c_q、c_q')$,连 $b_q'c_q'$ 就是 AB 落在平面 Q 上影子的 V 面投影。

因平面 Q 和平面 P 平行,根据落影的平行规律,由 a_p' 作 $b_q'c_q'$ 的平行线,即得 AB 落在平面 P 上影子的 V 面投影。也可求得 B 点在 P 平面上的虚影 $B_P(b_p、b_p')$,连 $b_p'a_p'$ 就为 AB 落于平面 P 上影子的 V 面投影。

例 9-2 求铅垂线 AB 在地面和房屋上的落影(图 9-14)。

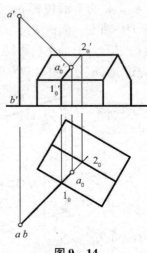

图 9-14

解 根据铅垂线的落影规律,AB 落影的 H 面投影成 $45°$ 直线,AB 在墙面的落影仍是铅垂线。为求在屋面落影的 V 面和 H 面投影,延长光线的 H 面投影与屋檐线和屋脊线交于 1_0 和 2_0 并求得 $1_0'2_0'$,过 a' 引光线与 $1_0'2_0'$ 交得 a_0',由 a_0' 求得 a_0,则 $1_0A_0(1_0a_0、1_0'a_0')$ 为所求。

9.2.4 平面图形的落影

9.2.4.1 平面图形阴面和阳面的判别

由于平面是不透光的,在光线照射下的迎光面是阳面,而背光面是阴面。在平面图形的正投影图中加绘阴影时,除了要作出平面图形在承影面上落影的投影外,还需判断平面图形的各投影是阳面的投影,还是阴面的投影。对于阴面则需和落影一样,均涂成深色。

①当平面图形为投影面的垂直面时,可在有积聚性的投影图上,根据光线的投影方向直接判断。如图 9-15(a)右图中的 P、Q 面都是铅垂面,从它们的水平投影可以看出,平面 P 与 V 面间的

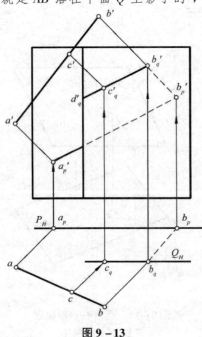

图 9-13

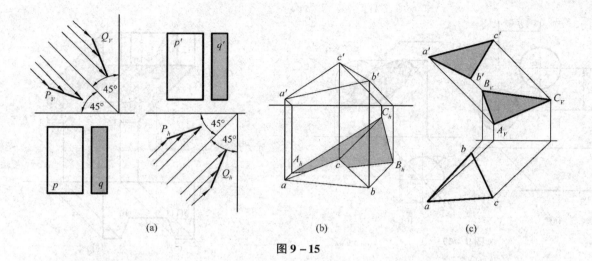

图 9-15

二面角在 0°~45°之间，所以在常用光线的照射下，P 面的正面投影为阳面的投影。平面 Q 与 V 面的二面角在 45°~90°之间，所以，Q 面的正面投影为阴面的投影，应涂成深色。

② 当平面图形为一般位置时，可根据投影的旋转顺序加以判别：

若两投影各顶点的旋转顺序相同，则两投影为同性面，即同为阳面或同为阴面；若两投影各顶点的旋转顺序相反，则两投影为异性面。

为了进一步确定平面投影的阴阳，则可利用该平面图形在投影面上的落影。由于承影面一定是阳面，所以，凡与落影各顶点旋转顺序相同的投影必为阳面的投影；反之，则为阴面。

以图 9-15 为例，图(b)中 △ABC 的投影的顶点和落影顶点的旋转顺序相同，所以投影为阳面的投影；而图(c)中水平投影顶点旋转顺序与落影顶点的相同，为阳面的投影；而正面投影的顶点与落影顶点旋转顺序相反，则为阴面的投影，应涂成深色。

9.2.4.2 平面图形在投影面上的落影

(1) 多边形在投影面上的落影

欲求多边形在投影面上的落影，应先分别作出多边形各顶点的落影，然后用直线依次将同名投影连接起来即可。

例 9-3 如图 9-16 求 ABC 在投影面上的落影。

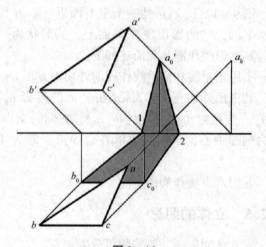

图 9-16

解 因多边形与投影面的距离不同，平面多边形的影可以落在 V 面，也可落在 H 面，还可同时落于两个投影面。如图 9-16 所示，A 点的影落于 V 面，而 B、C 的影却落在 H 面，作出各顶点的落影后不能直接连线，还需作出 A 点在 H 面上的虚影 a_h，并借助于虚影确定影线在 OX 轴上的折影点 Ⅰ、Ⅱ 后，再连同名投影即可确定影线。

(2) 圆在投影面上的落影

一般情况下，圆平面的落影为椭圆，其圆心的落影为椭圆的中心，圆内任何一对相互垂直的直径其落影，则为椭圆上对应的一对共轭直径。

图 9-17(a) 是一个距 V 面为 d 的正平圆，由于它平行于 V 面，所以，在 V 面上的落影仍为一相同直径的圆，但落影的圆心向下、向右均偏移了距离 d。

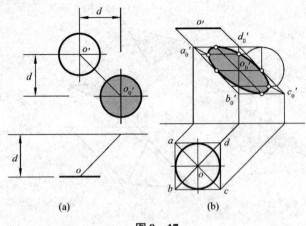

图 9-17

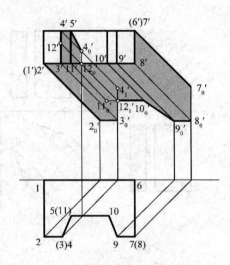

图 9-18

图 9-17(b)所示是一个距 V 面近、距 H 面远的水平圆，它的影出现在 V 面上，其形状为一椭圆。其落影的作图步骤简述如下：

①用正垂线和侧垂线作圆的外切正方形 $abcd$；

②求出外切正方形 $abcd$ 在 V 面的落影 $a_0'b_0'c_0'd_0'$，连接对角线 $a_0'c_0'$、$b_0'd_0'$，它们的交点 o_0' 即为椭圆中心，落影四边形各边中点，即为 4 个切点；

③用八点法作椭圆。

9.2.5 立体的阴影

求立体阴影的一般步骤可分为：

①读图　先判明立体的形状、大小和它与投影面的相对位置；

②找阴线　从投影图上根据光线方向，判断立体的阳面和阴面以及它们的分界线(阴线)；

③求落影　根据落影的基本画法，求作阴线上特征点在承影面上的落影，然后绘出影线；

④着色　将影线轮廓内以及立体投影图阴面的可见部分均涂以深色。

9.2.5.1 平面立体

如平面立体的棱面具有积聚性，则可直接根据它们有积聚性的投影来判断它们是否受光。

例 9-4　加绘图 9-18 所示贴附于正面墙上的水平板的阴影。

解　从 V 面投影可看出板的上棱面和左棱面是阳面，下棱面和右棱面是阴面。从 H 面投影可看出板的前棱面也是阳面。从而可确定阴线 Ⅰ Ⅱ Ⅲ Ⅳ Ⅴ 和 Ⅵ Ⅶ Ⅷ Ⅸ Ⅹ。根据落影的基本画法和直线落影的规律可作出各段阴线的落影。其中点 Ⅳ 落影在梯形槽的正面上，它的 V 面投影如图 9-18。由 $4_0'$ 作铅垂线与梯形槽下边线 $10'11'$ 交于 $12_0'$，由 $12_0'$ 返回光线与 $3'4'$ 交于 $12'$。由 $12_0'$ 引光线与 $10_0'11_0'$ 交于 $12_1'$，则 $12_0'$ 和 $12_1'$ 是一对过渡点对。$4'12'$ 落影在梯形槽的正面上，$12'3'$ 落影在墙面上。

如平面立体没有积聚性，直接根据正投影图难于准确地确定阴线，这时只能先作出各棱线的落影。再根据影线来确定阴线，从而判别各棱面哪些是阳面，哪些是阴面。

例 9-5　加绘图 9-19 所示正五棱锥的阴影。

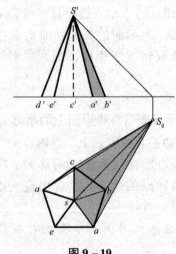

图 9-19

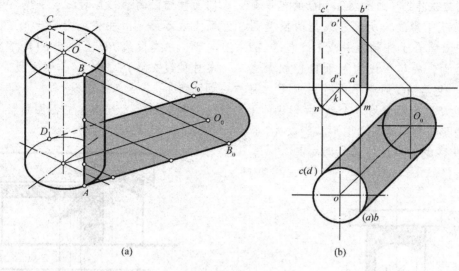

图 9-20 圆柱的阴影

解 此五棱锥难于直接判别它的阳面、阴面和确定阴线。于是先作出顶点的落影 s_0 和诸棱线的落影 s_0a、s_0b、s_0c、s_0d。因 s_0a 和 s_0c 是落影的最外轮廓线，故对应的棱线 SA 和 SC 就是阴线。△SAB 和 △SBC 是阴面，其他棱面是阳面。

9.2.5.2 曲面立体

如图 9-20(a)所示，是位于 H 面上铅垂位置的正圆柱，上底面圆落影于 H 面上仍为圆周，下底面圆的落影与本身重合。作公切于上、下底圆落影的切线，就是柱面的影线。圆柱面的阴线是与光平面相切的两条素线，这两条素线阴线把圆柱面分成大小相等的两部分，阳面和阴面各占一半。因此整体圆柱的阴线是由两条素线和上、下底面的两个半圆周组成的封闭线，画图步骤如图 9-20(b)。因素线垂直于 H 面，故 H 面影线是 45°直线，影线与底圆切于 a、d 两点，即为柱面阴线的 H 面投影。由 a、d 可求得阴线的 V 面投影 $a'b'$ 和 $c'd'$。也可以在 V 面投影中直接求阴线，如图 9-20(b)所示 km 和 kn 是 45°方向线。

如图 9-21 所示，是位于 H 面上铅垂位置的正圆锥，顶点落影在 H 面上，底圆落影与本身重合。由顶点的落影作底圆落影的切线，就是锥面的影线。影线与底圆切于 a、b，则 sa 和 sb 是锥面阴线的 H 面投影。由 sa 和 sb 可求得阴线的 V 面投

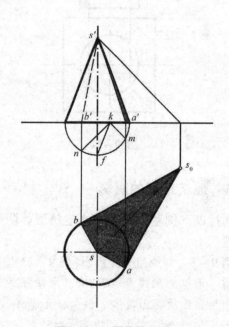

图 9-21 圆锥的阴影

影 $s'a'$ 和 $s'b'$。也可以在 V 面投影直接求阴线，如图 9-21 所示，fk 平行于圆锥左边线，km 和 kn 是 45°方向直线。

例 9-6 加绘图 9-22 所示柱头的 V 面阴影。

解 柱头由正方形柱帽和圆柱柱身构成。柱身的阴线做法如图所示。

方帽在柱身上落影的影线是由方帽底边 AB 和 AC 所产生，可利用承影圆柱面的 H 面投影的积聚性，作出影线上若干点，光滑连接来得到。也可

以利用截交线的方法作图。通过 AB、AC 的光平面与圆柱的截交线就是影线，所以影线是两段椭圆曲线，两椭圆中心重合于柱轴上一点 O。包含 AB 的光平面是正垂面，故其影线的 V 面投影积聚成 $45°$ 方向的直线。包含 AC 的光平面是侧垂面，因光平面对 V 面和 H 面的倾角均为 $45°$，故影线的 V 面投影和 H 面投影应相同是对称图形。所以 AC 的影线，其 V 面投影成为一段圆弧。圆心是 o'，半径等于圆柱的半径。

门面和墙面的落影是两段水平线。为求 BC 在柱子面上的落影，由柱棱线上影点的 H 面投影 f_0 返回光线，求得阴线 BC 上的点 $F(f、f')$。由 f' 引光线与柱棱线交得 f_0'，过 f_0' 作水平线。其他作图步骤如图所示。

例 9-8　加绘房屋立面图阴影（图 9-24）。

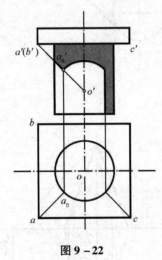

图 9-22

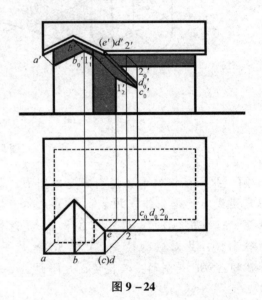

图 9-24

9.2.6　建筑细部的阴影

通过以下例题，简述加绘建筑形体阴影的一般步骤。

例 9-7　加绘门洞的阴影（图 9-23）。

解　雨篷的阴线是 $ABCDE$，求阴线的落影应充分利用直线的落影规律。例如，正垂线 AB 在墙面和门面的落影，其 V 面投影是 $45°$ 直线。BC 在

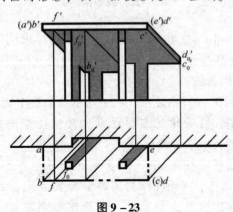

图 9-23

解　作点 B 在山墙面上的落影 b_0'，过 b_0' 作 $a'b'$ 和 $b'c'$ 的平行线，即为 AB 和 BC 在山墙上的落影。再作点 C 在右墙面上的落影 c_0'，过 c_0' 作 $b'c'$ 的平行线是 BC 在右墙面落影，$1_1'$ 和 $1_2'$ 是一对过渡点对。CD 是铅垂线，落影仍是铅垂线。DE 是正垂线，落影的 V 面投影是 $45°$ 直线。

例 9-9　加绘台阶的阴影（图 9-25）。

解　左侧挡墙阴线 AB 是铅垂线，CD 是正垂线，它们的落影不难画出。阴线 AC 是侧平线，点 A 落影在一层踢面上。由侧立面图各层棱线上的影点 $1_0''$、$2_0''$、$3_0''\cdots$ 返回光线，可确定出阴线 AC 上的对应点 Ⅰ($1'$、$1''$)、Ⅱ($2'$、$2''$)、Ⅲ($3'$、$3''$)$\cdots$ 由 $1'$、$2'$、$3'\cdots$ 引光线可求出棱线上影点的 V 面投影 $1_0'$、$2_0'$、$3_0'\cdots$ 和 H 面投影 1_0、2_0、$3_0\cdots$ 将各影点连以直线就是阴线 AC 在各层台阶上的落影。根据直线落影的平行规律，踢面和踏面落影应分别平行。点 C 落影在顶层踏面上。同理，可作出右侧挡墙阴线的落影。

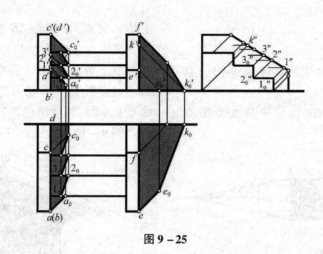

图 9-25

9.3 透视图中的阴影

加绘透视图中的阴影是指按选定的光线直接作阴影的透视,而不是根据正投影图中的阴影来画其透视。在透视图中加绘阴影时,仍需利用落影的规律,但必须依据透视原理来理解规律。

绘制透视阴影,一般采用平行光线。根据光线对画面的相对位置不同又可分为两种:画面平行光线和画面相交光线。

9.3.1 画面平行光线下的阴影

9.3.1.1 画面平行光线的透视特性

如图 9-26 所示,光线平行于画面,则光线的透视仍保持平行,并反映光线对基面的实际倾角。光线在基面上的投影平行于基线 OX,故光线的次透视成水平方向。光线可以从右上方射向左下方,也可从左上方射向右下方,光线倾角的大小可根据需要而定。如采用 $45°$ 或 $60°$。

9.3.1.2 透视图上落影的基本画法

如图 9-27 所示,已知空间点 A 和矩形 $BCbc$ 的透视和次透视,并选定光线 $L(l)$,加绘透视图落影。

过 $a°$ 引光线的次透视(水平线),过 $A°$ 引光线的透视(平行于 L),它们的交点 $A_0°$ 就是 A 点在基面上的落影。Bb 是铅垂线,根据铅垂线的落影规律,它在基面上的落影应与光线次透视的方向一致。BC 是水平线,根据直线落影的平行规律,$B°C°$ 与其在基面上落影 $B_0°C_0°$ 相交于同一灭点 M。

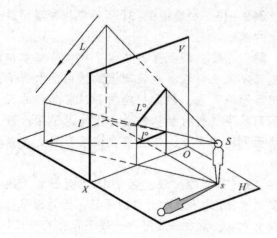

图 9-26 画面平行光线

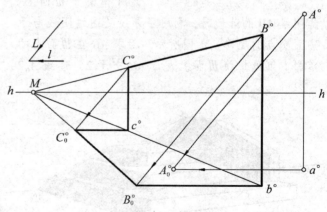

图 9-27 基本作图法

9.3.1.3 建筑形体的阴影

以下通过举例说明加绘建筑形体阴影的一般步骤。

例 9-10 加绘图 9-28 所示房屋外轮廓的阴影。

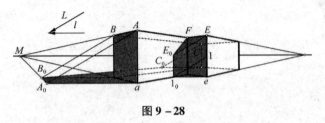

图 9-28

解 ①选定光线和方向，并确定房屋的阴面和阴线，图示阴线为 $aABCc$ 和 eEF。

②判断承影面，分别求各段阴线的落影。$aABCc$ 落影在地面，由基本作图法并根据直线的落影规律可求得各段阴线的落影。阴线 eE 在地面上的落影是水平线 $e1_0$。过折影点 1_0 作铅垂线，自 E 引光线相交于 E_0，则 1_0E_0 是 eE 在墙面上的落影。EF 与墙面交于 F，连 E_0F 是阴线 EF 在墙面上的落影。

③对画面进行适当润饰。用作图法求出的阴影轮廓是明暗界线分明的，而实际上建筑物表面的光影变化是复杂的，有明暗层次和退晕的渐变，为使形象生动逼真，应对图样进行润饰。润饰的原理和方法有待于相关课程的学习。

例 9-11 加绘图 9-29 所示台阶的阴影。

解 阴线 aA 是铅垂线，点 A 落影于Ⅲ面上。作阴线 AB 的落影时，利用了影线必通过阴线与承影面交点的规律。如图所示，为求 AB 在Ⅲ面上的落影。可设想将Ⅲ面扩大与 AB 交于 2，连线 A_02 上的一段 A_03，就是 AB 在Ⅲ面上的落影。同理将Ⅳ面扩大与 AB 交于 4，连 43 并延长，便得到 AB 在Ⅳ面上的落影 35。图中还利用点 C 在Ⅵ面扩大面上的虚影 C_0，求得折影点 9，作出 BC 在墙面上的落影 $9C$。其他阴线的落影画法如图所示。

例 9-12 加绘图 9-30 门洞的阴影。

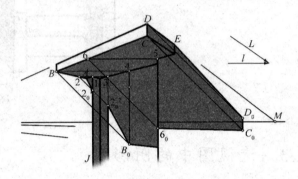

图 9-30

解 图中没有给出门洞的次透视，这时可利用光线在雨篷底面的次透视（也是水平线）来作图。如图 9-30 所示，求阴线 AB 的落影。过点 B 引水平线与门面上边线交于 4，过 4 引铅垂线与点 B 的光线交于 B_0，即为点 B 在门面上的落影。过墙棱线 $1J$ 的端点 1 作水平线与 AB 交于 2，与门面上边线交于 3，过 3 作铅垂线是墙棱 $1J$ 在门面上的落影。自 2 引光线分别与 $1J$ 及其在门面上的落影线交于 2_0^1 和 2_0^2。2_0^1 和 2_0^2 是一对过渡点对，连 $B_02_0^2$ 和 $A2_0^1$。即为 AB 在墙面和门面上落影。其他作图与此类似。

例 9-13 加绘图 9-31 所示灯柱在路面及边坡上的落影。

解 灯柱在路面落影是水平线。用基本作图法也可以求出灯柱在斜坡面上的落影，本例是先求出落影的灭点，然后加绘阴影。求落影的灭点要用到以下透视特性：包含直线的光平面灭线与承影面灭线的交点，是直线在该承影面上落影的灭点。

AB 是画面相交线，包含 AB 的光平面灭线一定要通过 AB 的灭点和光线的灭点，因画面平行光线没有灭点，故在画面平行光线下包含直线 AB 的光平面灭线是通过直线的灭点且平行于光线 L 的直线。过直线 AB 的灭点 M_4 作直线平行于光线，

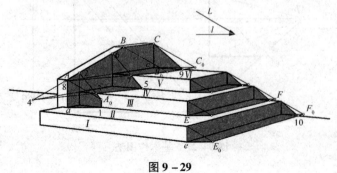

图 9-29

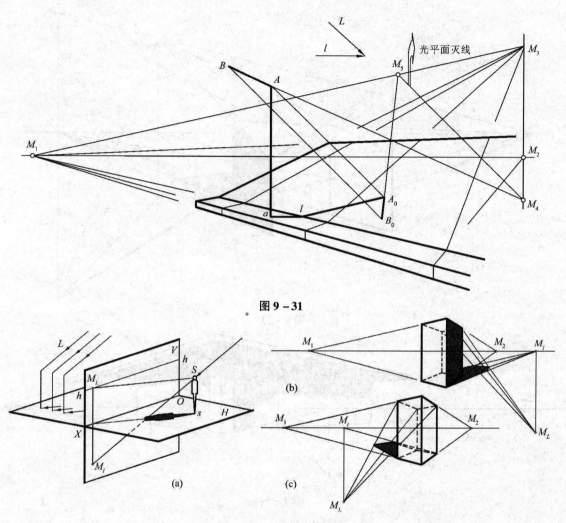

图 9-31

图 9-32 画面相交光线

与斜坡面的灭线 M_1M_3 交于 M_5，是落影的灭点。

aA 是铅垂线平行于画面，也没有灭点。包含 aA 的光平面与画面平行，落影也是画面平行线没有灭点。故 aA 在斜坡面上的落影只能与承影面灭线 M_1M_3 平行。

作图步骤如图所示，由折影点 1 作 $1A_0$ 平行于 M_1M_3，与过 A 引的光线交于 A_0。连接 A_0M_5，过 B 引光线与 M_5A_0 的延长线交于 B_0。

9.3.2 画面相交光线下的阴影

9.3.2.1 画面相交光线的透视特性

如图 9-32(a) 所示，光线与画面相交，光线的透视汇交于光线的灭点 M_L，光线的次透视汇交于视平线上光线的次灭点 M_l。M_L 和 M_l 的连线垂直于视平线。

画图时通常采用从观察者身后射向画面的光线，此时光线的灭点 M_L 在视平线之下。如图 9-32(b) 所示，光线来自身后左上方，M_LM_l 在主向灭点 M_1 和 M_2 的外侧，立体的两个主向立面，一为阳面，一为阴面。如图 9-32(c) 所示，光线来自身后右上方，M_LM_l 在主向灭点 M_1 和 M_2 之间，立体的两个主向立面均为阳面。

9.3.2.2 建筑形体的阴影

以下通过举例说明画面相交光线下加绘建筑

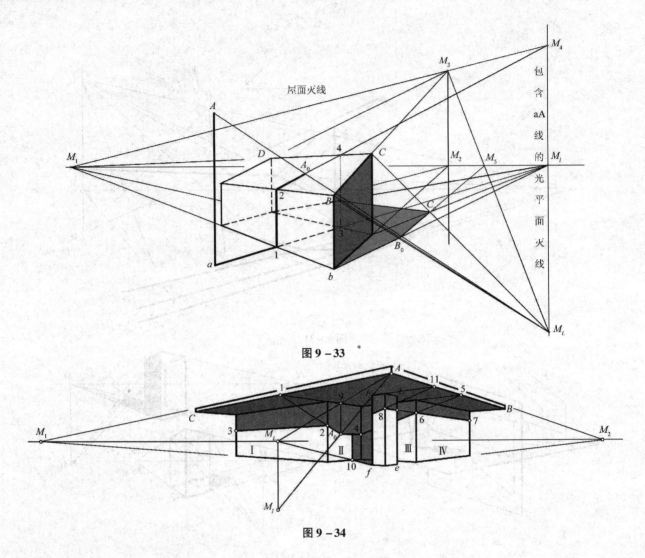

图 9-33

图 9-34

形体阴影的一般步骤。

例 9-14 已确定建筑上角点 B 在地面上的落影 B_0，加绘全部阴影（图 9-33）。

解 用画面相交光线加绘建筑形体的阴影，通常先根据需要确定建筑上某一角点在地面或在其他承影面上的落影。如图所示，连 bB_0 与视平线交于 M_l 是光线的次灭点，过 M_l 作铅垂线与 BB_0 交于 M_L 是光线的灭点。

然后按基本作图法加绘各段阴影的落影。立杆 aA 是铅垂线，在地面上的落影与光线次透视的方向一致，连 aM_l 与墙基线交于 1，作铅垂线 12 是立杆在墙面上的落影。aM_l 与后墙基线交于虚影点 3，过 3 作铅垂线与屋顶线交于 4，连 24，由 A 引光线 AM_L，与 24 交于 A_0，则 $2A_0$ 是立杆在斜屋面上的落影。

求立杆在屋顶面的落影还可以先求出落影的灭点。在画面相交光线下，包含直线的光平面灭线是通过直线的灭点和光线灭点的直线。因 aA 是铅垂线平行于画面没有灭点，故包含 aA 的光平面灭线通过光线的灭点 M_L 且平行于直线 aA。它与屋顶面灭线 M_1M_3 的交点 M_4 是落影的灭点，连 $2M_4$ 与 AM_L 交得 A_0。

用以上两种方法同样可求出房屋阴线在地面上的落影。如图所示，山墙斜线的灭点是 M_3，连线 M_3M_L 是包含直线 BC 的光平面灭线，它与视平线的交点 M_5 是山墙斜线在地面落影的灭点。

例 9-15 已确定角点 A 在墙面上的落影 A_0，加绘房屋的阴影（图 9-34）。

解 光线来自右上方，故阴线为 AB、AC、eE、fF。过 A_0 作铅垂线与墙顶边线交于 9，$A9$ 是光线在雨篷底面（也是水平面）上的次透视，延长 $A9$ 与视平线交于 M_1 是光线的次灭点。

求阴线 AC 的落影。将墙面 II 扩大与 AC 交于 1，连 $A_0 1$ 与墙棱线交于 2，连 $2M_1$ 与墙棱线交于 3。则 $A_0 2$ 和 23 是阴线 AC 在 I 和 II 墙面上的落影。同理可求出阴线 AB 在墙面 II、III、IV 上的落影。延长 67 与柱子棱线交于 8，延长 FE 与 AB 交于 11，连接 8、11 并延长，求得 AB 在柱面上的落影。

求柱子的落影。连接 fM_1，过折影点 10 作铅垂线，就是柱子阴线 fF 在地面和墙面上的落影，同理求 eE 的落影。

9.4 透视图中的倒影

在水面上可以看到物体的倒影，建筑及园林庭院的透视图上往往根据实际需要，画出这种倒影，以增强图像的真实感。

9.4.1 倒影的形成和规律

倒影的形成原理，就是物理上光的镜面成像的原理，即物体在平面镜中的像和物体的大小相等，互相对称。对称的图形具有如下的特点：

① 对称点的连线垂直于对称面——水面。
② 对称点到对称面的距离相等。

在透视图中求作一物体的倒影，实际上是画出该物体对称于反射平面的对称图形的透视。

如图 9-35 所示，河岸右边竖一电杆 Aa，当人站在河岸左边观看电杆 Aa 时，同时又能看到在水中的倒影 $A_0 a_0$。连视点 S 与倒影 A_0，SA_0 与水面交于 B，过 B 作铅垂线，就是水面的法线。AB 称入射线，AB 与法线的夹角称入射角；SB 称反射线，反射线与法线的夹角称为反射角。因入射角等于反射角，直角三角形 $\triangle Aa_1 B \cong \triangle A_0 a_1 B$，即 $Aa_1 = a_1 A_0$，a_1 为水面对称点。由此得到求倒影的作图步骤：

① 过点 A 作 Aa 垂直于水面（水平面），并得出 A 在水面上的投影 a_1。
② 在 Aa_1 的延长线上取 $A_0 a_1 = Aa_1$，所得 A_0 即为点 A 在水中的倒影。连接物体上各点的倒影即可求得物体在水中的倒影。

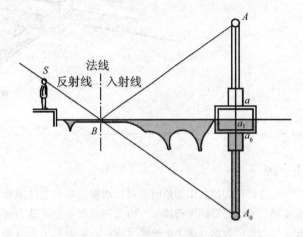

图 9-35 倒影的形成和规律

9.4.2 建筑形体在水中的倒影

在透视图中加绘水中倒影，实际上就是画出与建筑对称于水面的透视图形。

例 9-16 求作大门在水中倒影（图 9-36）。

解 先作河岸和台阶的倒影，$A_0 a_1 = a_1 A$，连 $A_0 M_1$ 和 $A_0 M_2$。作门洞墙角线 bB 的倒影时，先要求出它对水面的对称点 b_1。连 $M_2 b$ 与河岸交于 C，自 C 作铅垂线与水面交于 c_1，连 $c_1 M_2$ 与 Bb 交得 b_1。将 Bb_1 下延一倍得 B_0，连 $B_0 M_1$ 和 $B_0 M_2$ 画出门洞和屋面墙的倒影，注意河岸以下的倒影才可见。作门洞顶板的倒影时，延长 $M_2 B$ 与顶板下边线交于 E，过 E 作铅垂线与 $B_0 M_2$ 交得 E_0，即可完成顶板倒影的作图。

由作图可知：在透视图中建筑物和它的倒影其形状不完全相同，二者是对称图形的透视。事实上只有在静水中才能得到清晰的倒影。

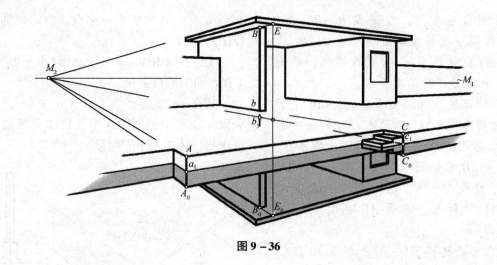

图 9-36

小　结

在投影图和透视图加绘阴影可以增强图形的立体感和真实感。直线落影的平行规律、相交规律和垂直线落影规律，是加绘阴影的基础。正投影图加绘阴影的常用光线是 45°光线，一般根据平面立体棱面的积聚性投影来判断立体的阳面和阴面并确定阴线。透视图加绘阴影的常用光线有画面平行光线和画面相交光线，需要根据光线的透视特性和投影方向判断立体的阳面和阴面以确定阴线。要熟练掌握在正投影图和透视图上加绘阴影的基本作图法。加绘立体阴影的作图步骤：先逐一判明立体的阳面和阴面，确定它们的阴线；分析各段阴线将落影于哪个承影面，各段阴线与承影面的相对位置；充分运用直线落影的规律和基本作图法求出各段阴线的落影——影线；最后在阴面和落影所包围的范围内均匀地涂上颜色。

思考题

1. 阴和影是怎样形成？两者之间有何关系？
2. 什么是点的落影？什么是虚影？
3. 直线落影的平行规律、相交规律、垂直线落影规律有哪些？
4. 什么是正投影图中的常用光线？具有哪些特征？
5. 正投影图中求作阴影的基本方法有哪些？加绘立体阴影的作图方法与步骤如何？
6. 如何判断平面图形的阳面和阴面？如何判断平面立体的阳面和阴面并确定阴线？
7. 圆的落影有哪些情况？圆落影为椭圆时如何确定其轮廓？如何求作圆柱和圆锥的阴影？
8. 画面平行光线和画面相交光线的透视及其次透视各有何特点？求作透视阴影时，如何确定光线的方向与倾角大小？
9. 在透视图中如何判断画面平行光线和画面相交光线下立体的阳面和阴面以便确定阴线？
10. 透视图加绘阴影的基本画法如何？加绘建筑形体阴影的步骤如何？
11. 在加绘透视图阴影的作图中，如何利用光线灭点的概念？
12. 试述倒影的形成过程和规律，求作倒影的作图实质是什么？如何作图？

第10章 园林建筑图

[**本章提要**] 园林中的建筑有厅、廊、榭、舫、接待室、展览馆、服务餐厅以及景墙、园门、花窗、花架等园林建筑小品,建造时要经过设计与施工两个阶段,设计时需要把想象中的建筑用图形表示出来,这种图形统称为建筑工程图。本章以房屋为主,介绍园林建筑工程图的内容和表达方法。

10.1 概 述

园林中的建筑大致可以分为风景游览建筑、庭园建筑、建筑小品和交通建筑等,园林建筑在园林景观的创造中起着点缀风景、观赏风景、围合庭院空间和组织游览路线的作用。园林建筑设计,首先是提出方案,画出初步设计图,然后在完成技术设计的基础上,绘制出施工图。初步设计图和施工图在图示原理和绘图方法上是一致的,只是在所绘制的图纸数量上,表达内容的深入程度上有所区别。本章以房屋为例,介绍园林建筑图的内容和绘制方法。

10.1.1 房屋的组成和作用

各种建筑物,虽然使用要求、空间组合、外形、规模等各不相同,并且由许多构件、配件和装修结构组成。根据其作用,构成建筑物的组成部分一般都包括基础、墙、柱子、梁、楼(地)板、屋顶、楼梯、门窗等,如图10-1所示。

① 起着支承载荷作用的构件,如基础、墙(或柱)、楼(地)面和梁等;

② 起着防侵蚀或干扰作用的围护构件,如屋面、雨篷和外墙等;

③ 起着沟通房屋内外及上下交通作用的构件,如门、走廊、楼梯、阳台和台阶等;

④ 起着通风、采光作用的部分,如窗、漏窗等;

⑤ 起着排水作用的部件,如天沟、雨水管和散水等;

⑥ 起着保护墙身和装饰作用的结构,如勒脚和防潮层、花饰等。

房屋施工图由于专业分工的不同,可分为:

① 建筑施工图(简称建施);

② 结构施工图(简称结施);

③ 设备施工图(如给排水、取暖通风、电气等,简称设施)。

一套房屋施工图一般应有:图纸目录、施工说明书、建筑施工图、结构施工图、设备施工图等组成。

从事园林建设的技术人员,不但要能够绘制设计图和施工图,同时还应看懂已经绘制的设计图和施工图。以便在设计过程中能够确定设计方案和审批方案,在施工过程中能够按照施工图把园林建筑建造起来。

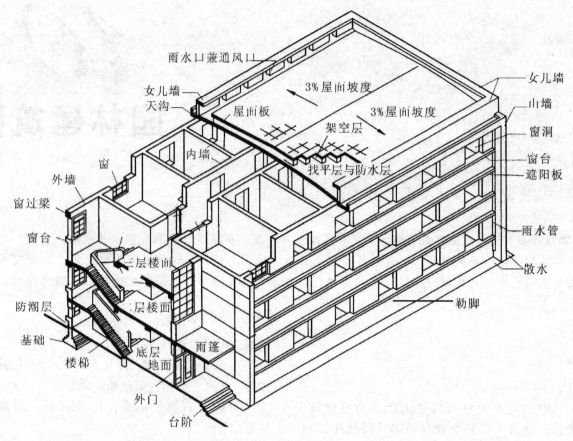

图 10-1 房屋的组成

10.1.2 建筑施工图的有关规定

建筑施工图是在确定建筑平、立、剖面初步设计的基础上绘制的，必须满足施工建造的要求。建筑施工图用于表示建筑物的总体布局、外部造型、内部布置、细部构造、内外装饰、施工要求以及一些固定设施等的图样，它必须与结构、设备施工图取得一致，并互相配合与协调。

建筑施工图主要用来作为施工放线，砌筑基础及墙身、铺设楼板、楼梯、屋顶、安装门窗、室内外装饰以及编制预算和施工组织计划等的依据。

建筑施工图一般包括施工总说明、总平面图、门窗表、建筑平面图、建筑立面图、建筑剖面图和建筑详图等图纸。施工总说明主要对图样上未能详细注明的用料和做法等的要求作出具体的文字说明。中小型房屋建筑的施工总说明一般放在建筑施工图内。

绘制建筑施工图除了要符合一般的投影制图原理，以及视图、剖面和断面等的基本图示要求外，应严格遵守《总图制图标准》GB/T 50103—2010 和《建筑制图标准》GB/T 50104—2010 中的有关规定。

(1) 定位轴线及其编号

建筑施工图中的定位轴线是施工定位，放线的重要依据。凡是承重墙、柱子等主要承重构件都应画上轴线来确定其位置，如图10-2所示。绘制建筑施工图，应先画定位轴线。

定位轴线采用细点画线表示，并编号。轴线的端部画细实线圆圈（直径8~10mm），编号写在圆圈内。定位轴线宜标注在图形的下方与左侧，横向编号采用阿拉伯数字，从左向右顺序编写；竖向编号采用大写拉丁字母，自下而上顺序编号。大写拉丁字母I、O、Z 3个字母不得用为轴线编

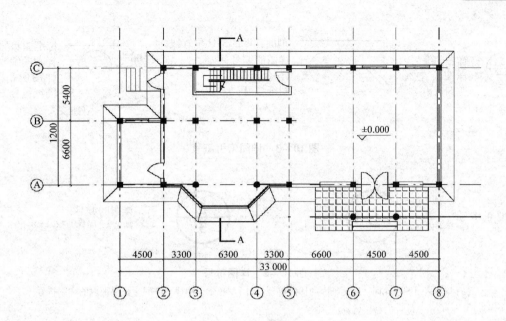

图 10-2　定位轴线的注写

号，以免与数字混淆。

组合较复杂的平面图定位轴线采用分区编号，编号的注写形式为"分区号——该分区编号"，分区号采用阿拉伯数字或大写拉丁字母表示。在两个轴线之间，如需附加分轴线，则编号可用分数表示；分母表示前一轴线的编号，分子表示附加轴线的编号，用阿拉伯数顺序编写。

(2) 尺寸和标高

建筑施工图的尺寸分为总尺寸、定位尺寸、细部尺寸 3 种。绘图时，应根据设计深度和图纸用途确定所需注写的尺寸。其中轴线定位尺寸是设计施工的重要依据，一般为房屋的"开间"和"进深"的尺寸，如图 10-2 所示。

标高是标注建筑物高度的一种尺寸形式，表明其各部分对标高零点(±0.000)的相对高程。标高符号的尖端应指至需标注高度的短横线。用来表明平面图中室内地面的标高，不画短横线，如图 10-2 所示。总平面图中或底层平面图中的室外整平地面标高用符号"▼"，标高数字注写在涂黑三角形的正上方，也可注在左面或上方。标高数字以米为单位，单体建筑施工图中注写到小数点后 3 位，在总平面图中则注写到小数点后 2 位。

标高有绝对标高和相对标高两种：

我国规定，把我国东部青岛市附近的黄海平均海平面定为绝对标高的零点，其他各地标高都以它作为基础。建筑的施工图除总平面图外，一般都采用相对标高，即把底层室内主要地坪标高定为相对标高的零点，并在建筑工程的总说明中说明相对标高和绝对标高的关系。

(3) 索引符号和详图符号

图样中的某一局部或某一构件的构造如需另画详图，在需要另画详图的部位标注索引符号，并在所画的详图上标注详图符号，二者对应以便查找相互有关的图纸。索引符号的圆和水平直径均以细实线绘制，圆的直径一般为 10mm，如图 10-3。详图符号的圆圈应画成直径为 14mm 的粗实线圆，如图 10-4 所示。

(4) 引出线

图样中某些部位由于图形比例较小，其具体内容和要求无法在图形中表达清楚时，常采用引出线标注或另画详图。引出线应采用细实线绘制，宜采用水平方向的直线，或采用与水平方向成 30°、45°、60°、90°的直线，经由上述角度再折为水平直线。文字说明宜注写在横线的上方或注写在横线的端部，如图 10-5。

索引详图的引出线应对准索引符号的圆心。如要引出剖面详图，应在剖切位置画一段剖切位置线(粗实线)，然后用引出线引出索引符号，引

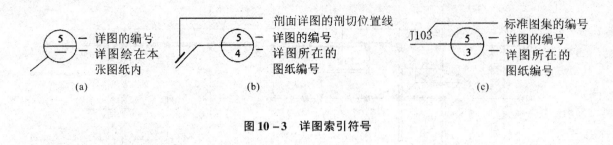

图 10-3 详图索引符号

图 10-4 详图符号
(a) 与被索引图样在同一张图纸内的详图符号　(b) 与被索引图样不在同一张图纸内的详图符号

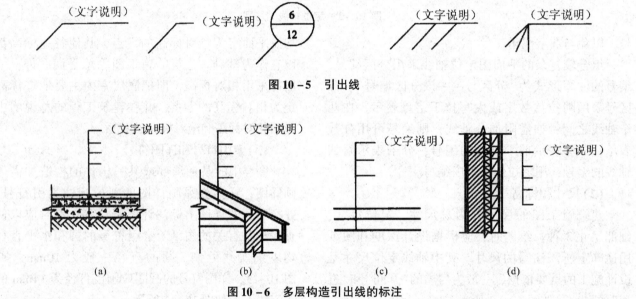

图 10-5 引出线

图 10-6 多层构造引出线的标注

出线所在位置的一侧为剖视方向,如图 10-3。同时引出几个相同部分的引出线,宜互相平行;也可绘成集中于一点的放射线,如图 10-5。

多层构造的共用引出线,应通过被引出的各层。文字说明注写在横线上方或横线的端部。说明的顺序应由上至下,并应与被说明的层次相互一致。如层次为横向排列,则由上至下的说明顺序应与由左至右的层次相互一致,如图 10-6。

(5)指北针及风玫瑰图

指北针的形状如图 10-7 所示,其圆的直径为 24mm,用细实线绘制。指针头部应注写出"北"或"N"字,指针尾部宽度宜为直径的 1/8(约 3mm)。

风玫瑰图是风向频率玫瑰图的简称,是根据当地多年平均统计的各个方位(一般用 12 个或 16 个罗盘方位表示)上吹风次数的百分率绘制而成。

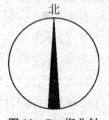

图 10-7 指北针

如图10-8。由各方位端点指向中心的方向为吹风方向，箭头指向北。实线范围表示全年风向频率；虚线范围表示夏季风向频率，按6、7、8这3个月统计。图示该地区全年最大风向频率为北风，夏季为东南风。

10.2 建筑施工图

10.2.1 建筑总平面图

10.2.1.1 建筑总平面图及应用

建筑总平面图是表明建筑物、构筑物及其他设施在一定范围的基地上布置情况的水平投影图，《总图制图标准》规定以含有±0.00标高的平面作为总图平面。如图10-9所示某校建筑总平面图，表明该校区是一处庭院园林式的建筑总体布置。

总平面图用以标明新建房屋、构筑物等的位置和朝向、占地范围、室外场地、道路系统、绿地的布置情况，地形、地貌、标高等以及与原有环境的关系和邻界情况等。建筑总平面图也是绘制地形设计图、绿化设计图、管线平面图的依据。

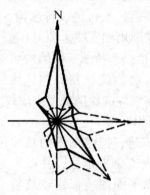

图10-8 风玫瑰图

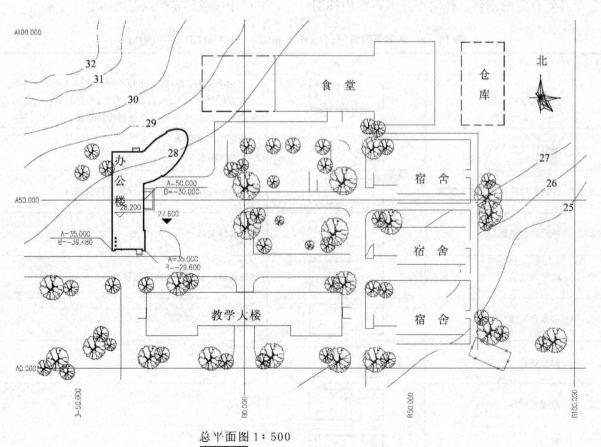

总平面图 1:500

图10-9 建筑总平面图

10.2.1.2 总平面图的一般内容

(1) 图名和比例

由于总平面图包括的范围较广，一般采用如 1:500、1:1000、1:2000 等较小比例绘制。

(2) 图例和图线

由于比例小，所绘图样采用建筑总平面图例表示，《总图制图标准》GB/T 50103—2010 规定了总平面图例的画法。为了使风景园林制图的常用图例图示规范化，参照总图制图标准，国家还颁布了行业标准《风景园林图例图示标准》CJJ 67—1995。常用建筑总平面图例画法及线型要求见表 10-1。

总平面图用图例来表明新建区、扩建或改建区的总体布置，表明各建筑物及构筑物的位置，道路、广场、室外场地和绿地等的布置情况以及各建筑物的层数等。对于《总图制图标准》中缺乏规定而需要自定的图例，必须在总平面图中注明其名称。

图 10-9 建筑总平面图中，用粗实线画出的图形是本期工程新建的办公大楼（新建建筑物 ±0.00 高度的可见轮廓线）。新建构筑物、道路、桥涵、围墙、露天广场等的可见轮廓线用中实线，新建的道路路肩、人行道、排水沟、树丛、草地、花坛的可见轮廓用细实线。原有（包括保留和拟拆除的）建筑、道路、桥涵、围墙的可见轮廓线用细实线，计划扩建的建筑物和构筑物、预留地、道路、桥涵、围墙等的轮廓线用中虚线。

(3) 尺寸和标高

为标明新建、扩建工程的具体位置，一般根据原有房屋或道路来定位，并以米为单位标注出定位尺寸。总平面图应标注建筑物、构筑物的定位轴线（或外墙面）或其交点的定位尺寸，圆形建筑物、构筑物的中心，皮带走廊的中线或其交点，道路的中线或其转折点等处的定位尺寸。

表 10-1 总平面图例（摘自 GB/T 50103—2010 和 CJJ 67—1995）

序号	名 称	图 例	说 明
1	新设计的建筑物		1. 比例小于 1:2000 时，可以不画出入口 2. 需要时可在右上角以点数（或字数）表示层数 3. 用粗实线表示（±0.000 处的建筑轮廓）
2	原有建筑物		1. 应注明拟利用者 2. 用细实线绘制
3	计划扩建的预留地或建筑物		用中粗虚线表示（粗虚线表示地下建筑物）
4	拆除的建筑物		用细实线表示
5	坡屋顶建筑		包括瓦顶、石片顶、饰面砖顶等
6	草顶建筑或简易建筑		
7	温室建筑		
8	敞棚或敞廊（柱廊）		
9	花 台		仅表示位置，不表示具体形态，也可依据设计形态表示
10	花 架		

(续)

序号	名 称	图 例	说 明
11	围墙及大门	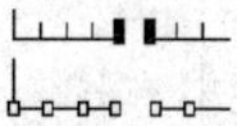	上图为实体性质的围墙，下图为通透性质的围墙。仅表示围墙时不画大门
12	栏 杆	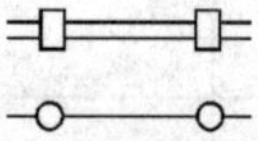	上图为非金属栏杆，下图为金属栏杆
13	坐 标	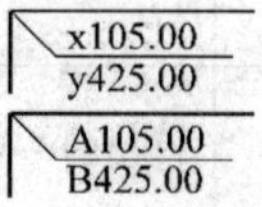 x105.00 y425.00 / A105.00 B425.00	上图表示测量坐标，下图表示建筑坐标
14	方格网交叉点标高	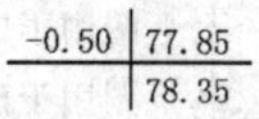 -0.50 | 77.85 / 78.35	"78.35"为原地形标高，"77.85"为设计标高，"-0.50"为施工高度，"-"表示挖方，"+"表示填方
15	喷 泉		
16	雕 塑		仅表示位置，不表示具体形态；也可依据设计形态表示
17	园 灯		
18	饮水台		
19	室内地坪标高	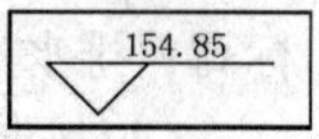 154.85	
20	室外整平标高	 143.00	
21	原有道路		
22	计划扩建的路		
23	铺装路面		
24	台 阶	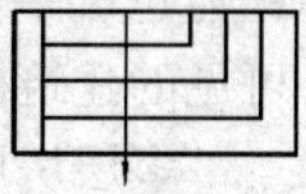	箭头指向表示向下
25	铺装场地	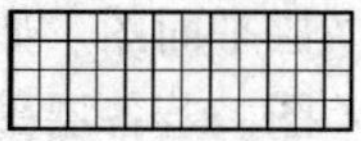	
26	车行桥	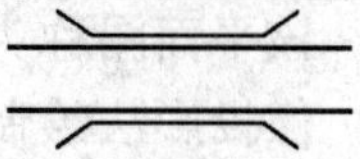	也可根据设计形态表示
27	人行桥	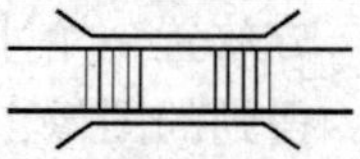	
28	亭 桥	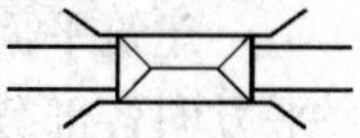	

(续)

序号	名称	图例	说明
29	铁索桥	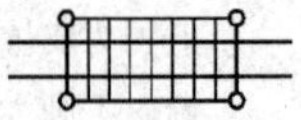	
30	涵洞	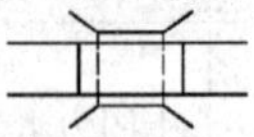	
31	护坡	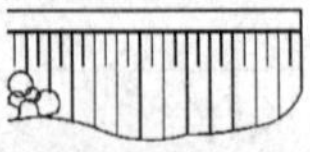	
32	挡土墙		凸出的一侧表示被挡土的一方
33	排水明沟	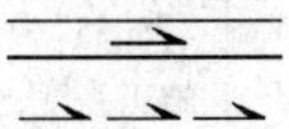	上图用于比例较大的图面 下图用于比例较小的图面
34	有盖的排水沟	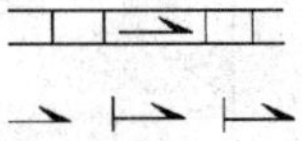	上图用于比例较大的图面 下图用于比例较小的图面
35	雨水井		
36	喷灌点		

当地面是起伏较大的地形，应画出地形等高线并用坐标网定位。目前已普遍使用"建筑坐标"，建筑坐标不仅服务于施工阶段，而是贯穿于从设计、施工到归档的全过程。坐标网用细实线表示，建筑坐标画成网格通线，坐标代号宜用"A、B"表示。测量坐标应画成交叉十字线，坐标代号宜用"X、Y"表示。坐标值为负数时，应注"-"号；为正数时，"+"号可以略。总平面图上有建筑和测量两种坐标系统时，应在附注中注明两种坐标系统的换算公式。

总平面图中房屋、道路和广场按图中所示的坐标方格网定位，标明建筑物、构筑物位置的坐标宜注3个角的建筑坐标，见表10-2。如建筑物、构筑物与坐标系统平行，可注其对角线。在一张图上，主要建筑物、构筑物用坐标网定位，较小的建筑物、构筑物也可以用相对尺寸定位。

总平面图中标高一般标注到小数点以后第二位，均为绝对标高。如果标注相对标高，则应注明相对标高与绝对标高的换算关系。在总平面图上，应注明新建房屋底层室内地面和室外整坪地面的绝对标高。通常为建筑物室内地坪，即标注建筑图中±0.00处的标高；室外场地平整标注其控制位置标高，铺切场地标注其铺切面标高。构筑物标注其有代表性的标高，可用文字注明标高所指的位置。道路标注路面中心交点及变坡点的标高，排水沟标注沟顶和沟底标高等。

（4）风向频率玫瑰图和指北针

表明本地区常年风向频率和房屋建筑的朝向。

10.2.2 建筑平面图

10.2.2.1 建筑平面图及应用

假想用水平剖切面在门窗洞口处剖开整幢房屋，移去上部分后向下俯视，所得到的全剖面图称为建筑平面图。图内应包括剖切面及投影方向可见的建筑构造，并注写房间的名称。

多层房屋若各层的平面布置不同，应画出各层平面图。如图10-10是某校办公大楼一层平面图。若各层平面布置相同，可用一个平面图表示，该平面图称为标准层平面图。顶棚平面图宜用镜像投影法绘制。镜像投影法是在水平剖切面的下方放置一个水平的镜面，然后从上向下观看镜面得到的图像，但应在图名后注写"镜像"二字。

建筑平面图主要表示建筑物的平面形状，水平方向各部分（如出入口、走廊、楼梯、阳台、房

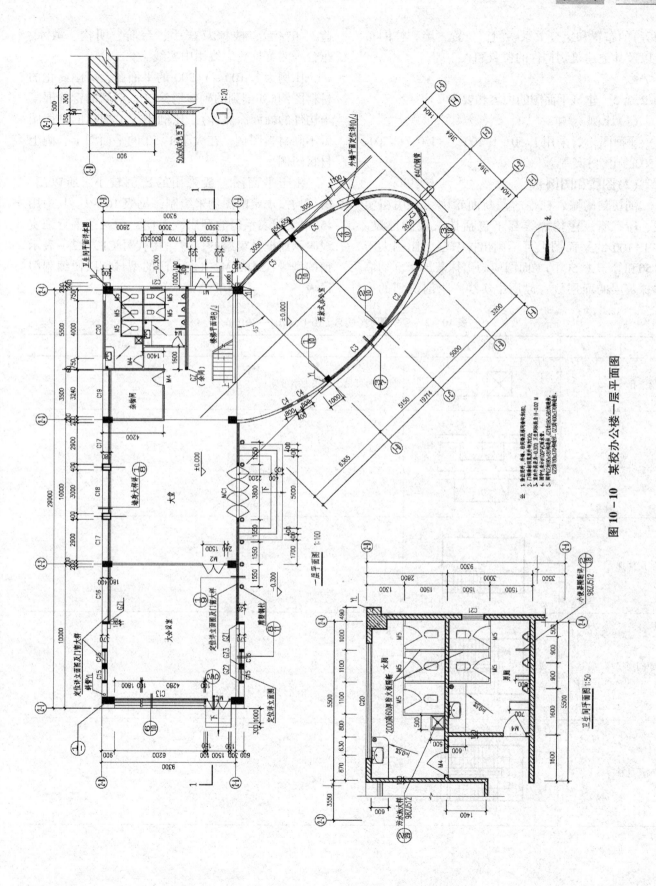

图 10-10 某校办公楼一层平面图

间等)的布置和组合关系、门窗位置、墙和柱的布置以及其他建筑物构件的位置和大小等。

10.2.2.2 建筑平面图的内容和要求

(1) 比例

平面图一般采用1:50、1:100、1:150、1:200、1:300的比例来绘制。

(2) 图线和图例

剖切到的墙、柱等的截断面轮廓线采用粗实线,所有墙、柱轮廓线都不包括抹灰层的厚度。在1:100的平面图上可不画出抹灰层,比例大于1:50和等于1:50的平面图应画出抹灰层,剖切墙体抹灰层的面层线一般用中实线。未剖切到的构造,如窗台、楼梯及扶手、台阶、明沟、散水、花台等的可见轮廓线用中实线。

比例为1:100~1:200的平面图,可画简化的材料图例(如剖到的砌体墙涂红、剖到的钢筋混凝土构件的断面涂黑等)。比例小于1:200的平面图可不画材料图例,在大于1:50的平面图上宜画上材料图例。

由于平面图一般采用的比例较小,所以门、窗等均按规定的图例来绘制,见表10-2。其中用45°中实线表示门的开启线方向,用两条平行细实线表示窗框及窗扇的位置。用代号C1,C2…表示窗的型号;M1,M2…表示门的型号,以便编制门窗表。

表10-2 建筑图例(摘自 GB/T 50104—2010)

名 称	图 例	说 明
检查孔		实线为可见,虚线为不可见
入口坡道	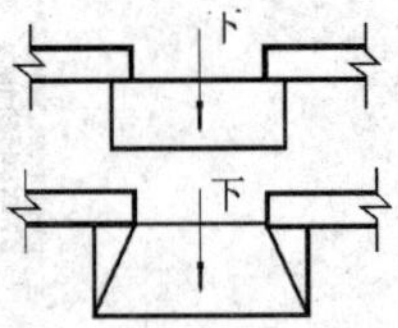	
底层楼梯	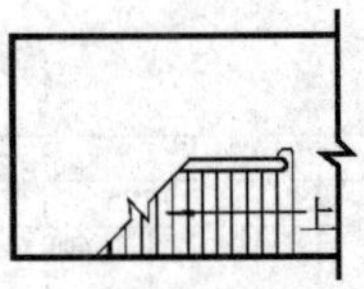	
中间层楼梯	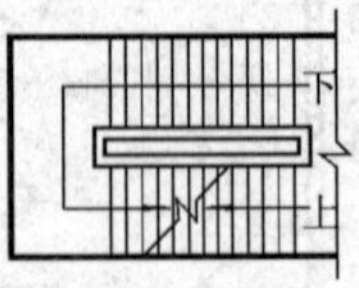	
顶层楼梯	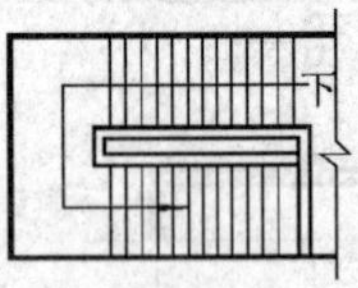	

（续）

名　　称	图　　例	说　　明
空门洞	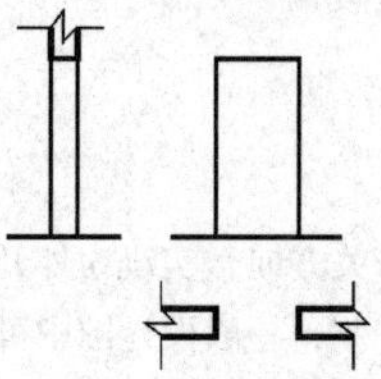	
单扇门（包括平开或单面弹簧）	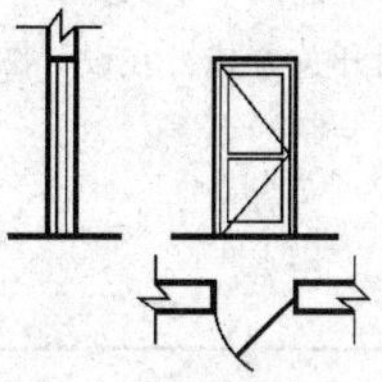	1. 门的代号用 M 表示 2. 剖面图中左为外，右为内；平面图中下为外，上为内 3. 立面图中开启方向线交角的一侧为安装铰链的一侧，实线为外开，虚线为内开 4. 平面图中开启弧线及立面图中的开启方向线在一般设计图上不需表示，仅在制作图中表示 5. 立面形式应按实际情况绘制
双扇门（包括平开或单面弹簧）	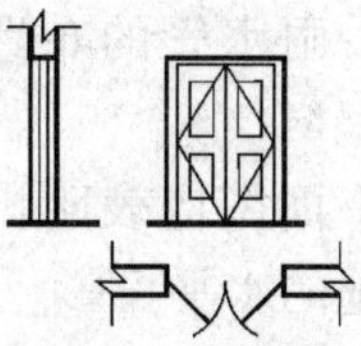	
单扇双面弹簧门	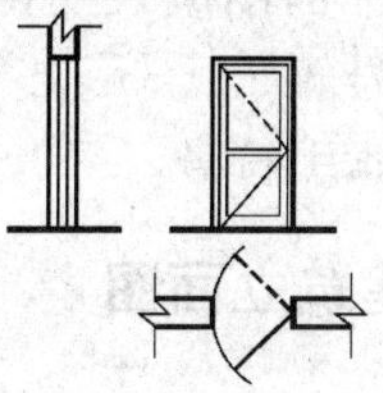	
双扇双面弹簧门	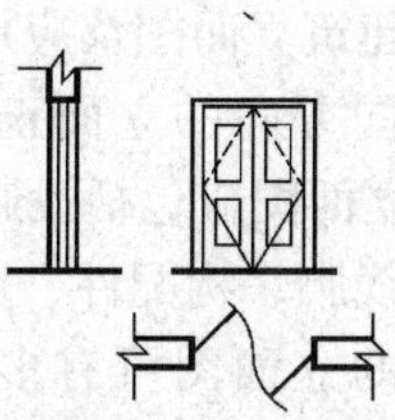	
单层固定窗	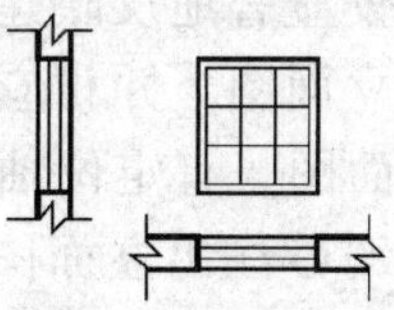	
单层外开上悬窗	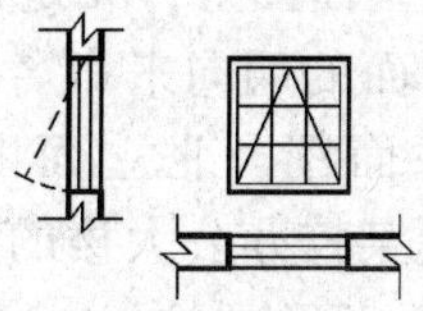	1. 窗的名称代号用 C 表示 2. 立面图中的斜线表示窗的开关方向，实线为外开，虚线为内开；开启方向线交角的一侧为安装铰链的一侧，一般设计图中可不表示 3. 剖面图中左为外，右为内；平面图中下为外，上为内 4. 平、剖面图中的虚线仅说明开关方式，在设计图中不需表示 5. 窗的立面形式应按实际情况绘制
单层中悬窗	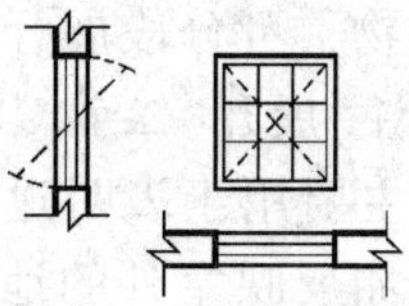	

(续)

名　称	图　例	说　明
单层外开平开窗	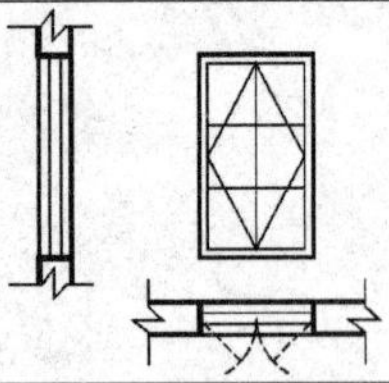	1. 窗的名称代号用 C 表示 2. 立面图中的斜线表示窗的开关方向，实线为外开，虚线为内开；开启方向线交角的一侧为安装铰链的一侧，一般设计图中可不表示 3. 剖面图中左为外，右为内；平面图中下为外，上为内 4. 平、剖面图中的虚线仅说明开关方式，在设计图中不需表示 5. 窗的立面形式应按实际情况绘制
单层内开平开窗		

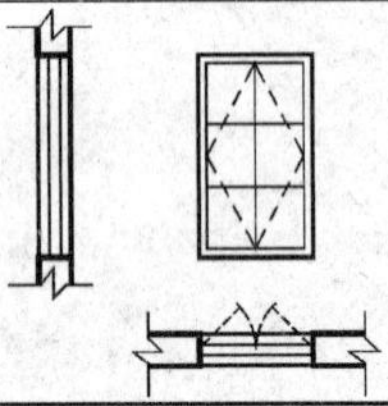

(3) 尺寸标注

在建筑平面图中，所有外墙一般应标注 3 道尺寸。第一道尺寸（最外一道）为外轮廓的总尺寸，表示建筑物（从一端外墙边到另一端外墙边）的总长或总宽度尺寸。第二道尺寸表明轴线间距，说明房间的开间和进深的尺寸，反映房间的大小及各承重构件的位置。第三道尺寸表示各细部的位置及大小，如表示门、窗洞宽和位置，墙垛、墙柱等的大小和位置，窗间墙宽等的详细尺寸。

此外还需标注出某些局部尺寸，如室内的门、窗洞、墙、柱和固定设备的大小、厚度和位置。注写室内外地坪、楼地面、地下层地面、阳台、楼梯平台、台阶等的完成面标高，一般以底层室内地面为标高零点。在底层平面图中，台阶（或坡道）、花池及散水等细部结构的尺寸可单独标注。

(4) 图示内容

①表明层次、图名、比例、定位轴线或分区的轴线及编号，底层平面图上绘出指北针，表示建筑物的朝向。

②房屋的平面形状、各层的平面布置情况和轴线定位尺寸、房间的分隔和组合、房间名称。

③墙、柱的断面形状、结构和大小，其他构配件的布置和必要尺寸。

④各种门、窗的位置、编号、门的开启方向。

⑤出入口、门厅、走廊、阳台、平台的布置，楼梯梯段的形式、走向和梯级数。

⑥地面、楼面、楼梯平台面、阳台、平台、台阶等处的标高。

⑦明沟、雨水管的布置，厕所、浴室内固定设施的布置。

⑧屋顶平面图应表明排水系统的布置和其他屋面以上设施的水平投影。

⑨底层平面图应表明剖面图的剖切位置、剖视方向和编号。

⑩详图索引符号。

10.2.3 建筑立面图

10.2.3.1 建筑立面图及应用

房屋不同方向的立面正投影图，称为建筑立面图。建筑立面图应包括投影方向可见的建筑外轮廓线和墙面线脚、构配件、墙面做法等。

建筑物的立面图可有多个，通常把反映主要出入口或比较显著地反映建筑物的外貌特征的立面图作为正立面图，并相应地确定其背立面图和左、右侧立面图。有定位轴线的建筑物可根据两端定位轴线编号注出立面图名称，如①—⑦立面图或⑦—①立面图等；无定位轴线的立面图也可按平面图各面的朝向来命名，如东立面图、南立面图、西立面图、北立面图等。如图 10 – 11、图 10 – 12 是某校办公大楼的立面图。平面形状曲折的建筑物，可绘制展开立面图；圆形或多边形平面的建筑物，可分段展开绘制立面图，但均应在图名后加注"展开"二字。

立面图主要用于表明建筑物的外貌和立面装修的做法，如反映室外的地坪线、房屋的勒脚、

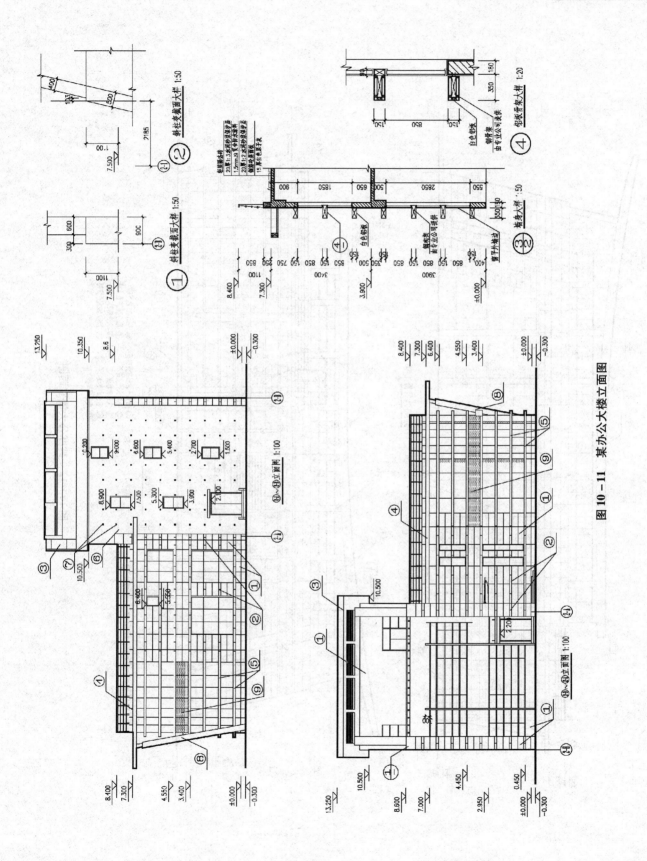

图 10-11 某办公大楼立面图

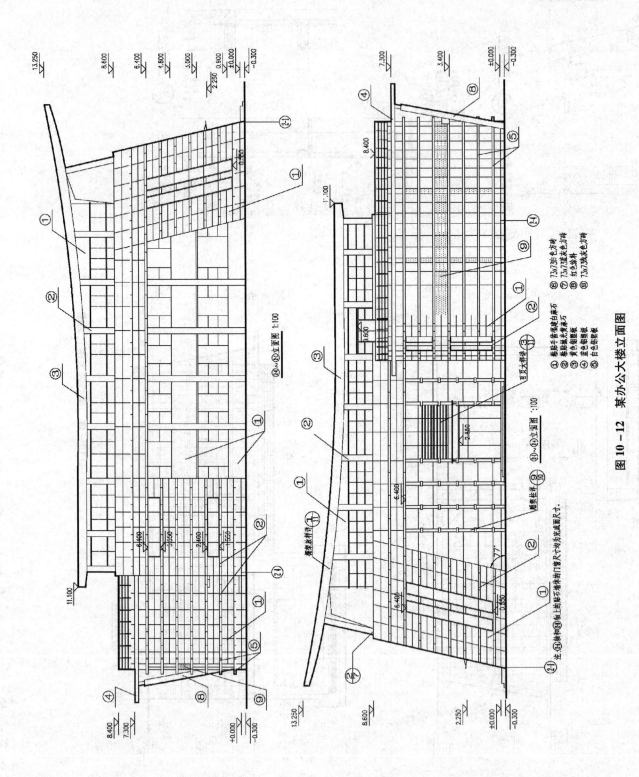

图10-12 某办公大楼立面图

台阶、花台、门、窗、雨篷、阳台、室外楼梯、墙、柱及墙面分格线或其他装饰构件等的形式和位置。如果建筑立面上的外部材料和做法，细部的花饰、装饰结构等，在立面图上不能表示清楚，另外绘出相应的详图。

10.2.3.2 建筑立面图的内容和要求
（1）比例

建筑立面图通常采用与建筑平面图相同的比例绘制。

（2）图线和图例

屋面和外墙的最外轮廓线采用粗实线，窗台、门窗洞、檐口、阳台、雨篷、柱、台阶、勒脚线和花池等轮廓线用中实线，门窗扇、栏杆、雨水管和外墙面分格线采用细实线，地坪线采用加粗实线（1.4b）。

立面图用图例和文字说明外墙面的装修材料及做法。立面图上的门、窗等构造按《建筑制图标准》规定的图例绘制，如表10-2所示。立面图中门、窗的斜线表示开关方向，实线为外开，虚线为内开；开启方向线交角的一侧为安装铰链的一侧。

在建筑物立面图上，相同的门窗、阳台、外檐装修、构造做法等可在局部重点表示，绘出其完整图形，其余部分只画轮廓线。外墙表面分格线应表示清楚，应用文字说明各部位所用面材及色彩。

（3）标高和尺寸

立面图一般不标注线性尺寸，只标注完成面的标高。标高注在引出线上，符号排列对齐。一般注在图形外的左侧，若建筑物立面左右不对称时，左右两侧均应标注。相邻的立面图宜绘制在同一水平线上，图内相互有关的尺寸及标高，宜标注在同一竖线上。

建筑立面图宜标注室内外地坪、楼地面、地下层地面、阳台、平台、檐口、屋脊、女儿墙、雨棚、门、窗、台阶等处的标高。其中楼地面、地下层地面、阳台、楼梯平台、檐口、屋脊、女儿墙、台阶等处标注完成面的标高。完成面标高是包括粉刷层在内的装饰完成后的表面标高，也称建筑标高。不包括粉刷层的标高称结构标高，雨篷底面、门窗洞上下口应标注结构标高。平屋面等不易标明建筑标高的部位可标注结构标高，并予以说明。结构找坡的平屋面，屋面标高可标注在结构板面最低点，并注明找坡坡度。有屋架的屋面，应标注屋架下弦搁置点或柱顶标高。

如果需要标注线性尺寸，可标注高度方向完成面的两道尺寸：一道是房屋的总高度，另一道是门窗高度和门窗间墙的高度，以及墙面分格线、装饰构造等的高度等，为预算工程量和考虑施工方法提供依据。外墙预留洞口除应标注标高外，还应标注出大小及定位尺寸。

（4）图示内容

①表明图名、比例、两端的定位轴线或分段的轴线及编号。

②反映房屋的外部造型，外墙面、阳台、雨篷，以及勒脚和其他线脚的装修材料、色彩和做法。

③门、窗、窗台的形状、位置及其开启方向。

④屋顶的形式以及其他构配件，如檐口、落水管、雨篷、阳台、花池、台阶所在立面位置和形式、做法要求。

⑤建筑物的总高度和外墙的各主要部位的标高。

⑥各部分构造、装饰节点详图的索引符号及墙身剖面图的位置。

10.2.4 建筑剖面图

10.2.4.1 建筑剖面图及应用

假想用一个或多个铅垂剖切平面在适当位置将房屋剖开，移去观察者与剖切平面之间的部分后投影，所得的剖面图称为建筑剖面图。建筑剖面图内应包括剖切面和投影方向可见的建筑构造、构配件，如图10-13是某校办公大楼的1-1剖面图。

剖面图的剖切部位，应根据图纸的用途或设计深度，在平面图上选择能反映全貌、构造特征以及有代表性的部位剖切。如选择内部结构、构造比较复杂和典型的部位，通过门窗洞的位置、多层建筑的楼梯间或楼层高度不同的部位。剖面

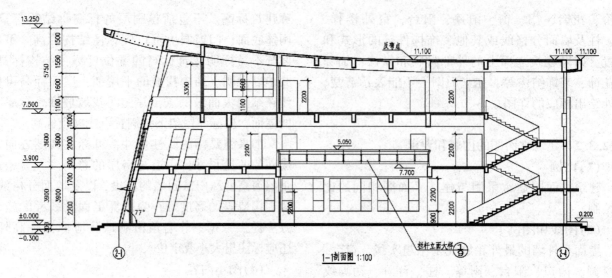

图 10-13　某办公大楼 1-1 剖面图

图的图名应与平面图上所标注的剖切符号的编号一致。

建筑剖面图主要表示建筑内部的空间布置、分层情况，结构、构造的形式和关系，装修要求和做法，使用材料及建筑各部位高度（如房间的高度、室内外高差、屋顶坡度、各段楼梯的位置）等。

剖面图与平面图、立面图相互配合，作为施工的重要依据，是不可缺少的重要图样。

10.2.4.2　建筑剖面图的内容和要求

(1) 比例

建筑剖面图通常采用与建筑平面图相同的比例绘制。

(2) 图线和图例

在建筑剖面图中，被剖到的截断面轮廓线，如墙身、地面层、楼板层、屋面层、各种梁、女儿墙及压顶（或挑檐）、雨篷、楼梯等，采用粗实线表示。未被剖切到的可见部分轮廓线，如墙面凹凸、门、窗、梁、柱、楼梯栏杆和扶手、台阶、阳台、雨篷等，采用中实线表示。门窗扇和未剖到的墙面踢脚线等用细实线。室内外的地坪线采用加粗实线（1.4b）表示。习惯上剖面图不画出基础，在基础墙部位用折断线断开，基础部分由结构图中的基础图表示。

剖面图与平面图一样，其抹灰层、楼地面、材料图例的省略画法，应符合下列规定：

比例大于 1∶50 的剖面图，应画出抹灰层与楼地面、屋面的面层线，并宜画出材料图例；比例等于 1∶50 的剖面图，宜画出楼地面、屋面的面层线，抹灰层的面层线应根据需要而定；比例小于 1∶50 的剖面图，可不画出抹灰层，但宜画出楼地面、屋面的面层线；比例为 1∶100～1∶200 的剖面图，可画简化的材料图例（如砌体墙涂红、钢筋混凝土涂黑等），但宜画出楼地面、屋面的面层线；比例小于 1∶200 的剖面图，可不画材料图例，剖面图的楼地面、屋面的面层线可不画出。剖切墙体抹灰层与楼地面、屋面的面层线用中实线。

(3) 尺寸和标高

在剖面图中必须标注高度方向的尺寸。建筑物外部围护结构应标注出 3 道尺寸：最外侧的第一道为室外地面以上的总尺寸，若为坡屋面则为室外地坪面到檐口底面的尺寸，若为平屋面则为室外地坪面到女儿墙的压顶或檐口的上平面的尺寸；第二道尺寸为楼层高尺寸，即底层地面至二楼楼面和以上各层楼面到上一层楼面，顶层楼面到檐口处屋面等，以及室内外地面高差尺寸；第三道为门、窗洞及洞间墙的高度尺寸。此外，还应标注出某些局部尺寸，如室内内墙上的门、窗洞和设备等的位置和尺寸，某些不另画详图的构建如楼梯栏杆的高度尺寸,屋檐和雨篷的挑出尺寸等。

在剖面图中宜应标注室内外地坪、楼地面、地下层地面、阳台、楼梯平台、檐口、屋脊、女儿墙、雨篷、门、窗、台阶等处的标高。其中室内外地坪、楼地面、阳台、平台、檐口、屋脊、女儿墙、台阶等处应注写完成面标高,门窗洞上下口、雨篷底面、某些梁的底面(楼梯梁、圈梁、门过梁等)注写结构标高。在标注剖面图中的尺寸和标高时应注意与平面图和立面图一致。

建筑物的地面、楼面和屋面等常采用多层材料,在剖面图中用多层引出线,按构造的层次顺序,逐层用文字说明其构造、材料和做法。对于较复杂的装修,还应该画出相应的详图(如外墙身详图)。这时在剖面图中应该注出详图的索引符号。

对于建筑的倾斜部位,如屋面、散水、排水沟和出入口的坡道等,应该注写出坡度以表示倾斜的程度。

(4)图示内容

①表明图名、比例、外墙的定位轴线。
②剖到的室内外地面、楼板层、屋顶层、内外墙、楼梯梯段及休息平台、台阶、雨篷、阳台,门窗以及门窗过梁、圈梁、檐口等的形状和位置。
③未剖到的可见部分的形状和位置。
④房屋各层的标高和高度方向的尺寸。
⑤构造、装饰详图索引标志。
⑥用料和做法说明。

10.2.5 建筑详图

10.2.5.1 建筑详图及应用

房屋的细部构造和构配件需要用较大的比例将其形状、大小、材料和做法详细画出来,这种图样称为建筑详图。

构造简单的节点,如墙身可以用一个(或一组)局部剖面图来表达,如图10-14墙身详图。构造复杂的构配件,如楼梯需要用一组视图、剖面图和详图来表达。对于套用标准图或通用详图的建筑构配件和节点,只要注明所套用图集的名称、型号或页码,不必再绘制详图。

建筑详图主要有:外墙剖面节点详图、楼梯详图、走廊栏杆详图、门庭花饰装修详图、门窗详图等。以上详图从表达内容和画法上大体可以分为两类:建筑构配件详图、建筑构造详图。如图10-15是某校办公大楼的墙身大样及楼梯详图。

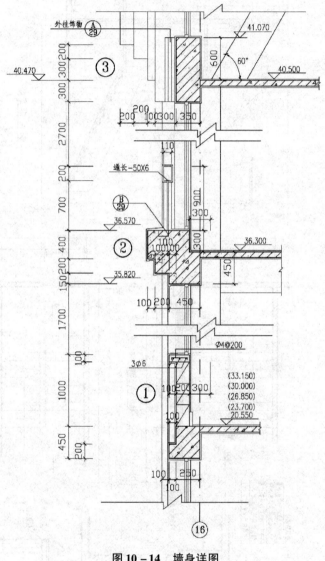

图10-14 墙身详图

10.2.5.2 建筑详图的内容和要求

(1)比例

建筑详图的比例一般选用1:1、1:2、1:5、1:10、1:15、1:20、1:25、1:30、1:50等,具体根据图样的复杂程度和表达的细部和构配件的大小决定。

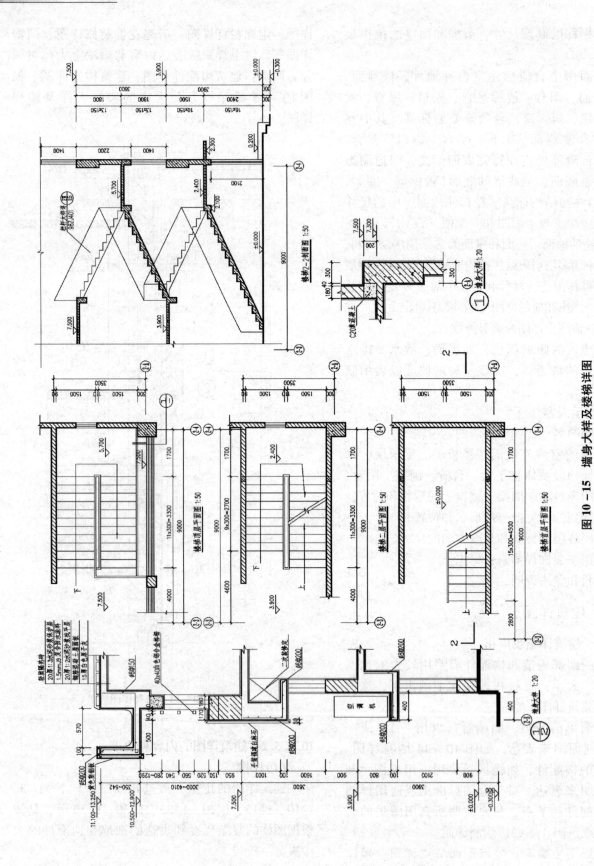

图 10-15 墙身大样及楼梯详图

(2)建筑详图的要求

建筑详图对建筑细部和构配件的表达要求做到：图形准确清晰，尺寸标注齐全，文字说明详尽。

建筑构配件详图的外轮廓线用粗实线，建筑构配件详图和建筑构造详图的一般轮廓线用中实线。建筑构造详图被剖切到的断面轮廓线用粗实线，未被剖切到的轮廓线用中实线，用中实线表示抹灰层的面层线。图样要画出材料图例。

详图应注写完成面标高及高度方向的尺寸，构件的定位或轴线尺寸，构件的大小尺寸和详细的构造尺寸等。在详图中标注尺寸应注意将抹灰层、面层的尺寸与结构的尺寸分开注写，分层结构用引出线标注各层的名称和厚度。

详图可以与有关视图画在同一张图纸上，也可以画在不同的图纸上。为便于查找，凡需要画详图的部位应标注详图索引符号，在所画详图的下方应标注详图符号，为了表达清楚还可写明详图名称。

建筑构配件详图，一般只需在所绘制的详图上写明该构件的名称或型号，不必在平、立、剖面图中标注索引符号。

(3)建筑详图的内容

①详图的名称、比例、定位轴线、详图符号及需要另画详图的索引符号。

②建筑构配件的形状、大小和详细构造尺寸，建筑构配件与其他构配件的构造、连接或层次有关的详细尺寸或标高。

③详细注明构配件或构造层次的用料、做法、颜色和施工要求等。

④对有特殊设备的房间，如实验室、浴室、厕所等，应绘制详图表明固定设备的位置、结构、尺寸和安装方法等。

⑤对有特殊装修的房间，如吊平顶、花饰、木装修、大理石贴面等，应绘制装修详图，表示结构、材料、施工方法与装修方法等。

⑥建筑局部构造和构配件，如外墙身剖面、屋面坡面、屋面顶面、楼梯、雨篷、台阶、阳台等，应绘制构造详图和构配件详图，表示形状、结构、构造、尺寸、材料、施工方法与要求等。

⑦园林建筑小品，如花窗、隔断、铺地、汀步、栏杆、坐凳、雕塑、桥涵和园灯等，应绘制出详图表示造型、结构、构造、尺寸、材料、施工要求等。

10.3 结构施工图

在房屋设计中，表示各承重构件(基础、承重墙、柱子、梁、板、屋架等)的布置、材料、形状、大小、内部构造、相互连接和施工要求等结构设计的图样称为结构施工图。绘制结构施工图必须遵守《建筑结构制图标准》GB 50105—2010 的有关规定。

房屋中起承重和支撑作用的构件，按一定的构造和连接方式组成房屋的结构体系。房屋结构由地下结构和上部结构两部分组成，地下结构主要有基础和地下室，上部结构通常由墙体、柱子、梁、板、屋架等组成。房屋结构按房屋承重构件所用的材料又可分为：钢筋混凝土结构、钢结构、木结构、砖石结构和两种材料以上的混合结构等。本节主要介绍钢筋混凝土结构施工图。

结构施工图一般包括有：结构设计说明、结构布置图和结构详图。

房屋的结构布置图主要有基础平面图、楼层结构平面图和屋面结构平面图等。结构详图包括构件详图、节点详图、基础详图等。

结构施工图是构件制作、安装和指导施工的依据。

10.3.1 钢筋混凝土结构的基本知识

10.3.1.1 混凝土的标号和钢筋的等级

混凝土是将水泥、石子、沙和水，按一定的比例配合挠捣而形成。混凝土承受压力的强度(称抗压强度)很高，但受拉强度差。在混凝土受拉区域内配置一定数量的钢筋，共同承受外力，这种配有钢筋的混凝土构件，称为钢筋混凝土构件。

混凝土按抗压强度分为：C7.5、C10、C15、C20、C25、C30、C35、C40、C45、C50、C55、C60 共 12 等级。如 C20 表示其抗压强度为

$20N/mm^2$。

钢筋有光面圆钢筋和变形钢筋。建筑用钢筋,按其产品种类等级不同,分别给予不同的代号,以便标注及识别:Ⅰ级钢筋(3号光圆钢筋)Φ,Ⅱ级钢筋(如16锰人字纹钢筋)Φ,Ⅲ级钢筋(如25锰硅人字纹钢筋)Φ等。

钢筋混凝土构件在工程现场就地浇制,称为现浇钢筋混凝土构件;在工厂(场)预制好运到现场安装,称为预制钢筋混凝土构件。在制作构件时,预先给钢筋施加一定的拉力,以提高构件的强度,称为预应力钢筋混凝土构件。

10.3.1.2 钢筋混凝土构件的配筋构造

图10-16所示为钢筋混凝土构件的配筋构造示意图。配置在钢筋混凝土结构中的钢筋,按其作用可分为下列几种:

(1)受力筋

受力筋是指承受拉、压应力的钢筋。用于梁、板、柱等各种钢筋混凝土构件。梁及板的受力筋又分为直筋与弯筋两种。

(2)箍筋

箍筋指承受剪力或扭力的钢筋,并固定受力筋的位置。一般用于梁、柱中。

(3)架立筋

架立筋指用于固定梁中箍筋的位置,以构成梁中钢筋骨架的钢筋。

(4)分布筋

分布筋指用于屋面板、楼板内与板的受力筋

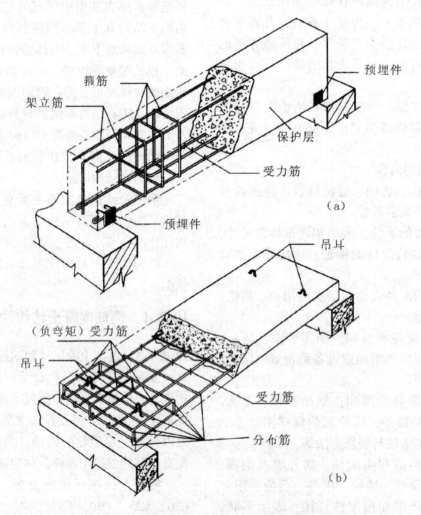

图10-16 钢筋混凝土构件的构造示意图
(a)梁的构造示意图 (b)预制板的构造示意图

垂直布置，将承受的重量均匀地传给受力筋，并固定受力筋的位置，以及抵抗热胀冷缩所引起的温度变形的钢筋。

(5) 构造筋

构造筋是指因构件的构造要求和施工安装需要配置的钢筋。如腰筋、预埋锚固筋、吊环等。上述架立筋和分布筋也属于构造筋。

如果受力筋采用带纹钢筋，它与混凝土的黏结力强，两端不必做出弯钩。若用光圆钢筋，则两端要做出弯钩。钢筋端部的弯钩有两种形式：半圆弯钩与直弯钩(图10-17)。

为了保护钢筋，加强钢筋与混凝土的黏结力，在构件中的钢筋外面需留有保护层。保护层的最小厚度：梁和柱受力筋25mm；墙和板受力筋10mm(截面厚度≤100mm)或15mm(截面厚度>100mm)；基础受力筋有垫层时35mm，无垫层时70mm；梁和柱的箍筋15mm；墙和板的分布筋10mm。

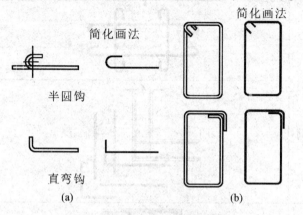

图10-17 钢筋和钢箍的弯钩
(a)钢筋的弯钩 (b)钢箍的弯钩

10.3.2 钢筋混凝土结构详图

10.3.2.1 钢筋的图例画法和标注

在结构详图中用粗线表示钢筋，用黑圆点表示钢筋的横断面。钢筋的常用图例见表10-3，钢筋的画法见表10-4。

表10-3 常用钢筋图例(摘自GB/T 50105—2010)

序号	名 称	图 例	说 明
1	无弯钩的钢筋端部		下图表示长短钢筋投影重叠时可在短钢筋的端部用45°斜划线表示
2	带半圆形弯钩的钢筋端部		
3	带直钩的钢筋端部		
4	带丝扣的钢筋端部		
5	无弯钩的钢筋搭接		
6	带半圆弯钩的钢筋搭接		
7	带直钩的钢筋搭接		
8	套管接头花兰螺丝		

表10-4 钢筋的画法(摘自 GB/T 50105—2010)

序号	说　明	图　例
1	在平面图中配置双层钢筋时，底层钢筋弯钩应向上或向左，顶层钢筋则向下或向右	
2	在立面图中配双层钢筋的墙体，远面钢筋的弯钩应向上或向左，近面钢筋而向下或向右	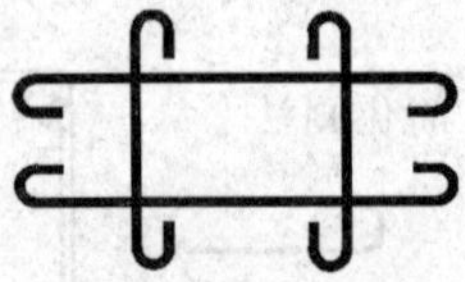
3	在断面图中，不能表示清楚钢筋布置，应在断面图外面增加钢筋大样图	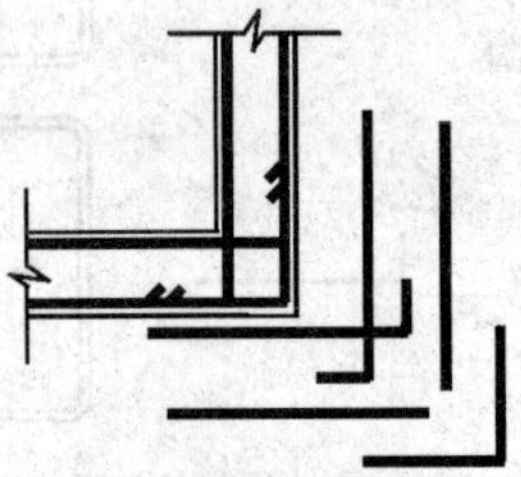
4	图中所表示的箍筋如布置复杂，应加画钢筋大样及说明	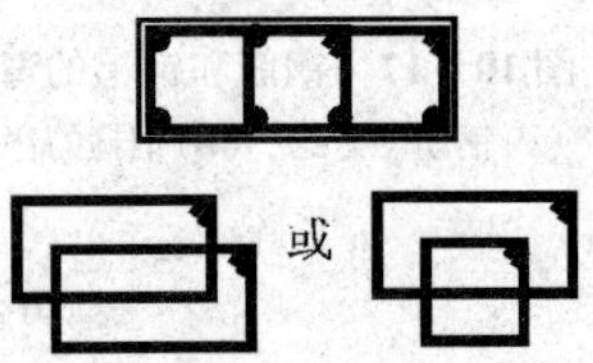
5	每组相同的箍筋、分布筋可以用粗实线画出其中一根来表示，用一横穿的细线表示其余的钢筋，两端用斜短划表示该号钢筋的起止范围	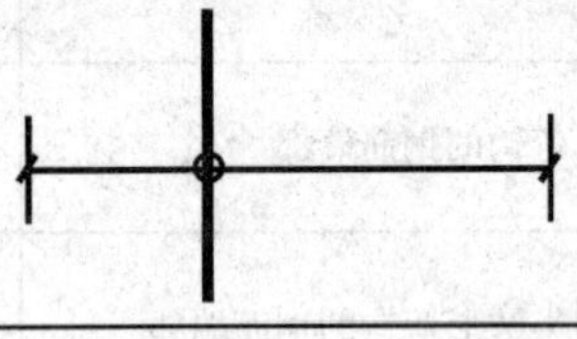

构件内的各种钢筋用引出线予以编号，编号采用阿拉伯数字，写在直径为6mm的细线圆圈中。钢筋的标注方法，有两种形式：

（1）标注钢筋的根数和直径，如梁、柱内的受力筋和梁内的架立筋。

如②2φ16，表示第2号钢筋共2根，是Ⅰ级钢筋，直径是16mm。

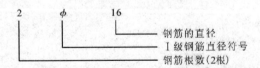

（2）标注钢筋的直径和相邻钢筋的中心距，如梁、柱内的箍筋和板内的各种钢筋。

如②φ10@200，表示第2号钢筋是Ⅰ级钢筋，直径是10mm，相邻两钢筋的中心距为200mm。

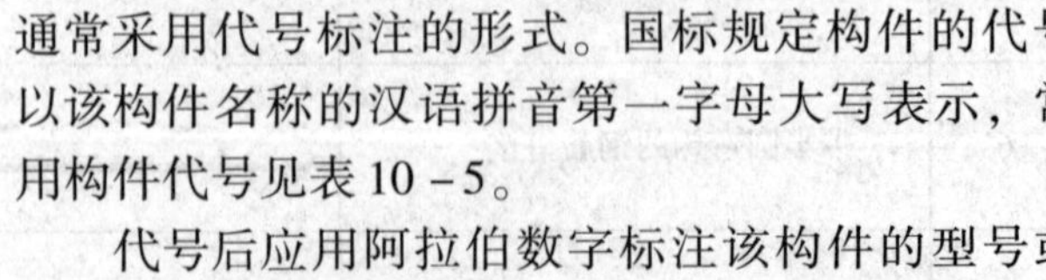

10.3.2.2 构件的代号和标注方法

在结构施工图中，为了简明扼要地标注构件，通常采用代号标注的形式。国标规定构件的代号以该构件名称的汉语拼音第一字母大写表示，常用构件代号见表10-5。

代号后应用阿拉伯数字标注该构件的型号或编号，也可为构件的顺序号。构件的顺序号采用不带角标的阿拉伯数字连续编排。

如$2L_{501}$(200×500)，表示二层第5号的第1跨度梁，梁宽为200mm，高为500mm。

如8Y-KB36-2A，表示预制钢筋混凝土结构板,共8块预应力空心板,板的跨度(长度)为3600mm,板宽度为600mm,荷载为1.5kPa。"2"是板的宽度代号,板的宽度有1200、600、500共3种,分别以"1""2""3"为代号;"A"为活荷载代号,活荷载分1.5、2.0、2.5、3.0kPa 4级,对应以"A""B""C""D"为代号。

表10-5 常用构件代号(摘自GB/T 50105—2010)

序号	名称	代号	序号	名称	代号	序号	名称	代号
1	板	B	11	梁	L	21	柱	Z
2	屋面板	WB	12	圈梁	QL	22	构造柱	GZ
3	空心板	KB	13	过梁	GL	23	基础	J
4	楼梯板	TB	14	连系梁	LL	24	设备基础	SJ
5	密肋板	MB	15	基础梁	JL	25	屋架	WJ
6	檐口板	YB	16	楼梯梁	TL	26	檩条	LT
7	墙板	QB	17	层面梁	WL	27	雨篷	YP
8	天沟板	TGB	18	框架梁	KL	28	阳台	YT
9	沟盖板	GB	19	钢筋网	W	29	梯	T
10	挡土墙	DQ	20	预埋件	M	30	地沟	DG

10.3.2.3 结构详图

构件详图是表示单个构件的形状、尺寸、材料、构造及工艺的图样,非定型的预制和现浇构件都必须绘制构件详图,如梁、板、柱、基础、屋架和楼梯等详图。节点详图表示构件的细部节点、构件间的连接节点等详细构造的图样,是对构件详图尚未表达清楚的细部和连接构造的补充,因而将构件详图和节点详图统称为结构详图。

主要表示钢筋混凝土构件配筋情况的图样,称为配筋图。结构详图常常采用配筋图画法。制图标准规定在配筋图中假设构件为透明体,钢筋用粗实线表示,钢筋的横断面用涂黑的圆点表示。可见的钢筋混凝土构件轮廓线为细实线,剖到的或可见的墙身、基础轮廓线为中实线,不可见墙身、基础轮廓线画成中虚线,图中不画材料图例。

现以钢筋混凝土梁结构详图为例,说明钢筋混凝土结构详图的内容和要求,图10-18是一根单跨简支梁的结构详图。

钢筋混凝土梁结构详图一般用立面图和断面图表达。图示立面图的比例1:40,断面图比例一般比立面图放大一倍,即1:20。详图常用比例为1:10、1:20。

简支梁L_{208}(150×300)位于①至②轴线之间,为二层第8号跨度梁,其断面尺寸宽为150mm,高为300mm,跨度尺寸为3600mm,梁两端支承在砖墙上。梁下方配置了3根受力筋,均为Ⅰ级钢筋。其中①号钢筋2条,两端带有向上弯的半圆

表10-6 钢筋表

构件名称	构件数	钢筋编号	钢筋规格	简图	长度(mm)	每件根数	总长度(mm)	质量累计(kg)
L_{208}	3	①	φ14		3923	2	23.538	28.6
		②	φ14		4595	1	13.785	16.7
		③	φ10		3885	2	23.310	14.4
		④	φ6		800	20	48.000	10.5

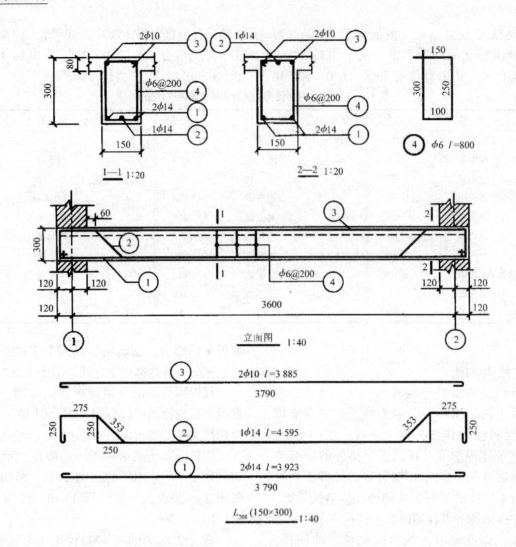

图 10-18 单跨简支梁结构图

形弯钩。②号钢筋1条，在接近梁的两端处斜向（45°）弯起至梁的上部，到梁的端部它又垂直向下弯至梁的底部。受力筋另绘钢筋详图，表明每种钢筋的编号、根数、直径、各段设计长度和总尺寸（下料长度），以及弯曲的角度（梁高小于800mm弯起角度用45°，大于800mm用60°）。梁上方有两根不带弯钩的架立筋编号为③、④号钢筋是箍筋。

为了编造施工预算统计用料，还要绘制钢筋表（表 10-6），表列构件名称、构件数、钢筋编号、钢筋规格、钢筋简图、长度、每件根数、总长度等，如图 10-18 所示钢筋表。

10.3.3　结构平面图

10.3.3.1　结构平面图的应用和类型

结构平面图是表示室内地面以上各承重构件（墙、柱、梁、板、屋架等）平面布置的图样。一般采用分层的结构平面图表示，包括各楼层结构平面图和屋顶结构平面图等。它们的图示方法基本相同，图 10-19 是某小别墅楼层结构平面图。

楼层结构平面图是沿楼板面将房屋剖开后的水平剖面图。多层建筑一般应分层绘制，如果各层构件的类型、大小、数量、布置均相同时，可只画一标准层楼层结构平面图。

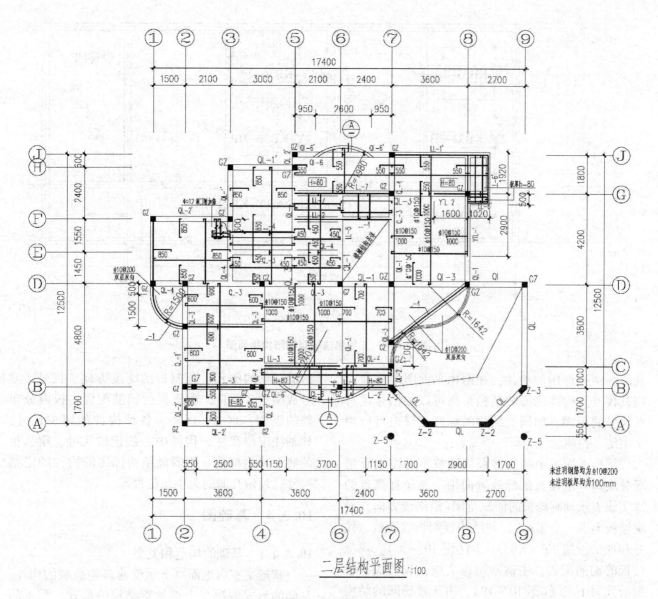

图 10-19　楼层结构平面图

10.3.3.2　楼层结构平面图

为了表达清楚各结构件在房屋结构中的位置和相互关系，必须画出房屋结构布置图的完整视图，结构平面图常用比例有 1∶50、1∶100。

在楼层结构平面图用中实线表示剖切到的或可见的墙身轮廓线，被楼板挡住而看不见的构件和墙身轮廓线用中虚线表示，如图 10-20 所示是按正投影法绘制的结构平面图。为了画图方便，习惯把楼板和屋面板下的不可见轮廓线，如墙身线、门窗洞口线等由虚线改画为细实线，这种图示方法称为镜像投影法。

在楼层结构平面图中，构件应采用轮廓线表示，如能用单线表示清楚时，也可用单线表示。如各种梁（楼面梁、楼梯梁、门窗过梁等）用粗点画线表示中心位置，圈梁可以省略不画。钢、木支撑和单线结构构件线用粗实线，不可见的单线结构构件线和钢、木支撑用粗虚线表示。

楼层上各种构件，如梁、柱、预制楼板、屋架等，在图上均按国标规定的代号和编号标注。

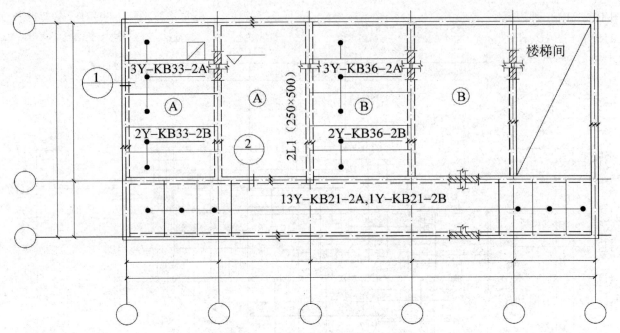

图 10-20 正投影法绘制的结构平面图

凡须画结构详图的构件，在结构平面图中均应注明其代号。构件底面的结构标高可以加括号注写在代号的后面，如同类结构的标高相同也可以用文字统一说明。

结构平面图中预制楼板的铺放不必按实际情况分块画，沿楼板的铺放方向用一条带有黑点的细实线表示预制楼板的铺放范围（沿细线方向在每块楼板上点一个黑点），并注写预制板的块数、代号和规格，如 3Y-KB33-2A（图 10-20）。现浇楼板的钢筋配置，主钢筋用粗实线，箍筋线和板钢筋线用中实线（图 10-19）。由于楼梯间的结构布置较复杂，一般需用较大的比例单独画出各楼梯的结构平面图和竖向剖面图，在楼层结构平面图上采用细实线画出一条对角线表示，注写名称"楼梯间"。

在结构平面图中，如若干部分相同时，可只绘制一部分，并用大写的拉丁字母（A、B、C…）外加细实线圆圈表示相同部分的分类符号。分类符号圆圈直径为 8mm 或 10mm。其他相同部分仅标注分类符号（图 10-20）。

楼层结构平面布置图的主要内容包括：图名、比例、定位轴线及其编号。表明各构件的布置情况，构件的代号、型号或编号、数量，圈梁、门窗洞过梁的编号。预制板的跨度方向、代号、型号或编号、数量，现浇板的钢筋配置，板内分布筋的级别、直径、间距。各种构件的定位尺寸，如轴线定位尺寸，构件中心线定位尺寸，梁、板的底面结构标高。不需画结构详图的构件的定型尺寸，顶留孔洞的大小与位置等。

10.3.4 基础图

10.3.4.1 基础的构造和类型

基础是室内地面以下承受建筑物荷载的构件。基础的形式取决于上部承重结构的形式，常见的有承重墙下的条形基础和柱子下的独立基础

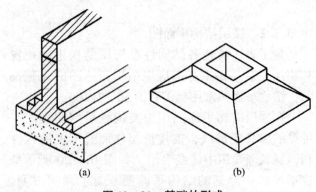

图 10-21 基础的形式
(a) 条形基础　(b) 独立基础

（图 10-21）。现以条形基础为例，介绍与基础有关的概念（图 10-22）。基础下面天然的或经加固的土壤称地基。施工时在地面上开挖基坑，坑底是基础的底面，基坑边线是施工测量放线的灰线。埋入地下的墙，称基础墙。基础墙下部的阶梯形砌体，称为大放脚。大放脚下部用沙、石或三合土等回填的最宽的一层，称为垫层。防潮层是防止地下水对墙体侵蚀的一层防潮材料。从室内地面 ±0.000 到基础底面的高度称为基础的埋置深度。

基础图是表示建筑物室内地面以下基础部分的平面布置和详细构造的图样。基础图一般包括基础平面图、基础详图和文字说明三部分。

10.3.4.2 基础平面图

基础平面图是表示基坑未回填土时基础的平面布置的图样，一般用房屋室内地面下方的一个水平剖面图表示，如图 10-23 所示为某小别墅基础平面图。

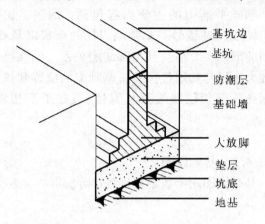

图 10-22 基础的组成

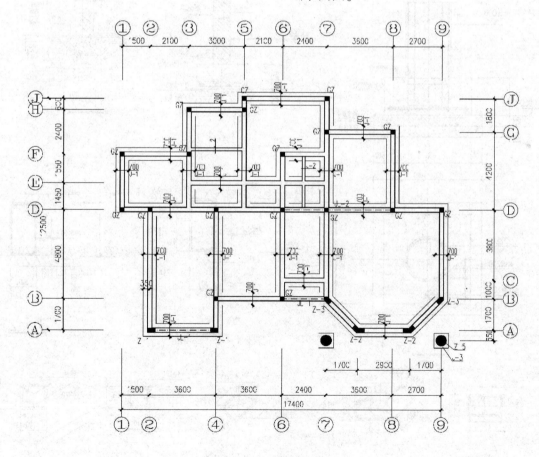

图 10-23 基础平面图

基础平面图的比例一般与建筑平面图相同，如采用1:100，标准推荐常用比例为1:150、1:200。

在基础平面图上，只画出基础的基坑边线和基础墙(柱)的投影轮廓线。用粗实线画剖到的基础墙轮廓和柱子的断面，条形基础底面的可见轮廓线用中实线，基础的细部轮廓如大放脚则可省略不画，用粗点画线表示基础梁中心线的位置。在1:100的基础平面图中，被剖到部分的材料图例可以简化，基础砖墙可以不画材料图例(或在透明描图纸背面涂红)，钢筋混凝土柱子断面涂黑。地下管道通过的管沟，构造上要把这段基础砌成阶梯形，在基础平面图上用细虚线表示管沟砌深部分的轮廓线。当基础底面标高有变化时，应在基础平面图相应部位附近画一段基础垫层的垂直剖面图，并标注出基底标高。

基础平面图的主要内容包括：图名、比例、定位轴线及其编号。基础墙、柱的布置以及基础底面的形状、大小及其与轴线的关系。轴线尺寸、基础大小尺寸和定位尺寸。基础梁的位置和代号，断面图的剖切位置线及其编号(或柱子下基础代号)等。

10.3.4.3 基础详图

基础详图用于表达基础各部分的形状、大小、

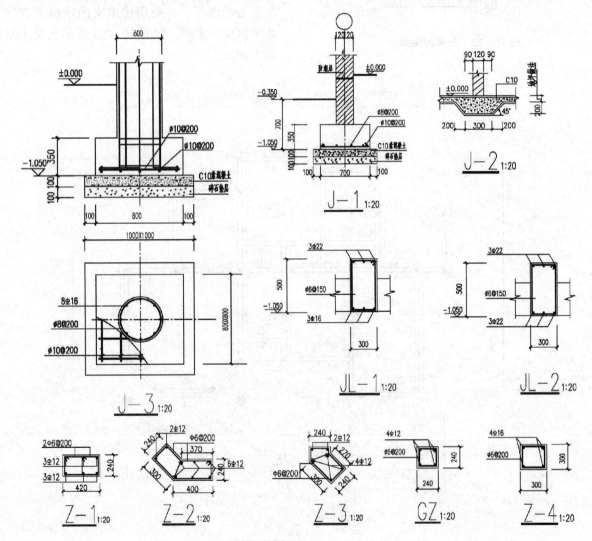

图 10-24 基础及梁柱断面详图

构造和埋置深度。条形基础详图一般采用垂直断面图表示，条形基础凡构造和尺寸不同的部位都应画出基础详图。独立基础详图用垂直剖面图和平面图表示，为明显表达基础板内的双向配筋情况，在平面图的一个角上采用局部剖面。如图10-24所示基础详图和基础梁柱的断面详图。

基础详图常用比例为1∶10、1∶20、1∶50，尽量与基础平面图画在同一张图纸上，以便对照施工。

基础详图除画基础的断面轮廓外，还要画出基础的底面线、室内外地面线，但不画基坑。防潮层简化为一道粗实线。条形基础详图的钢筋混凝土结构按配筋图的要求绘制，独立基础一般是钢筋混凝土结构，其画法同钢筋混凝土结构详图。

基础详图的主要内容包括：图名(基础代号)、比例，轴线及其编号(若为通用断面图，轴线圆圈内不予编号)。基础断面形状、大小、材料及配筋，基础梁的宽度、高度及配筋。基础及断面的详细尺寸，钢筋的详细尺寸，室内外地面和基础垫层的底面标高。防潮层的位置和做法以及施工说明等。

10.4 园林建筑图的绘制

10.4.1 建筑图的产生

园林建筑的设计程序一般分为初步设计和施工图设计两个阶段，较复杂的工程项目还要进行技术设计。

初步设计主要是提出方案，说明建筑的平面布置、立面造型、结构选型等内容，绘制出建筑初步设计图，送有关部门审批。

技术设计主要是确定建筑的各项具体尺寸和构造做法；进行结构计算，确定各承重构件的截面尺寸和配筋情况。

施工图设计主要是根据已经批准的初步设计图，绘制出符合施工要求的图纸。

10.4.2 初步设计图的绘制

(1) 初步设计图的内容

包括基本图样：总平面图、建筑平面图、建筑立面图、建筑剖面图、有关技术和构造说明、主要技术经济指标等。通常要作一幅透视图，表示园林建筑竣工后的外貌。

(2) 初步设计图的表达方法

初步设计图尽量画在同一张图纸上，图面布置可以灵活些，表达方法可以多样，如可以画上阴影和配景，或用色彩渲染，以加强图面效果。图10-25是科学会馆的初步设计图。

(3) 初步设计图的尺寸

初步设计图上要画上比例尺并标注主要设计尺寸，如总体尺寸、主要建筑的外形尺寸、轴线定位尺寸和功能尺寸等。

10.4.3 施工图的绘制

设计图审批后，再按施工要求绘制出完整的施工图，如附录一是××公园售卖亭施工图。其中，附图Ⅰ-2～附图Ⅰ-6是建筑施工图，附图Ⅰ-7～附图Ⅰ-8是结构施工图，有关技术资料(设计说明)如附图Ⅰ-1和Ⅰ-7。

绘图程序如下：

①确定绘制图样的数量。根据建筑的外形、平面和立面布置、构造和结构的复杂程度决定绘制哪几种图样。在保证能顺利完成施工的前提下，图样的数量应尽量少。

②在保证图样能清晰地表达其内容的情况下，根据各类图样的不同要求，选用合适的比例，平、立、剖面图尽量采用同一比例。

③进行合理的图面布置。尽量保持各图样的投影关系，或将同类型的、内容关系密切的图样集中绘制。

④通常先画建筑施工图，一般按总平面→平面图→立面图→剖面图→建筑详图的顺序进行绘制。再画结构施工图，一般先画基础图、结构平面图，然后分别画出各构件的结构详图。

⑤绘制建筑施工图，一般先从平面图开始，然后画剖面图和立面图。绘制平、立、剖面图应注意它们之间相互关联的一致性。例如，平面图上外墙门窗的布置和编号应与立面图和剖面图相应门窗的布置和编号一致，立面图上各部分的布置是由立面造型和剖面构配件的构造关系确定的。因此，立面图和平面图相应的长度尺寸必须一致，

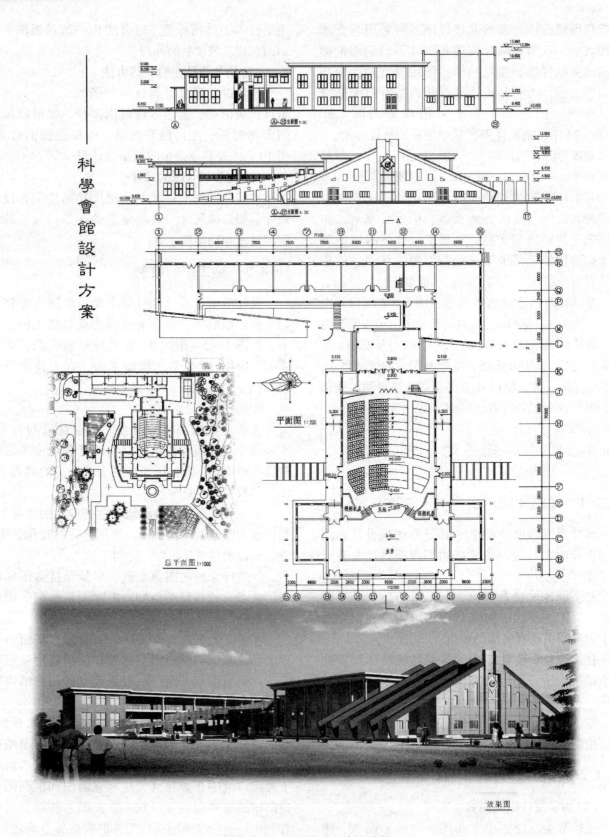

图10-25　科学会馆初步设计图

立面图和剖面图相应的高度尺寸必须一致。画图时由大到小，从整体到局部逐步深入。

画图步骤：先画定位轴线并编号；然后画出建筑构配件的形状和大小；再画出各个建筑细部；画尺寸线、标高符号、详图索引符号等；最后注写尺寸、标高数字和有关说明。

小　结

园林建筑在创造园林景观中具有重要作用，如点景、观景、限定园林空间和组织游览路线。建筑营造是园林设计的重要内容。由于园林建筑的材料、结构、造型和功能不同，表达园林建筑设计所需图纸的数量和内容也不尽相同。绘制园林建筑设计图时，应根据建筑的外形、平立面布置、构造和结构的复杂程度决定绘制哪几种图样。建筑施工图用于表示建筑物的总体布局、外部造型、内部布置、细部构造、内外装饰、施工要求以及一些固定设施等，包括总平面图、建筑平面图、建筑立面图、建筑剖面图和建筑详图等。结构施工图用于表示各承重构件的布置、材料、形状、大小、内部构造、相互连接和施工要求等，主要有基础图、结构平面图和结构详图等。本章以房屋为例，介绍了各种图样的应用、内容、图线和图例画法及尺寸标注等有关规定。绘制园林建筑图必须遵守工程建设有关标准，并遵循一定的绘图程序和步骤。

思考题

1. 什么是定位轴线？在建筑图上如何绘制定位轴线和进行编号？
2. 如何在建筑图上标注索引符号和详图符号？标注索引符号和详图符号有哪些规定？
3. 什么是建筑施工图？建筑施工图包括哪些图样？
4. 什么是结构施工图？结构施工图主要有哪些图样？
5. 什么是建筑总平面图？怎样绘制建筑总平面图？总平面图需要标注哪些尺寸？
6. 什么是建筑平面图？绘制建筑平面图有哪些规定？怎样标注建筑平面图的尺寸？
7. 什么是建筑立面图？绘制建筑立面图有哪些规定？怎样标注建筑立面图的尺寸？
8. 什么是建筑剖面图？绘制建筑剖面图有哪些规定？怎样标注建筑剖面图的尺寸？
9. 什么是建筑详图？建筑详图主要有哪些图样？绘制建筑详图有哪些要求和规定？
10. 什么是配筋图？绘制配筋图有哪些规定？怎样标注钢筋的尺寸？
11. 什么是基础图和结构平面图？怎样绘制基础图和楼层结构平面图？
12. 简述设计图的内容、表达方法和尺寸标注的要求。

第 11 章 园林工程图

[**本章提要**] 园林工程图是用于表达园林工程构筑物的形状、大小、位置,并说明有关技术要求的图样。它是审批园林建设工程项目、备料和施工、编制工程概(预)算及审核工程造价的依据。本章主要介绍水景工程图、园路工程图、园桥工程图及总体规划设计图、竖向设计图、种植设计图的图示内容、图线和图例画法、尺寸标注等绘图问题。

11.1 园林工程图的基本知识

中国园林历史悠久,技艺高超,尤其以蕴含诗情画意的写意山水园林著称于世,园林建筑与山、水、绿化环境有机融合。纵观古今优秀园林,无不得益于巧夺天工的人工山水,争奇斗艳的花草秀木,玲珑多姿的园林路桥与建筑。所以,建造园林(简称造园)离不开园林建筑及工程。

11.1.1 园林工程图及其作用

一个园林建设项目,首先要进行园林设计,设计师把自己的设计构思即园林设计的意图和内容,用绘图语言来精确表达,并绘制成图。施工单位按图施工,才能建成一座园林。

园林设计一般包括:公园绿地、生产绿地、防护绿地、附属绿地及其他绿地的园林设计。造园的工程种类有:土方工程、给排水工程、水景工程、假山工程、园路工程、建筑工程、管线工程和种植工程等。园林工程的设计与施工都必须绘制工程图。园林工程图是按一定的规则和方法并遵照国家工程建设标准有关规定绘制的,用于准确表达园林工程物体的形状、大小、位置,并说明有关技术要求的图样。

园林工程图是审批建设工程项目的依据。在工程施工中,它是备料和施工的依据;当工程竣工时,要按照工程图的设计要求进行质量检查和验收,并以此评价工程优劣。园林工程图还是编制工程概算、预算和决算及审核工程造价的依据,园林工程图是具有法律效力的技术文件。

11.1.2 园林工程图的内容

园林建设要经过两个过程:一是设计;二是施工。每个阶段都要画出相应的工程图。

园林设计图是设计人员综合运用山石、水体、植物和建筑等造园要素,经过构思和合理布局所绘制的图样。园林设计,首先要提出方案,画出初步设计图,上报有关部门审批。然后在完成技术设计的基础上,再绘制出施工图。人们把指导施工用的整套图纸称为施工图。设计图与施工图的图示原理和绘图方法是一致的,只是表达内容的深入程度、详细程度、准确程度不同。一套园林工程图主要包括以下内容:

(1)园林总体规划设计图

园林总体规划设计图,简称总平面图。它表明一个征用地区域范围内的地形现状、道路系统、建筑位置、风景透视线、定点放线依据等内容的总体布局,总平面图是施工放线的依据,也是土方工程及编制施工的依据。

由于总平面图要说明的是总体设计的内容，且范围较大，只有在工程内容较简单的情况下，上述内容可合并于一张总平面图中。否则，还需分项绘出各子项工程施工总平面图。如建筑总平面图、园路总平面图、绿化总平面图等，必要时还可以绘出总立面图、剖面图和整体或景区局部的鸟瞰图。

(2) 竖向设计图

用来补充说明总平面图，反映地形设计、等高线、山石位置、道路和建筑标高等。

竖向设计图主要表达竖向设计所确定的各种造园要素的坡度和各点高程。如园路主要交叉点的标高，各景点、景片的主要控制标高，主要建筑群室内控制标高，水体、山石、道路、桥涵及各出入口等及地表的现状和设计高程，地面排水方向和雨水口的位置及标高等。主要为土方工程的调配预算、地形改造的施工要求、做法提供依据。

(3) 管线设计平面图

反映园林区域内的给排水工程设计内容，包括地下给、排水管网的布置和标高，闸门井和检查井的位置和标高，地上供电线的位置等。给、排水管网附属构筑物，如检查井、闸门井、出水口、雨水口、地下泵站等另画详图。喷灌系统设计应绘制喷灌系统平面图，管道和闸阀的计算和选用附明细表。简单的上水、下水、电缆设计也可以画在竖向设计图上。

(4) 种植设计图

包括种植设计平面图（附植物配置表）和施工详图。园林种植设计表示各种树木种植的形式、种植位置、相互距离，设计植物的种类、数量、规格、类型及种植要求等，是组织种植施工、编制预算和养护管理的重要依据。

(5) 园林工程图

主要包括水景工程、园路工程、园桥工程、假山工程等项目的设计图和施工图。园林工程图主要用于表达园林工程构筑物，如驳岸、护坡、水渠、码头、水池、喷泉、桥梁、道路的位置、平立面布置和形状、结构和构造、尺寸、材料、施工要求及主要部分的标高。园林工程图主要包括构筑物总体布置图和构筑物结构图。

(6) 园林建筑工程图

园林建筑工程图表达园林建筑及工程的设计构思和意图以及建筑各部分的结构、构造、装饰、设备的做法和施工要求。施工图根据专业分为建筑施工图、结构施工图和设备施工图。

11.2 园林构景要素的画法

中国园林是在山水创作的基础上，根据园景立意的构思和生活内容的要求，因山就水来布置亭榭堂屋、树木花草，使之互相协调地构成切合自然的生活意境，并达到"天人合一"的艺术境界。园林的构景要素主要有山石、水体、植物、建筑，除此之外还有道路、铺装、园林小品等。

11.2.1 水 体

水体平面可以采用线条法、等深线法、平涂法等方法表示，如图 11-1 所示。

(1) 线条法

线条法是用丁字尺或者徒手绘制一系列平行线，可以填满整个水面，也可以留有空白。线条可以是直线，也可以是波浪线、水纹线或者曲线等。

(2) 等深线法

在靠近河岸线的水面中，按照河岸线的曲折形状作出两三根闭合曲线，表示深度相同的各点的连线。通常河岸线用粗实线绘制，内部的等深线用细实线绘制。这种方法常用来表现驳岸为坡面的不规则水体。

(3) 平涂法

在水面范围内利用水彩或其他颜料平涂，可以结合渲染退晕的手法形成类似等深线的效果。

11.2.2 植 物

在园林设计、施工中，植物是主要的造景材料。植物的种类很多，在表示的时候应该按照其形态特征利用不同的图例加以区分。《风景园林图例图示标准》CJJ 67—1995，对常见植物的平面及

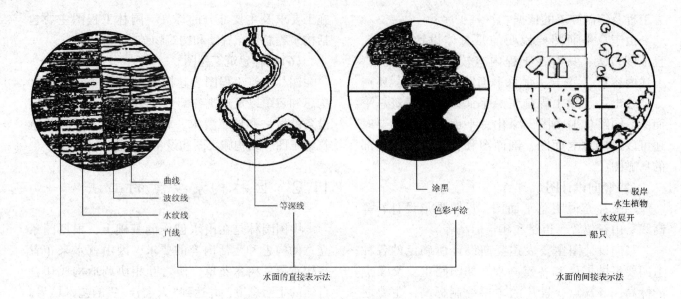

图 11-1 水体平面图的绘制方法

立面图例做了规定与说明。

11.2.2.1 树木的绘制

(1) 树木的平面

平面图用符号图例表示树木,最简单的就是在平面图中用"黑点"标示出树木种植点的位置,以种植点为圆心,以树木冠幅为直径画圆。为了增强图面的艺术效果,方便识别,往往需要对树木的平面符号加以处理,常用的表现手法有以下3种。

①轮廓型 确定种植点后,用一个不规则的圆圈表示树冠的形状和大小。为清楚地表现设计意图,树的平面符号应区分原有树和新植树。对于重点树可以用不同的树冠曲线加以强调,如柳树用线点、杨树用三角形叶片、松柏树用成簇针状叶表示树冠(图 11-2)。轮廓型主要用于总平面图。

②枝干型 用线条概括出树木的枝干和枝条,主要用于平面图,如图 11-3 所示。

③枝叶型 在枝条型的基础上添加植物叶丛,可以利用线条或者圆点概括枝叶的质感,主要用于平面图,如图 11-4 所示。

为了方便识别和记忆,树木的平面符号最好和其形态特征相一致,尤其是常绿针叶树种与阔叶树种应该加以区别,如图 11-5 所示。完全用平面符号表示不同的树种是困难的,在平面图上往往要画上图例,借助文字说明图中各种不同符号所代表的意义。

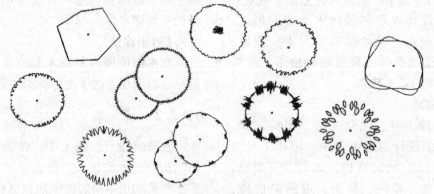

图 11-2 树木平面图例——轮廓型

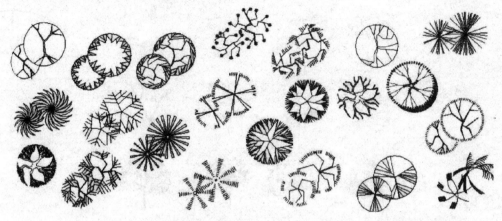

图 11 -3 树木平面图例——枝干型

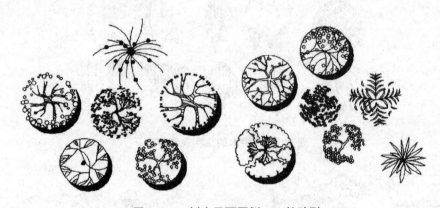

图 11 -4 树木平面图例——枝叶型

针叶树种　　　　　　　　阔叶树种

图 11 -5 针叶树种与阔叶树种图例

(2) 树木的立面

树木的立面表现方法也分为以下几种类型：轮廓型、枝干型、枝叶型，如图 11 -6 所示。除此之外，树木的立面的表现还可以分为写实型和图案型。

11.2.2.2 灌木的绘制

(1) 灌木的平面图表示

灌木单株栽植的表示方法与树木相同，即用一个不规则的圆圈表示树冠的大小，在树冠中心位置画出"黑点"表示种植位置。成丛栽植的灌木，则用一定变化的线条表示灌木的冠幅边，对于自然式栽植的灌丛轮廓线不规则，修剪的灌丛和绿篱轮廓线较整齐平直或圆滑。画树冠线要注意避免重叠和紊乱，一般将较大的树冠覆盖于较小的树冠上面，较小的树冠被覆盖的部分不画出。对常绿灌木，则在树冠线符号内加画 45°斜线表示，如图 11 -7 所示。

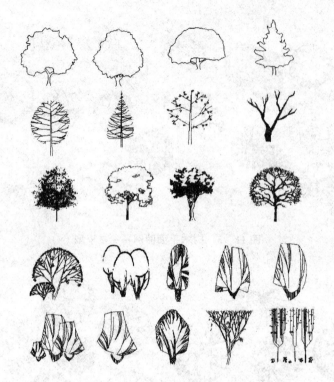

图11-6 树木的立面表现方法

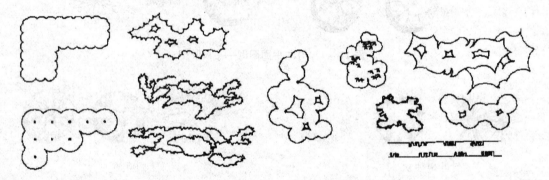

图11-7 灌木平面表现方法

(2)灌木的立面图表示

灌木的立面图一般用有一定变化的线、点或简单图形描绘灌木(丛)冠的轮廓线,再在轮廓线内按花叶的排列方向,根据光影效果画出有一定变化的线、点或简单图形,表示出花叶,分出空间层次表示空间感,如图11-8所示。

11.2.2.3 地被植物绘制
(1)打点法

在草坪种植区用小圆点表示。点草地时,在树木的边缘、道路的边缘、建筑物的边缘或者水

图11-8 灌木的立面图表示

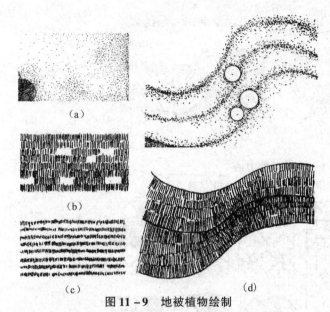

图 11-9 地被植物绘制
(a)打点法 (b)线段排列法 (c)小短线法 (d)地形的表现

体的边缘圆点适当加密,以增强图面的立体感,如图 11-9(a)所示。在非地形图中,利用圆点在等高线的位置加密,可以形成一道道"隐含"的等高线,如图 11-9(d)所示。

(2)小短线法和线段排列法

利用小短线法和线段排列法表现草坪。小短线和线段要求排列整齐,行间可以有重叠,也可以留有空白。可以根据等高线的曲折方向勾勒底稿线,最后用小短线或者线段排列起来。也可以无规律排列小短线或者线段,这种方法常常表现的是粗放管理的草坪或者草场,如图 11-9(b)(c)所示。

11.2.3 其他配景

(1)景石

景石通常只用线条勾勒,在绘制的时候应该根据不同的石材的纹理、形状和质感,采用不同的表现方法。下面列举一些常见山石的画法如图 11-10 所示。

湖石是经过熔融的石灰岩,其特点是纹理纵横,脉络起隐,石面上遍多坳坎,很自然地形成沟、缝、穴、洞,窝洞相套,玲珑剔透。在画湖石时,首先用曲线勾画出湖石轮廓线,再用随形体线表现纹理的自然起伏,最后着重刻画出大小不同的洞穴,为了画出洞穴的深度,常常用笔加深其背光处。

黄石是一种带橙黄色的细砂岩,山石形体顽劣,见棱见角,节理面近乎垂直,雄浑沉实、平整大方,块钝而棱锐,具有强烈的光影效果。画黄石多用平直转折线,表现块钝而棱锐的特点。为加强石头的质感和立体感,在背光面常加重线条或用斜线加深。

青石是一种青灰色的细砂岩,形体多呈片状。画时要注意刻画多层片状的特点,水平线条要有力,侧面用折线,片石层次要分明,搭配要错落有致。

石笋是指外形修长如竹笋的一类山石的总称。画时以表现其垂直纹理为主,可用直线或曲线。要突出竹笋修长之势,掌握好细长比,细部纹理要根据石笋特点来刻画。

在平面图和立面图中,景石的轮廓线用粗实线绘制,纹理线用细实线绘制;剖面图中剖切断面线用粗实线绘制,剖切断面内填充细斜线,如图 11-11 所示。

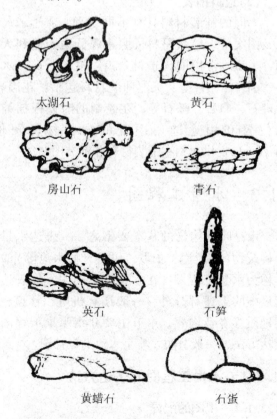

图 11-10 常见山石的画法

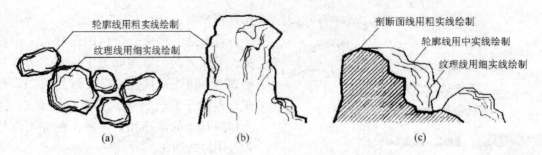

图 11-11 景石平、立、剖面绘制方法
(a)景石平面图绘制 (b)景石立面图绘制 (c)景石剖面图绘制

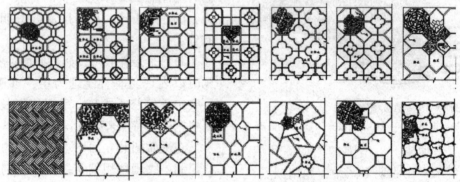

图 11-12 铺装材料和铺装图案

(2)道路铺装

不同的铺装材料具有不同纹理、质感、尺度以及图案等。铺装材料按照来源分为人造和天然两种类型。常用的人造材料有：混凝土砖、水泥砖、沥青、塑胶等；天然铺装材料包括：花岗岩、大理石、卵石、砾石等。在绘制的时候根据铺设的位置和用途选用适宜的铺装材料图例。图 11-12 提供了一些铺装材料和铺装图案。

11.3 水景工程图

水是园林构景的基本要素之一，表达水景工程构筑物(如驳岸、护坡、码头、喷水池等)的图样称为水景工程图。在水景工程图中，除表达工程设施的土建部分外，一般还有机电、管道、水文地质等专业内容。本节主要介绍水景工程图的表达方法、一般分类、喷泉水池的设计图。

11.3.1 水景工程图的表达方法

11.3.1.1 视图的配置

水景工程图的基本图样仍然是平面图、立面图和剖面图。水景工程构筑物，如基础、驳岸、水闸、水池等许多部分被土层覆盖，所以剖面图和断面图应用较多。图 11-13 为水闸结构图，采用平面图、侧立面图和 A—A 剖面图来表达。平面图形对称，只画了一半。侧立面图为上游立面图和下游立面图合并而成。人站在上游面向建筑物所得的视图叫作上游立面图，人站在下游面向建筑物所得视图叫作下游立面图。

为了方便看图，每个视图都应该在图形下方标出名称，各视图应尽量按投影关系配置。布置图形时，习惯使水流方向由左向右或自上而下。

11.3.1.2 其他表示方法

(1)局部放大图

物体的局部结构用较大比例画出的图样称为局部放大图或详图。放大的详图必须标注索引标志和详图标志。图 11-14 是护坡结构的局部放大图，原图上可用细实线圈表示放大的部分，也可采用注写名称的方法。

(2)展开剖面图

当构筑物的轴线是曲线和折线时，可沿轴线

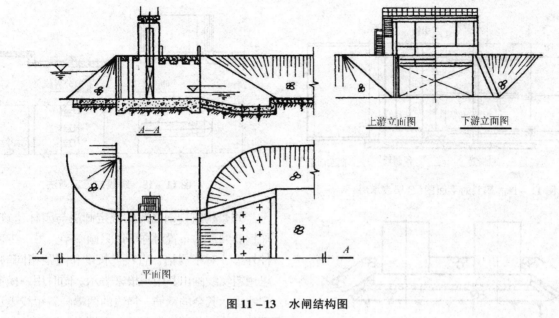

图 11-13 水闸结构图

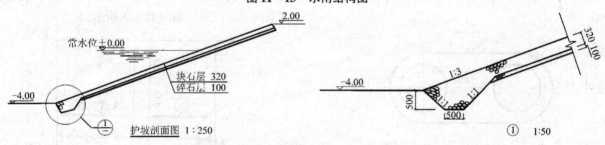

图 11-14 护坡结构局部放大图

剖开物体并向剖切面投影，然后将所得剖面展开在一个平面上，这种剖面图称为展开剖面图，在图名后应该标注"展开"二字。在图 11-15 中，选沿干渠中心线的圆柱面为剖切面，剖切面后的部分按法线方向向剖切面投影后再展开。如图 11-15 所示，$m'n' = \overset{\frown}{mn} > \overset{\frown}{MN}$ 弧长。为看图方便，支渠闸墩和闸孔仍按实际宽度画出。

(3) 分层表示法

当构筑物有几层结构时，在同一视图内可按其结构层次分层绘制。相邻层次用波浪线分界，并用文字在图形下方标注各层名称。如图 11-16 所示，码头的平面图采用分层表示法。

(4) 掀土表示法

被土层覆盖的结构，在平面图中不可见。为了表示这部分结构，可假想将土层掀开后再画出视图，如图 11-17 所示是墩台结构的掀土表示。

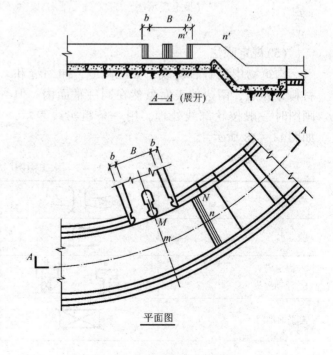

图 11-15 渠道展开剖面图

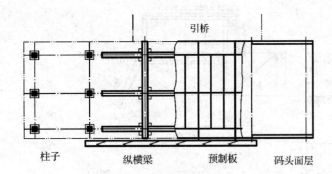

图 11-16 码头的平面图（分层表示法）

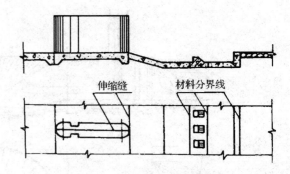

图 11-18 缝线的规定画法

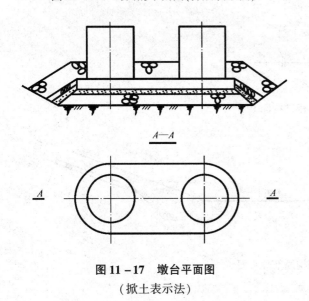

图 11-17 墩台平面图
（掀土表示法）

水景构筑物钢筋图的规定画法与园林建筑相同。如钢筋网片的布置对称可以只画一半，另一半表达构件外形。对于规格、直径、长度和间距相同的钢筋，可用粗实线画出其中一根来表示。同时用一横穿的细实线表示其余的钢筋，横线的两端画斜短线表示该号钢筋的起止范围，如图 11-19 所示。

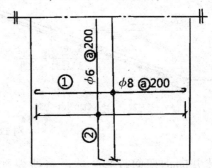

图 11-19 钢筋的简化画法

(5) 规定画法

构筑物中的各种缝线，如沉降缝、伸缩缝和材料分界线，两边的表面虽然在同一平面内，但画图时一般按轮廓线处理，用一条粗实线表示，如图 11-18 所示。

如图形的比例较小，或者某些设备（如闸门）另有专门的图纸来表达，可以在图中相应的部位用图例来表达工程构筑物的位置，常用图例如表 11-1 所示。

表 11-1 水工图例（摘自 GB/T 50103—2010）

河流、桥	![]	挡土墙	![]
跌 水	![]	堤 坝	![]
a. 固定码头 b. 浮动码头	![]	护 坡	![]
总平面闸门	![]	开挖坡顶	![]

(续)

平板闸门 a. 上游立面 b. 下游立面 c. 平　面 d. 侧立面		水池、坑槽	
		涵　洞	

11.3.2 水景工程图的尺寸标注法

投影制图有关尺寸标注的要求，在注写水景工程图的尺寸时也必须遵循。水景工程图的位置均以基准点进行放样定位，有它自己的特点。

11.3.2.1 基准点和基准线

要确定水景工程构筑物在地面的位置，必须先定好基准点和基准线在地面的位置，各构筑物的位置均以基准点进行放样定位。基准点的平面位置是根据测量坐标确定的，两个基准点的连线可以定出基准线的平面位置。基准点的位置用交叉十字线表示，引出标注测量坐标(X、Y)，基准线用点划线表示。

11.3.2.2 常水位、最高水位和最低水位

设计和建造驳岸、码头、水池等构筑物时，应根据当地的水情和一年四季的水位变化来确定驳岸和水池的形式和高度。使得常水位时景观最佳，最高水位时不至于溢出，最低水位时岸壁的景观也可入画。因此在水景工程图上，应标注常水位、最高水位和最低水位的标高，并将常水位作为相对标高的零点，如图11－20所示。为便于施工测量，图中除注写的各部分的高度尺寸外，尚需注出必要的高程。

11.3.2.3 里程桩

对于堤坝、渠道、驳岸、隧洞等较长的水景

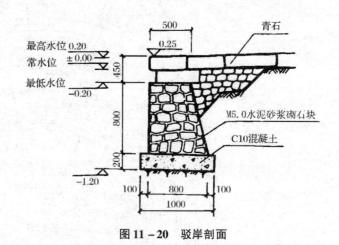

图11－20　驳岸剖面

工程构筑物，沿轴线的长度尺寸通常采用里程桩的标注方法。如图11－21中"0+170.00"表示该桩距路堤起点170M。在符号"+"（或"-"）之前注写千米数，其后注写米数。

11.3.3 水景工程图的内容

开池理水是园林设计的重要内容。园林中的水景工程，一类是利用天然水源（河流、湖泊）和现状地形修建的较大型水面工程，如驳岸、码头、桥梁、引水渠和水闸等；更多的是在街头、游园内修建的小型水面工程，如喷水池、种植池、盆景池、观鱼池等人工水池。水景工程设计一般也要经过规划、初步设计、技术设计和施工设计几个阶段。每个阶段都要绘制相应的工程图样。水景工程图主要有总体布置图和构筑物结构图。

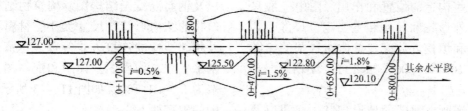

图11－21　轴线长度尺寸标注法

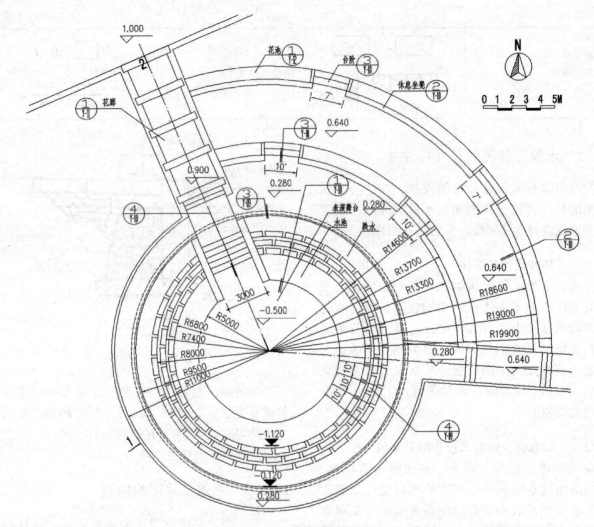

图 11-22 水池平面图 1:200

11.3.3.1 总体布置图

总体布置图主要表示整个水景工程各构筑物之平面和立面的布置情况。总体布置图以平面布置图为主,必要时配置立面图。平面布置图一般画在地形图上。为了使图形主次分明,结构上的次要轮廓线和细部构造均省略不画,或用图例或示意图表示这些构造的位置和作用。图中一般只注写构筑物的外形轮廓尺寸和主要定位尺寸,主要部位的高程和填挖方坡度。总体布置图的绘图比例一般为1:200~1:500,如图11-22所示。总图布置图的内容如下:

①工程设施所在地区的地形现状、河流以及流向、水面、地理方位(指北针)等;

②各工程构筑物的相互位置、主要外形尺寸、主要高程;

③工程构筑物与地面交线、填挖方的边坡线。

11.3.3.2 构筑物结构图

结构图是以水景工程中某一项构筑物为对象的工程图,包括结构布置图、分部和细部构造图以及钢筋混凝土结构图。构筑物结构图必须把构筑物的结构形状、尺寸大小、材料、内部配筋以及相邻结构的连接方式等都表达清楚。结构图包括平、立、剖面图,详图和配筋图,绘图比例一般为1:5~1:100,如图11-23所示。构筑物结构图的内容如下:

①表明工程构筑物的结构布置、形状、尺寸

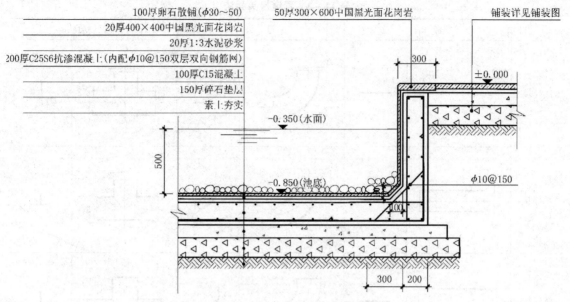

图 11-23 水池结构大样图 1:20

和材料；

②表明构筑物各部分和细部构造、尺寸和材料；

③表明钢筋混凝土结构的配筋情况；

④工程地质情况及构筑物与地基的连接方式；

⑤相邻构筑物之间的连接方式；

⑥附属设备的安装位置；

⑦构筑物的工作条件，如常水位和最高水位。

11.3.4 喷水池工程图

喷水池的面积和深度较小，深度一般仅几十厘米至1m，可根据需要建成地面上或地面下或者半地上半地下的形式。人工水池与天然湖池的区别：一是采用各种材料修建池壁和池底，并有较高的防水要求；二是采用管道给排水，要修建闸门井、检查井、排放口和地下泵站等附属设备。

常见的喷水池结构有两种：一类是砖、石池壁水池，池壁用砖墙砌筑，池底采用素混凝土或钢筋混凝土；另一类是钢筋混凝土水池，池底和池壁都采用钢筋混凝土结构。喷水池的防水做法多是在池底上表面和池壁内外墙面抹20mm厚防水砂浆。北方水池还有防冻要求，可以在池壁外侧回填时采用排水性能较好的轻骨料如矿渣、焦渣或级配砂石等。喷水池土建部分用喷水池结构图表达，以下主要说明喷水池管道的画法。

喷水的基本形式有直射形、集射形、放射形、混合形等。喷水又可与山石、雕塑、灯光等相互结合，共同组合形成景观。不同的喷水外形主要取决于喷头的形式，可根据不同的喷水造型设计喷头。

11.3.4.1 管道的连接方法

喷水池采用管道给排水，管道是工业产品，有一定的规格和尺寸。在安装时加以连接组成管路，其连接方式将因管道的材料和系统而不同。常用的管道连接方式有四种，见表11-2。

①法兰接 在管道两端各焊一个圆形的法兰盘，在法兰盘中间垫以橡皮，四周钻有成组的小圆孔，在圆孔中用螺栓连接。

②承插接 管道的一端做成钟形承口，另一端是直管，直管插入承口内，在空隙处填以石棉水泥。

③螺纹接 管端加工有外螺纹，用有内螺纹的管套将两根管道连接起来。

④焊接 将两管道对接焊成整体，在园林给排水路中应用不多。

喷水池给排水管路中，给水管一般采用螺纹连接，排水管大多采用承插连接。

表11-2 管道接头画法

	直 管		弯 头		三 通	
法兰接						
承插接						
螺纹接						

管道连接的画法应参照《给水排水制图标准》GB/T 50106—2010 的规定。当采用较小的比例画图时，无法画出管道的粗细，因此规定在图纸上除了管道的长度按比例画图外，管径不论大小，一般都用粗的单线表示管道的中心线位置。新设计的排水管用粗线(b)、给水管用中粗线($0.75b$)，可见用实线、不可见用虚线，原有的给排水管用中实线($0.5b$)等。如一张图纸上有性质不同的管道，可在管道中间用汉语拼音字头表示管道的类别，如给水管 J、循环给水管 XJ、循环回水管 Xh、污水管 W、雨水管 Y、排水管 P 等。在喷水池管道平面图中，当管道的系统较少时，为避免混淆和更为醒目，可采用不同的线型代表各种系统的管道，如新设计的给水管用粗实线、排水管用粗虚线、溢水管用粗点划线，但必须用图例加以说明。管道连接时，接头的画法见表11-3，法兰接是在管道的垂直方向画以短线表示法兰盘；承插接的承口画成小的半圆形；螺纹接是在不到管端处画短线，螺纹的管端是出头的，法兰接的管端不出头，注意二者的区别。接口符号用细实线($0.25b$)绘制。

管路转弯时，应在两管道之间连接弯管接头；

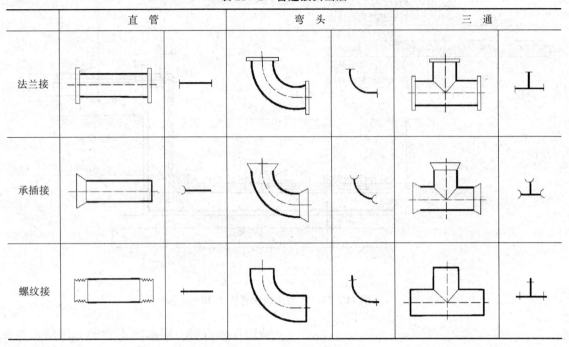

表11-3 管道图例(摘自 GB/T 50106—2010)

法兰连接	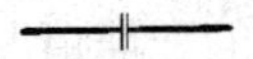	阀门井、检查井	
承插连接		底 阀	
螺纹连接		阀 门	
活接头		角 阀	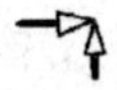
异径管		闸 阀	
弯 管		截止阀	
正三通	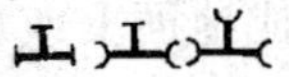	放水龙头	
管接头		离心水泵	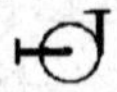
消火栓		压力表	
泄水井		流量计	

两条管路连接时，连接处应接三通接头；粗管接细管时，两条管道之间应接异径接头。管路上的管配件和附属设备还有：阀门、水泵、仪表等，这些工业制品都有标准规格和统一尺寸，可用示意性图例表示。制图标准规定的一些常用管道图例如表11-3所示。图例中闸阀、水表、水泵，检

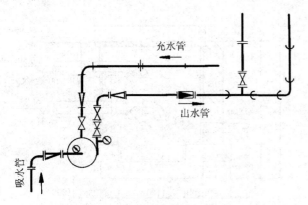

图 11-24 管道连接的画法

查井等附属设备用细实线绘制。

如图 11-24 所示为一水泵进、出管系统连接图，从图中水流方向可以看出：吸水管是法兰连接，经直角弯头向右连接偏心异径管（渐缩），进入离心式水泵。出水管经法兰接的闸阀、单向阀，再经直角弯头向右转弯至异径管（渐扩），接流量计至正三通处，直路改为承插接，经直角弯头转弯向上。旁路仍为法兰连接，经闸阀向上。在水泵上方还有一条用螺纹连接的充水管，作为启动水泵时灌水之用。在充水管路上设有管接头、活接头、弯管、异径管和截止阀等。另外在吸水管路上装有真空表（负压），出水管路装压力表。

如管路具有同类型的连接方式，除闸阀、仪表等附属设备外，不必将每段管路上的直管、弯管、三通等管接头画出来，必要时可注写文字说明其连接方式。施工人员可根据管路的布置及管径，选取适用的配件来安装。

11.3.4.2 管道平面图

管道平面图主要是用以显示区域内管道的布置。一般游园的管道综合平面图常用比例为 1:300～1:2000。喷水池管道平面图主要能显示清楚该小区范围内的管道即可，通常选用 1:50～1:200 的比例。管道均用单线绘制，称为单线管道图。但用不同的宽度和不同的线型加以区别。新建的各种给排水管用粗线，给水管用实线，泄水管用虚线，溢水管用点划线等；原有的给排水管用中实线，如图 11-25 所示，是某喷水池的管道平面图。

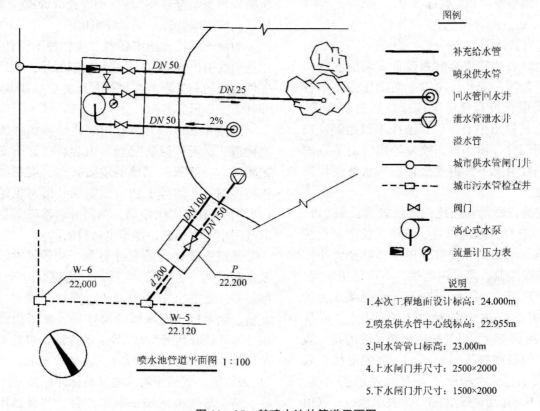

图 11-25 某喷水池的管道平面图

管道平面图中的房屋、道路、广场、围墙、草地花坛等原有建筑物和构筑物按建筑总平面图的图例用细实线绘制,水池等新建建筑物和构筑物用中实线绘制。

铸铁管以公称直径"DN"表示,公称直径指管道内径,通常以英寸为单位(1″=25.4mm),也可标注毫米,如 DN50。钢筋混凝土(或混凝土)管以内径"d"表示,如 d150。管道应标注起讫点、转角点、连接点、变坡点的标高。给水管宜标注管中心线标高,排水管宜标注管内底标高。一般标注绝对标高,如无绝对标高资料,也可注相对标高。给水管是压力管,通常水平敷设,可在说明中注明中心线标高。排水管为简便起见,可在检查井处引出标注,水平线上面注写管道种类及编号,如 W-5,水平线下面注写井底标高,也可在说明中注写管口内底标高和坡度。管道平面图中还应标注闸门井的外形尺寸和定位尺寸,指北针或风向玫瑰图。为便于对照阅读,应附足给排水专业图例和施工说明。施工说明一般包括:设计标高、管径及标高、管道材料和连接方式、检查井和闸门井尺寸、质量要求和验收标准等。

11.3.4.3 安装详图

主要用以表达管道及附属设备安装情况的图样,或称工艺图。安装详图以平面图作为基本视图,然后根据管道布置情况选择合适的剖面图,剖切位置通过管道中心,但管道按不剖绘制。局部构造如闸门井、泄水口、喷泉等用管道节点图表达。在一般情况下管道安装详图与水池结构图应分别绘制。

一般安装详图的画图比例都比较大,如2∶1、1∶1~1∶50,各种管道的位置、管径、长度及连接情况必须表达清楚。在安装详图中,管径大小按比例用双粗线绘制,可见用实线,不可见用虚线,称为双线管道图。如图11-26所示,是某水池的下水闸门井。管道上各种阀门等配件,可按表11-3的图例来画,以其长度画交叉线的符号表示。管道上的各种接头可按表11-2管道接头画法近似的表示,法兰接画三条细线表示法兰盘,承插接画以梯形(与轴线承30°)来表示承口。管道

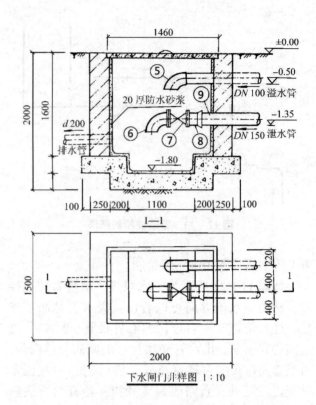

图11-26 某水池的下闸门井

折断处画折断符号"8"形。小管径的管道,无法以管径画成双线管道,仍画成粗单线。

为便于阅读和施工备料,应在每个管件旁边,以指引线引出6mm小圆圈并加以编号,相同的管配件可编同一号码。在每种管道旁边注明其名称,并画箭头以示其流向。

池体等土建部分另有构筑物结构图详细表达其构造、厚度、钢筋配置等内容。在管道安装工艺图中,一般只画水池的主要轮廓,细部结构可省略不画。池体等土建构筑物的外形可见轮廓线(非剖切)用细实线绘制,闸门井、池壁等剖面轮廓线用中实线绘制,并画出材料图例。

管道安装详图的尺寸包括:构筑尺寸、管径及定位尺寸、主要部位标高。构筑尺寸指水池、闸门井、地下泵站等内部长、宽和深度尺寸,沉淀池、泄水口、出水槽的尺寸等。在每段管道旁边注写管径和代号"DN"等,管道通常以池壁或池角定位。构筑物的主要部位(池顶、池底、泄水口等)及水面、管道中心、地坪应标注标高。

喷头是经机械加工的零部件,与管道用螺纹

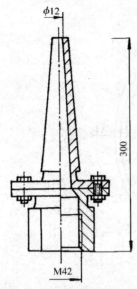

图 11-27 直射喷头部件图

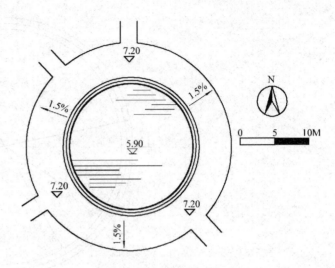

图 11-28 喷泉水池总平面图

连接或法兰连接。自行设计的喷头应按机械制图标准画出部件装配图和零件图，如图 11-27 所示，是一种直射喷头的部件图。

为便于施工备料、预算，应将各种主要设备和管配件汇总列出材料表。表列内容：件号、名称、规格、材料、数量等。

11.3.4.4　喷水池结构图

喷水池池体等土建构筑物的布置、结构、形状大小和细部构造用喷水池结构图表示。喷水池结构图通常包括：表达喷水池各组成部分的位置、形状和周围环境的平面布置图，表达喷泉造型的外观立面图，表达结构布置的剖面图和池壁、池底结构详图或配筋图。如图 11-22 所示，是水池的平面布置图；如图 11-23 所示，是钢筋混凝土地上水池的池壁和池底详图。其钢筋混凝土结构的表达方式应符合建筑结构制图标准的规定。

11.3.4.5　喷泉设计实例

喷泉设计包括平面设计、立面设计和剖面设计，内容包括管道布置平面图、轴测图、节点大样图、喷泉主要材料表、设计说明等，如图 11-28 至图 11-34、表 11-4 所示。

平面设计主要是与所在环境的气氛、建筑和道路的线型特征和视线关系相协调统一。水池的平面轮廓要"随曲合方"，即体量与环境相称，轮廓与广场走向、建筑外轮廓取得呼应与联系。水池平面设计主要显示其平面位置和尺度，标注池底、池壁顶、进水口、溢水口和泄水口、种植池的高程和所取剖面的位置。设计循环水处理的水池要注明循环线路及设施要求。

立面设计反映主要朝向各立面处理的高度变化和立面景观。水池池壁顶与周围地面要有合宜的高程关系，既可高于路面，也可以持平或低于路面做成沉床水池。池壁顶可做成平顶、拱顶和挑伸、倾斜等多种形式。水池与地面相接部分可做成凹入的变化。

剖面应有足够的代表性，要反映从地基到壁顶各层材料的厚度及标高情况。

管道布置平面图反映管道、水泵、喷嘴的布置情况，标注相关位置尺寸和规格型号。

轴侧图反映喷泉管道系统各组成部分的相互关系，给人提供直观具有立体感的形象。

节点大样图反映喷水池中局部节点的详细做法。

喷泉主要材料表反映喷泉中主要设备材料的规格、型号、数量和相关技术参数。

设计说明反映设计意图、材料要求和施工中应注意的问题等。

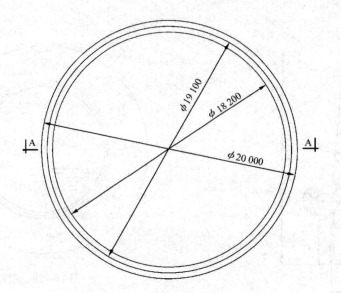

图 11-29 喷泉水池平面图 1:100

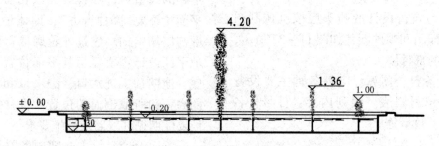

图 11-30 喷泉剖立面图 1:100

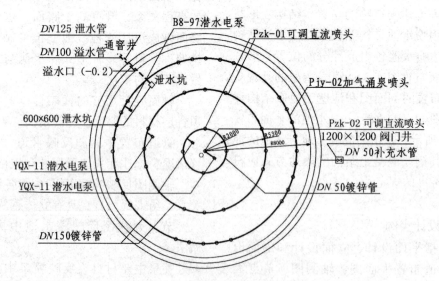

图 11-31 喷泉管线平面图 1:100

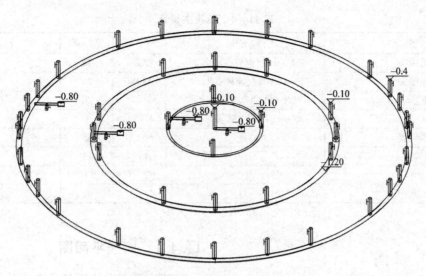

图 11-32 喷泉轴侧图

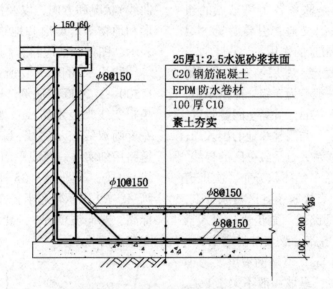

图 11-33 水池结构大样图 1:20

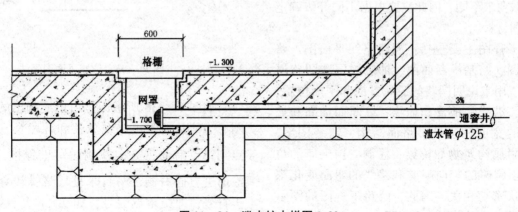

图 11-34 泄水坑大样图 1:20

表 11-4 喷泉主材表

编号	名 称	型 号	规 格	数 量	备 注
01	可调直流喷头	Pzk-01 可调直流喷头	15mm	17	
02	加气涌泉喷头	Pjy-02 加气涌泉喷头	25mm	28	
03	潜水电泵	YQX-11 潜水电泵		3	扬程 10~18m
04	潜水电泵	B8-97 潜水电泵	4~6m	1	
05	DN150 镀锌管		DN150	85	
06	DN50 镀锌管		DN50	12	
07	水泵软接头			3	与水泵匹配
08	闸 阀			45	

11.4 园路工程图

园路是园林的脉络，是联系各个风景点的纽带。园路在园林中起着组织交通、引导游览、组织景观、划分空间、构成园景的作用。

园路的构造要求基础稳定、基层结实、路面铺装自然美观。园路的宽度一般分为3级：即主干道，次干道和游步道。主干道 6~7m，贯穿全园各景区，是园林绿地道路系统的骨干，与园林绿地的出入口、各功能分区以及风景点相联系，也是各分区的界线，形成整个绿地道路的骨架，多呈环状分布。次干道 2.5~4m，由主干道分出，直接联系各区及风景点，是各景区内的主要游览交通路线。游步道是深入景区内游览和供游人漫步的道路，双人游步道 1.5~2.0m，单人游步道 0.6~0.8m。道路的坡度要考虑排水效果，一般不小于3%，纵坡一般不大于8%。如自然地势过大，则要考虑采用台阶。不同级别的道路的承载要求不同，因此，要根据不同等级确定断面层数和材料。

园路工程图主要包括：园路路线平面图、路线纵断面图、路基横断面图、铺装详图和园路透视效果图。用来说明园路的游览方向和平面位置、线型状况、沿线的地形和地物、纵断面标高和坡度、路基的宽度和边坡、路面结构、铺装图案、路线上的附属构筑物如桥梁、涵洞、挡土墙的位置等。由于园路的竖向高差和路线的弯曲变化都与地面起伏密切相关，因此，园路工程图的图示方法与一般工程图样不完全相同。

11.4.1 路线平面图

路线平面图的任务是表达路线的线型（直线或曲线）状况和方向，以及沿线两侧一定范围内的地形和地物等。地形和地物一般用等高线和图例来表示，图例画法应符合《总图制图标准》的规定。

路线平面图一般所用比例较小，通常采用 1:500~1:2000 的比例。所以在路线平面中心画一条粗实线来表示路线。如比例较大，也可按路面宽度画双线表示路线，新建道路用中粗线，原有道路用细实线。路线平面由直线段和曲线段（平曲线）组成，如图 11-35 所示的是道路平面图图例画法，R9 表示转弯半径 9m，150.00m 为路面中心标高，纵向坡度 6%，变坡间距 101.00m，JD2 是交角点编号。

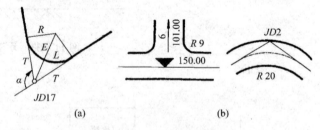

图 11-35 道路平面图画法

如图 11-36 所示，是用单线画出的路线平面图。为清楚地看出路线总长和各段长，一般由起点到终点沿前进方向左侧注写里程桩，符号 ⌀。沿前进方向右侧注写百米桩。路线转弯处注写转折符号，即交角点编号，如 JD17 表示第 17 号交角点。沿线每隔一定距离设水准点，BM.3 表示 3

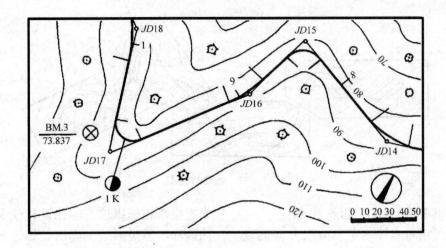

图 11-36 线路平面图

表 11-5 平曲线表

交角点	交角点里程桩	偏角 α 左	偏角 α 右	R	T	L	E
JD10	610.74	38°18′		50	17.36	33.42	2.93
JD11	653.04	23°43′		50	10.50	20.69	1.09
JD12	689.55		18°26′	70	11.36	22.52	0.92
JD13	737.15		15°05′	50	6.62	13.17	0.44
JD14	769.80		52°59′	20	9.96	18.49	2.35
JD15	847.56	89°51′		15	14.96	23.52	6.19
JD16	899.38		20°24′	100	17.99	35.61	1.61
JD17	1+011.69		119°46′	15	25.86	31.35	14.89
JD18	052.21	10°54′		200	19.08	38.05	0.91
JD19	128.35	16°51′		80	11.85	23.53	0.87
JD20	165.84		3°10′				

号水准点,73.837 是 3 号水准点高程。

在图纸的适当位置画路线平曲线表,按交角点编号表列平曲线要素。包括交角点里程桩、转折角 α(按前进方向向右转或左转)、曲线半径 R、切线长 T、曲线长 L、外距 E(交角点到曲线中心距离),见表 11-5。

如路线狭长需要画在几张图纸上时,应分段绘制。如图 11-37 所示,路线分段应在整数里程桩断开。断开的两端应画出垂直于路线的接图线(点划线)。接图时应以两图的路线"中心线"为准,并将接图线重合在一起,指北针同向。每张图纸右上角应绘出角标,注明图纸序号和图纸总张数。在最后一张图的右下角绘出图标和比例尺。

11.4.2 路线纵断面图

路线纵断面图用于表示路线中心地面起伏情况。纵断面图是用铅垂剖切面沿着道路的中心线进行剖切,然后将剖切面展开成一立面,纵断面的横向长度就是路线的长度。园路立面由直线和竖曲线(凸形竖曲线和凹形竖曲线)组成。

由于路线的横向长度和纵向高度之比相差很大。故路线纵断面图通常采用两种比例,如长度

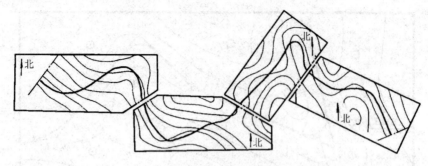

图 11-37　线路拼接图

采用 1∶2000，高度采用 1∶200，相差 10 倍。

路线纵断面图用粗实线表示顺路线方向的设计坡度线，简称设计线。地面线用细实线绘制，具体画法是将水准测量测得的各桩高程，按图样比例点绘在相应的里程桩上，然后用细实线顺序把各点连接起来，故纵断面图上的地面线为不规则曲折状。

设计线的坡度变更处，两相邻纵坡坡度之差超过规定数值时，变坡处需设置一段圆弧竖曲线来连接两相邻纵坡。应在设计线上方表示凸形竖曲线和凹形竖曲线，标出相邻纵坡交点的里程桩和标高、竖曲线半径、切线长、外距、竖曲线的始点和终点。如变坡点不设置竖曲线时，则应在变坡点注明"不设"。路线上的桥涵构筑物和水准点都应按所在里程注在设计线上，标出名称、种类、大小、桩号等，如图 11-38 所示。图示在 0+773 处有一座截面为 $0.75 \times 0.75 m^2$ 的石盖板涵洞。

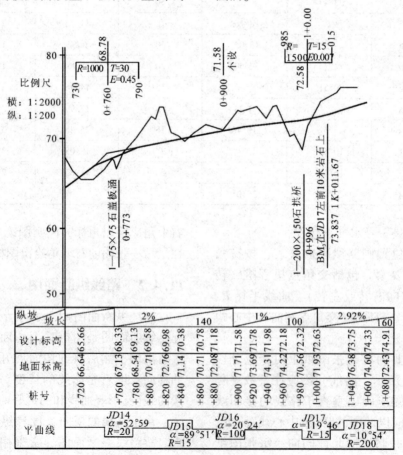

图 11-38　线路纵断面图

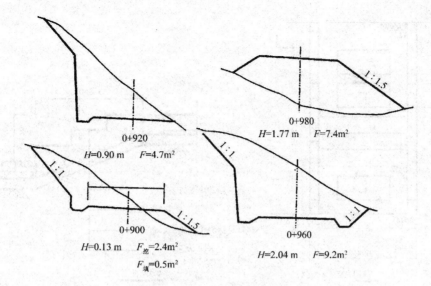

图 11-39 路基横断面图

在图样的正下方还应该绘制资料表,主要包括:每段设计线的坡度和坡长,用对角线表示坡度方向,对角线上方标坡度,下方标坡长,水平段用水平线表示;每个桩号设计标高和地面标高;平曲线(平面示意图),直线段用水平线表示,曲线用上凸或下凹图线表示左转或右转,标注交角点编号、转折角和曲线半径。资料表应与路线纵断面的各段一一对应。

路线纵断面图用透明方格画纸,一般总有若干张图纸。

11.4.3 路基横断面图

路基横断面图是用垂直于设计路线的剖切面进行剖切所得到的图形,作为计算土石方和路基施工依据。

沿道路路线一般每隔20m画一路基横断面图,沿着桩号从下到上,从左到右布置图形。横断面的地面线一律画细实线,设计线一律画粗实线。每一图形下标注桩号、断面面积 F、地面中心到路基中心的高差 H,如图 11-39 所示。断面图一般有3种形式:填方段称路堤、挖方段称路堑和半填半挖路基。路基横断面一般用 1:50、1:100、1:200的比例。应画在透明方格纸上,便于计算土方量。

11.4.4 铺装详图

铺装详图用于表达园路面层的结构和铺装图案。如图 11-40 所示,是一段园路的铺装详图。图示用平面图表达路面装饰性图案,常见的园路路面有:花街路面(用砖、石板、卵石组成各种图案)、卵石路面、混凝土板路面、嵌草路面、雕刻路面等。雕刻和拼花图案应画平面大样图。路面结构用断面图表达。路面结构一般包括:面层、结合层、基层、路基等,如图 11-40 中 1-1 断面图。当路面纵坡坡度超过12°时,在不通车的游步道上应设台阶。台阶高度一般120~170mm,踏步宽 300~380mm,每 8~10 级设一平台段,如图 11-40 中 2-2 断面图表达台阶的结构。

11.4.5 园路布局设计实例

图 11-41 为南京市花卉公园道路系统的布局图。公园设3个公共出入口和一个园务专用入口,主入口在环湖路上。道路分3级,主干道宽4.5m,连接各景区和出入口。次道路宽2.5m,为景区内的主要道路。游览道宽 1.2~1.5m,连接各景点。整个道路布局合理、自然流畅,充分体现了道路在绿地中的各项功能。园路的断面类型可用列表的方式表示,见表 11-6。具体断面构造用节点详图来表示,如图 11-42 所示。

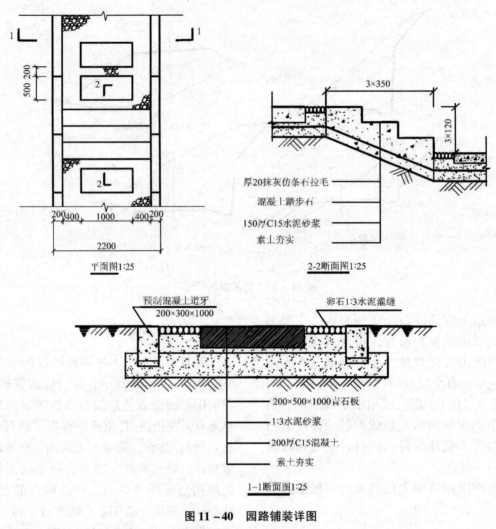

图 11-40 园路铺装详图

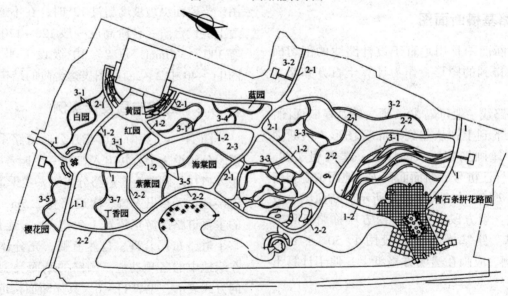

图 11-41 某公园道路系统布局图

表 11-6 道路断面类型

道　路	代　号	幅宽(m)	材　料
主干道	1-1	4.5	混凝土路面
主干道	1-2	4.5	片石青石拼花路面
次干道	2-1	2.5	卵石片石拼花路面
次干道	2-2	2.5	卵石片石拼花路面
小　径	3-1	1.2	片石冰纹路面
小　径	3-2	0.8	片石冰纹路面
小　径	3-3	0.8	青石卵石拼花路面
小　径	3-4	0.8	卵石拼花路面
小　径	3-5	0.8	嵌草路面
小　径	3-6	0.8	纹花砖镶卵石路面
小　径	3-7	0.8	块石汀步路面
小　径	3-8	0.8	白砂路面
小　径	3-9	0.8	圆木镶白卵石路面

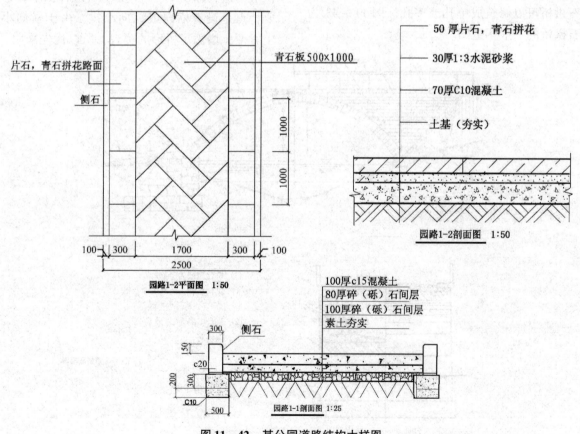

图 11-42 某公园道路结构大样图

11.5 园桥工程图

有水有路必有桥,桥在园林中不仅是路在水中的延伸,并且参与组织游览路线,是水面重要的风景点,并自成一景。园桥的造型丰富多彩,大水面可采用多孔长桥,小水面有贴近水面的平桥、曲桥,有便于游船通行的拱桥,还有用于控制水位高度的闸桥等。本节主要介绍拱桥工程图。园林中常见的拱桥有:钢筋混凝土拱桥、石拱桥、双曲拱桥等。其中石拱桥是一种非常坚固而耐久的桥梁结构,具有刚性好、造型美观的优点。由于石拱桥节省大量的水泥、钢材,便于就地取材,而且建筑工艺比较简单、养护费用低,所以成为园林桥梁建筑中优先考虑的桥梁结构。

11.5.1 石拱桥的一般构造

石拱桥可以修筑成单孔或多孔。图11-43为单孔石拱桥的一般构造图。

单孔拱桥主要由拱圈、拱上构造和两个桥台组成。拱圈是拱桥主要的承重结构。拱圈的跨中截面称为拱顶,拱圈与桥台(墩)连接处称为拱脚或起拱面。拱圈各轴向截面的形心连线称为拱轴线。当跨径小于20m时,采用圆弧线,为园林石拱桥所多见;当跨径大于或等于20m时,则采用悬链线。拱圈的上曲面称为拱背,下曲面称为拱腹。起拱面与拱腹的交线称为起拱线。在同一拱圈中,两起拱线间的水平距离称为拱圈的净跨径(L_0),拱顶下缘至两起拱线连线的垂直距离称为拱圈的净矢高(f_0),矢高与跨径之比(f_0/L_0)称为矢跨比(又称拱矢度),是影响拱圈形状的重要参数。

拱圈以上的构造部分叫作拱上构造,由侧墙、护拱、拱腔填料、排水设施、桥面、檐石、人行道、栏杆、伸缩缝等结构组成,如图11-43。当跨径较大(一般在20m以上)时可做成空心腹式的拱上构造,如图11-44所示。这种拱上构造的主要特点是设有横向或纵向小拱。由于横向小拱施工方便,增添了桥形的美观,所以优先采用。

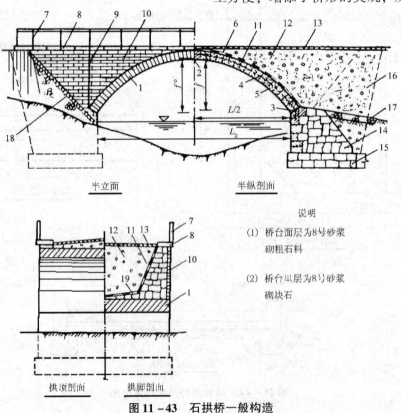

说明

(1) 桥台面层为8号砂浆砌粗石料

(2) 桥台里层为8号砂浆砌块石

图11-43 石拱桥一般构造

1. 拱圈 2. 拱顶 3. 拱脚 4. 拱轴线 5. 拱腹 6. 拱背 7. 栏杆 8. 檐石 9. 伸缩缝 10. 侧墙 11. 防水层
12. 拱腹填料 13. 桥面铺装 14. 桥台台身 15. 桥台基础 16. 桥台翼墙 17. 盲沟 18. 护坡 19. 防水层

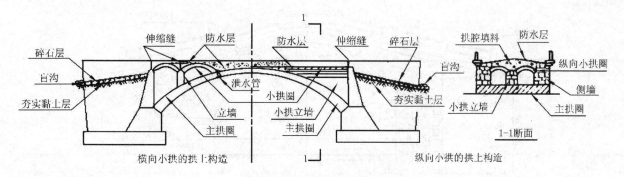

图 11-44 空腹式拱上构造

在桥梁上设置排水系统的目的是迅速地将落在桥面上的雨水排走，排水系统包括桥面纵横坡、排水边沟、防水层及泄水管、盲沟等。防水层铺设在侧墙内侧和拱圈及护拱的背面，目的是防止桥面渗水侵蚀拱圈，影响拱桥寿命。防水层的材料，可用 2～3 层油毛毡及沥青交替铺设，要求不高时可用 15cm 厚的石灰三合土或胶泥黏土代替。泄水管包括桥面泄水管和拱腔泄水管。在桥长大于 40m 时，必须在檐石下设桥面泄水管。对于两孔以上或单孔跨径大于 20m 的拱桥，其拱腔内应埋置泄水管，使渗水沿防水层汇流而排出桥外。至于桥头的渗水，则沿纵横两向盲沟排出路堤之外。

在动载作用及温度变化时，拱圈将发生挠度，拱上构造也随之变形，侧墙或拱腹与墩台连接处将产生裂缝。为了防止这种不利的开裂，一般在跨径大于 15m 或桥长大于 40m 时，应设置 2～3cm 的伸缩缝，实腹式拱桥通常设在两拱脚上方，空腹式拱桥设在第一小拱的拱脚及拱顶处。在设置伸缩缝的地方，檐石、人行道、栏杆及刚性路面等都要相应地断开，否则就失去了伸缩缝的作用。

桥台和桥墩同是拱桥的下部结构，其中桥台一方面支承拱圈和拱上构造，将上部结构的荷重传至地基；另一方面还承受桥头路堤填土的水平推力。拱桥桥台以 U 型为多见，如图 11-45 立体图所示。为保护桥台和桥头路基免受水流冲刷，在桥台两侧还设置锥形护坡。桥墩是修筑于河道中间支承拱圈和上部建筑的结构。常见重力式桥墩由基础、墩身和墩帽组成。

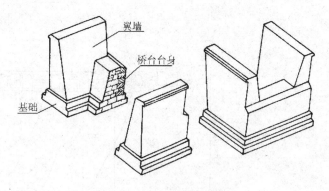

图 11-45 U 型桥立体图

11.5.2 拱桥工程图的表示方法

(1) 总体布置图

如图 11-46 所示是一座单孔实腹式钢筋混凝土和块石结构的拱桥总体布置图。立面图采用半剖，表达拱桥的外形、内部构造、材料要求和主要尺寸。立面图的主要尺寸有：净跨径 5000，净矢高 1700，拱圈半径 R2700，桥顶标高，地面标高和基底标高，设计水位等。平面图一半表达外形，一半采用分层局部剖表达桥面各层构造。平面图还表达了栏杆的布置和檐石的表面装修要求。平面图的主要尺寸有：桥面宽 3300，桥身宽 4000，基底宽 4500，侧墙基和栏板的宽度等。

(2) 构件详图

如图 11-47 所示，桥台详图表达桥台各部分的详细构造和尺寸、台帽配筋情况。横断面图表达拱圈和拱上结构的详细构造和尺寸，拱圈和檐石望柱的配筋情况。在拱桥工程图中，栏杆望柱、抱鼓石、桥心石等都应画大样图表达它们的样式，图 11-47 是栏杆望柱的大样图。

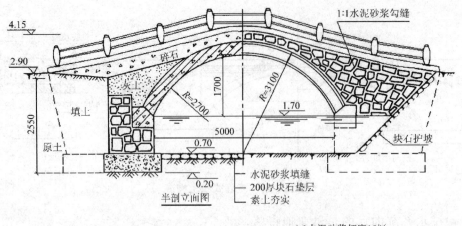

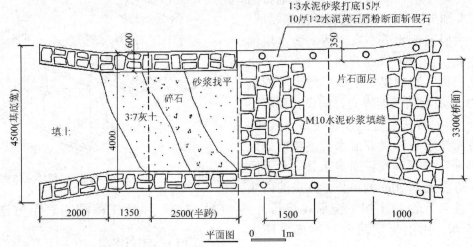

说明

桥座：M10 水泥砂浆砌石，100 厚 C15 混凝土找平，贴石片；

桥拱：C30 钢筋混凝土台帽与拱圈同时浇制；

侧墙：M10 水泥砂浆砌块石墙，外贴片石勾缝；

桥面：碎石上用 100 厚 M5 水泥砂浆找平，贴片石；

栏杆：用 φ6 作主筋与下面钢筋扎牢，用模板浇制；

其他：桥身黄色基调，栏杆白色，限载 5t

图 11-46 拱桥总体布置图

(3) 工程说明

用文字书写桥位所在河床的工程地质情况，也可绘制地质断面图。在工程说明中，还应书写设计标高、矢跨比、限载吨位以及各部分的用料要求和施工要求等。

11.6 园林工程图的绘制

园林工程设计一般需要经过规划、初步设计、技术设计和施工设计几个阶段，每个阶段都要绘制相应的图纸。各种类型的园林，其内容不同，完成设计所需图纸的数量也不相同。现以小型公园或游园为例，说明绘制园林图的一般步骤。

游园的内容主要包括绿地种植、园路和活动场地、园林建筑物和构筑物（亭廊花架、建筑小品、水池和假山石等）。其园林图应包括：总平面图、竖向设计图、种植设计图、园林建筑物和构筑物工程图等。

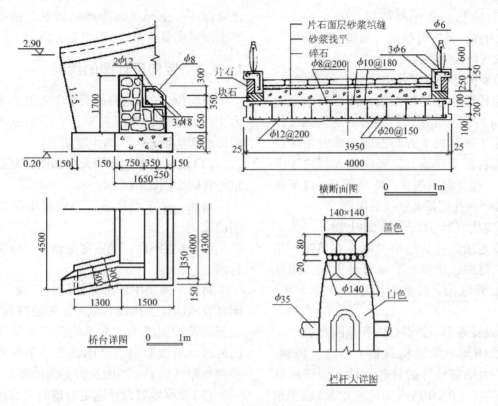

图 11-47 构件详图

园林制图涉及地形、建筑、城市规划等内容,应按现行国家标准执行,如《总图制图标准》(GB/T 50103—2010)《建筑制图标准》(GB/T 50104—2010)等。为了使风景园林制图的常用图例图示规范化,达到统一,以提高绘制风景园林规划设计图的质量和效率,建设部还颁布了行业标准《风景园林图例图示标准》CJJ 67—1995。

11.6.1 绘图前的准备工作

由于游园的面积不大,内容又比较复杂,绘图前应准备好较详细的现状地形图。图中要能反映出地上现有建筑、道路、现状树、现状高程、地上杆线及上水、下水、热力、电力的井位。为避免园林工程和地下管线产生矛盾,还应准备一张准确的综合管线图,图中应有各种管线的平面位置和埋置深度。

11.6.2 总平面图绘制

游园总平面图反映游园各组成部分的平面关系,绘图步骤:

(1) 根据用地范围的大小与总体布局情况,选择适宜的绘图比例

一般情况下绘图比例的选择主要根据规划用地的大小来确定,绘图常用比例1:500~1:2000。若用地面积大,总体布置内容较多,可考虑选用较小的绘图比例。

(2) 确定图幅,做好图面布局

在进行图面布置时,应考虑图形、植物配置表、文字说明、标题栏、大标题等内容所占用的图纸空间,使图面布局合理,并且保证图面均衡、清晰。

(3) 确定定位轴线,或绘制直角坐标网

在所设计的游园中,应标明作为定点放线基准的可靠地上物(如原有的建筑、山石、大树等)。若没有可靠的地上物作为定点放线的依据时,应特别将附近的建筑、道路、电线杆、大树等地上物画在图上,作为基准点和基准线。

对规则式的平面要注明基准轴线与现状的关系。对自然式园路、园林植物种植应以直角坐标网格作为控制依据。坐标网格以（2m×2m）～（10m×10m）为宜，其方向尽量与测量坐标网格一致，并采用细实线绘制。

采用直角坐标网格标定各造园要素的位置时，可将坐标网格线延长作定位轴线，并在其一端绘制直径为8mm的细实线圆进行编号。定位轴线的编号一般标注于图样的下方与左侧，横向用阿拉伯数字自左而右按顺序编号，竖向用大写拉丁字母（除I、O、Z外，避免与1、0、2混淆）自下而上按顺序编号，并注明基准轴线的位置。

(4) 绘制现状地形与欲保留的地上物

用细绘图笔描绘现状地形及原有建筑物、构筑物、铁路、道路、桥涵、围墙等地上物，用红钢笔描绘综合管线图，总平面图中一般不画树，只画现状树。

(5) 绘制设计地形与新设计的各造园要素

用中粗绘图笔画新建构筑物、道路、桥涵、边坡、围墙、活动场地等的外轮廓线，新建园林建筑用粗绘图笔（±0.00高度的可见轮廓）或中粗绘图笔（±0.00高度以外的可见轮廓），山石小品的外轮廓线和水体驳岸线用粗线，新建的道路路肩、人行道、花坛用细线。对景、借景等风景透视线用虚线表示，画出透视线的目的是为了表明设计意图，在施工建设中应予以重视。

(6) 标注尺寸和标高

总平面图中一般应标出新设计的建筑、道路、场地和其他园林设施的外形尺寸和定位尺寸。如以方格网作为定点放线的依据，图中应将园林建筑设施的坐标位置注写清楚。平面图上的尺寸、坐标、标高均以"m"为单位，小数点后保留3位有效数字。

(7) 注写图例说明与设计说明

图纸上应注写图例说明与设计说明。为使图面清晰、便于阅读，对图中的建筑物及设施应以编号，编号一般采用阿拉伯数字，然后在说明中注明其相应的名称。也可将必要的内容注写于设计说明书中。

(8) 绘制指北针或风向玫瑰图等符号，注写比例尺，填写标题栏、会签栏

为了更形象地表达设计意图，可视需要绘制出立面图、全园鸟瞰图和局部景点透视图等。总平面图可参见附录二（附图Ⅱ-1）。

11.6.3 竖向设计图的绘制

竖向设计（即地形设计）是填挖土方的主要技术文件。竖向设计图主要是一张地形图，有时还画出地形剖面图，绘图步骤如下：

(1) 根据用地范围的大小和图样复杂程度，选定适宜的绘图比例

对同一个工程而言，一般采用与总平面图相同的比例。

(2) 布置图面，确定定位轴线，或绘制直角坐标网

将总平面图中的道路系统、广场、园林建筑、园林设施的位置描绘在纸上，为使图面清晰可见，在竖向设计图纸中通常不绘制园林植物。较简单的游园也可将竖向设计图画在总平面图上。以上步骤与园林总平面图的绘图要求相同。

(3) 根据地形设计选定合适的等高距，并绘制等高线

城市园林的地形设计一般都为微地形，所以在不说明的情况下等高距均默认为1m。在竖向设计图中等高线用细实线绘制，原地形等高线用虚线绘制。等高线上应注写高程，高程数字处等高线应断开，高程数字的字头应朝向山头，数字应排列整齐。为明显区别，原地形高程用括号括起。一般以平整地面高程定为±0.00，高程的单位为"米"，小数点后保留两位有效数字。

(4) 标注排水方向，注写标高

排水方向用单箭头表示，标明雨水口位置及标高。

建筑物应标注室内地坪标高，并用箭头指向所在位置。山石用标高符号标注最高部位的标高。道路的高程一般标注于交汇、转向、变坡处，标注位置以圆点表示，圆点上方标注高程数字。水体的湖底为缓坡时，高程标注于湖底等高线的断开处；当湖底为平面时，用标高符号标注湖底高程，标高符号下面应加画短横线和45°斜线表示湖底。

(5) 注写设计说明

用简明扼要的语言，注写设计意图，说明施工的技术要求及做法等，或附设计说明书。

(6) 画指北针或风向玫瑰图，注写标题栏

另外，根据表达需要，在重点区域、坡度变化复杂的地段，还应绘出剖面图或断面图，以表示各关键部位的标高及施工方法和要求。竖向设计可参见附录二（附图Ⅱ-2）。

11.6.4 种植设计图的绘制

种植设计图可绘制在一张图纸上，也可分区绘制。种植设计图主要是平面图，设计图中的树丛、树群及花坛设计应配以透视图或立面图，以反映树木的配合。绘图步骤如下：

(1) 选择绘图比例，确定图幅

园林植物种植设计图的比例不宜过小，一般不小于1:500，否则，无法表现植物种类及其特点。

(2) 确定定位轴线，或绘制直角坐标网

内容略。

(3) 绘制出其他造园要素的平面位置

将园林设计平面图中建筑、道路、广场、山石、水体及其他园林设施和市政管线等的平面位置按绘图比例绘在图上。用粗绘图笔描建筑平面，中粗笔画道路、水池等构筑物，红钢笔画管线平面位置图，常见市政管线图例习惯画法如图11-48所示，规划管线用虚线。

(4) 确定种植点

先标明需保留的现有树木，再绘出种植设计内容。根据各种树木的种植位置，在图纸上点种植位置"黑点"。

(5) 分别画出不同树种的树冠线

树冠的平面符号应能在图纸上区分大乔木、中小乔木、常绿针叶树、花灌木等。一般情况下，平面图上的树冠应按施工若干年后的成形树木冠径尺寸绘制，以便反映设计意图。

高大乔木（毛白杨、槐树、柳树、悬铃木、栾树、银杏等）树冠5~10m，中小乔木（元宝枫、玉兰、海棠、卫矛、山桃、白蜡等）树冠3~7m，常绿乔木（油松、雪松等）树冠4~8m，锥形常绿树（圆柏、云杉、杜松等）树冠2~3m，花灌木（木槿、丁香、榆叶梅、珍珠梅、黄刺玫等）冠幅1~3m，单行绿篱每米3株，宽0.5~1m，双行绿篱每米5株，宽1~1.5m。

(6) 标注树种名称及数量

简单的设计可用文字注写在树冠线附近。较复杂的种植设计，可用数字号码代表不同树种，然后列表说明树木名称和数量。相同的树木可用细线连接。

(7) 注明株行距和定点放线的依据

成排种植的规整树木，在种植地段上标注几处即可。要把自然种植的树木之间的距离都写在图纸上是困难的，这时只标注重点树木的施工定点尺寸，一般树木中可根据地上物与自然点的大致距离来确定种植位置。也可以在种植设计图上按一定距离画方格网，这时重点树的坐标位置也应在图上标注清楚。

(8) 编制苗木统计表

在图中适当位置，列表说明植物编号、植物名称（必要时注明拉丁文名称）、单位、数量、规格及备注等内容。如果图上没有空间，可在设计说明书中附表说明。

(9) 编写设计施工说明，绘制植物种植详图

必要时按苗木统计表中的编号，绘制植物种植详图，说明种植某一植物时挖坑、施肥、覆土、

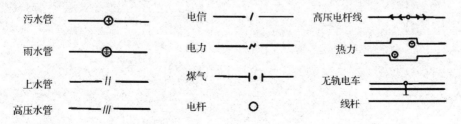

图11-48 市政管线图例

支撑等种植施工要求。

(10)画指北针或风向玫瑰图，注写比例和标题栏

种植设计、苗木表可参见附录二（附图Ⅱ-3）。有时为提高图面效果，可进行色彩渲染。

小　结

本章主要阐明园林工程图的内容和特点。园林工程设计所表现的树木、山石水体、自然曲折的道路、地形等高线等没有统一的尺寸和形状，大多需要徒手绘制。徒手画要求线条流畅，图面自然美观，要经反复练习。园林设计与施工有密切的联系，如山石的堆叠、树木的搭配、自然曲折的道路，许多细节在工程图样中无法详尽表达，需要在施工中体会设计意图，创造性地加以完成。本章要求掌握园林构景要素的画法；掌握园林中水景、园桥、园路工程图绘制的基本要求、内容和方法；掌握园林工程图中总平面图、竖向设计图、种植设计图等的绘制方法。

思考题

1. 园林设计一般应绘制哪些工程图纸？

11.6.5　园林建筑物和构筑物工程图

这类图纸的数量最多，其画法和内容在前面各章节已详细介绍，不再重复。

2. 在平面图上如何表示园林植物和山石、水体？

3. 水景工程图的表达方法和尺寸注法有哪些特点？水景工程图包括哪些内容？

4. 管道连接的画法有哪些规定？简述管道平面图和管道安装详图的内容、画法和尺寸注法，喷水池工程图包括的内容。

5. 园路工程图包括哪些内容？简述路线平面图、路线纵断面图、路基横断面图、铺装详图的内容、画法和尺寸注法。

6. 园桥工程图包括哪些内容？园桥工程图上要标注哪些尺寸？

7. 简述园林总平面图、竖向设计图、种植设计图的绘图步骤，图线、图例画法和尺寸标注的规定。

第12章 计算机绘图

[**本章提要**] 计算机绘制园林工程图具有快速简便，易于掌握和修改，便于输出和保存等优点。最具代表性的是美国 Autodesk 公司的 AutoCAD 设计软件包，为当前通用的绘图软件，AutoCAD 2014 是目前使用的较新版本。本章主要介绍 AutoCAD 2014 绘图软件的操作环境、基本图形绘制与编辑、标注尺寸与图形输出等基本知识，通过实例来讲解计算机绘制园林工程图的一般步骤与方法。

12.1 AutoCAD 操作环境

熟悉软件工作界面是计算机绘图的首要任务。启动 AutoCAD 2014 后，进入其提供的绘图操作环境。

12.1.1 软件界面介绍

AutoCAD 2014 提供了"草图与注释""三维基础""三维建模"和"AutoCAD 经典"4 种工作空间模式，用户可以根据自己的习惯或工作需求设置并保存自己的工作空间。"草图与注释"为默认状态下的工作空间模式，其界面主要由快速访问工具栏、标题栏、菜单栏、功能区、绘图区、命令行、状态栏等组成，如图 12-1 所示。

快速访问工具栏位于 AutoCAD 2014 窗口顶部左侧，它提供了对定义的命令集的直接访问。用户可以添加、删除和重新定位命令和控件。默认状态下，快速访问工具栏包括新建、打开、保存、另存为、打印、放弃、重做命令和工作空间控件。

标题栏位于应用程序窗口的最上面中间位置，用于显示软件的名称和当前打开的文件名称等信息。标题栏右端按钮分别代表最小化、最大化以及关闭应用程序窗口。

标题栏下方是菜单栏，由"文件""编辑""视图""插入""格式""工具""绘图""标注""修改""参数""窗口""帮助"12 个菜单组组成，每个菜单组又包含了一些菜单项和级联子菜单，这里几乎包括了 AutoCAD 2014 中全部的功能和命令。展开快速访问工具栏最后的按钮，从中可以控制菜单栏的显示或隐藏。

功能区由许多面板组成，其中包含了设计绘图的绝大多数命令，它为相关的命令提供了一个单一、简洁的放置区域。用户只要单击面板上的按钮即可激活相应命令。切换功能区选项卡上不同的标签，AutoCAD 2014 将显示不同的面板。

绘图窗口是绘图、编辑图形对象的工作区域，绘图区域可以随意扩展，在屏幕上显示的可能是图形的一部分或全部区域，用户可以通过缩放、平移等命令来控制图形的显示。绘图窗口是用户在设计和绘图时最为关注的区域，所有的图形都在这里显示，所以要尽可能保证绘图窗口大一些。

在绘图区域移动鼠标会看到一个十字光标在移动，这就是图形光标。绘制图形时图形光标显示为十字形，拾取编辑对象时图形光标显示为拾取框。绘图窗口左下角是 AutoCAD 2014 的直角坐

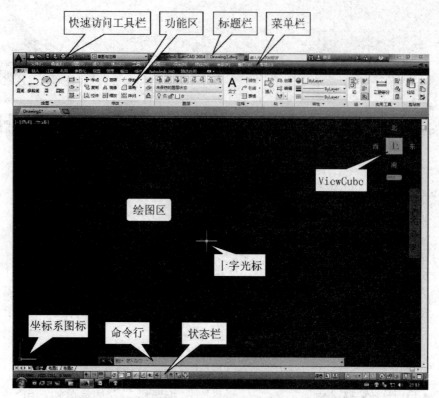

图 12-1 AutoCAD 2014"草图与注释"工作空间界面

标系显示标志，用于指示图形设计的平面。绘图窗口下方的"模型"和"布局"选项卡分别代表模型空间和图纸空间，单击其标签可在模型空间和图纸空间之间进行切换。

"命令行"窗口位于绘图窗口的底部，用于接收用户输入的命令，并显示 AutoCAD 命令和操作的提示信息，是 AutoCAD 2014 软件中最重要的人机交互的地方。

状态栏位于工作界面的最底部，用以显示 AutoCAD 当前的状态，主要由当前的坐标、功能按钮等组成。其中左侧的"坐标"区用于动态地显示当前光标所处的三维坐标数值。状态栏上大多数功能按钮是为了提高作图效率而设置的。

12.1.2 基本操作方法

使用 AutoCAD 2014 绘制园林工程图，应熟练掌握 AutoCAD 2014 中命令和文件的基本操作。

12.1.2.1 命令的基本操作

AutoCAD 绘图是通过对一系列命令的操作来完成的。命令的基本操作主要有命令的输入、命令的取消、命令的重复执行等。

(1) 命令的输入

一般可通过 4 种方式完成命令的输入。点击工具栏上相应的图标；点击菜单栏中对应的命令；命令行中输入命令；使用快捷菜单。如果输入命令的缩写形式(表 12-1)，会加快命令的输入。

(2) 命令的取消

在使用 AutoCAD 进行绘图时，有时会输入错误的命令或选项，可以直接按[Esc]键，取消当前命令的操作。

(3) 命令的重复

在绘图过程中，有时需要重复执行某个命令，在执行一次这个命令之后，直接按回车键、空格键或者在绘图区域单击鼠标右键，并选取右键菜单中的"重复××"命令，可重复执行该命令。

12.1.2.2 文件的基本操作

文件的基本操作主要包括新建图形文件、打开图形文件、保存图形文件和关闭图形文件等操作。

表 12-1　AutoCAD 常用命令缩写列表

绘图命令缩写	命令	命令名	编辑命令缩写	命令	命令名	视图命令缩写	命令	命令名
L	LINE	直线	T	MTEXT	多行文字	EX	EXTEND	延伸
PL	PLINE	多段线	DT	TEXT	单行文字	F	FILLET	圆角
PO	POINT	点	E	ERASE	删除	Z	ZOOM	视图缩放
C	CIRCLE	圆	CO	COPY	复制	P	PAN	平移视图
A	ARC	圆弧	MI	MIRROR	镜像			
EL	ELLIPSE	椭圆	O	OFFSET	偏移			
REC	RECTANG	矩形	AR	ARRAY	阵列			
SPL	SPLINE	样条曲线	M	MOVE	移动			
B	BLOCK	创建块	RO	ROTATE	旋转			
I	INSERT	插入块	SC	SCALE	缩放			
BH	BHATCH	图案填充	TR	TRIM	修剪			

(1) 新建图形文件

可选择"文件"/"新建"命令（NEW），打开"选择样板"对话框中的"Template"样板文件夹，显示 AutoCAD 2014 自带或用户自己预先设定的样板文件，新建图形将以选中的样板文件为样板创建。

(2) 打开图形文件

要打开现有的 AutoCAD 图形可在"启动"对话框中选择"打开文件"。如果 AutoCAD 已经启动，可选择"文件"/"打开"命令（OPEN），打开已有的图形文件。

(3) 保存图形文件

可选择"文件"/"保存"命令（QSAVE），以当前使用的文件名保存图形；也可选择"文件"/"另存为"命令（SAVE AS），将当前图形以新的名称保存。AutoCAD 具有自动保存功能，默认值是间隔 10min 保存一次。

(4) 关闭图形文件

选择"文件"/"关闭"命令（CLOSE），或在绘图窗口中单击"关闭"按钮，可以关闭当前图形文件。

12.2　基本图形绘制与编辑

任何平面图形都是由点、直线、圆、圆弧、椭圆、样条曲线等基本要素组成，只有熟练掌握基本图形的绘制与编辑，才能更快更好地绘制出较为复杂的图形。

12.2.1　绘制基本图形

AutoCAD 2014 提供了多种基本图形的绘制命令，主要有点、直线、多段线、矩形、正多边形、圆、圆弧、椭圆、样条曲线、修订云线等。这些基本图形的绘制都要求首先输入点来确定它们的大小、方向和位置。

(1) 点的坐标输入法

点的坐标可以使用绝对直角坐标、绝对极坐标、相对直角坐标和相对极坐标 4 种方法表示，它们的特点如下：

①绝对直角坐标　是从点(0, 0)或(0, 0, 0)出发的位移，可以使用分数、小数或科学记数等形式表示点的 X 轴、Y 轴、Z 坐标值，坐标间用逗号隔开，如点(8.3, 5.8, 8.8)。

②绝对极坐标　是从点(0, 0)或(0, 0, 0)出发的位移，但给定的是距离和角度，其中距离和角度用"＜"分开，且规定 X 轴正向为 0°，Y 轴正向为 90°，如点(4.27＜60)。

③相对直角坐标和相对极坐标　相对坐标是指相对于某一点的 X 轴和 Y 轴位移，或距离和角度。它的表示方法是在绝对坐标表达方式前加上"@"号，如(@ -13, 8)和(@ 11＜24)。其中，相对极坐标中的角度是新点和上一点连线与 X 轴的夹角。

(2) 绘制点

在 AutoCAD 2014 中，点样式有 20 种不同的外观形状，其大小也可调整，可以通过"格式"/"点样式"菜单命令进行选择。点可通过"单点""多点""定数等分"和"定距等分"4种方法绘制。

①绘制单点和多点 选择"绘图"/"点"/"单点"命令(POINT),一次只能绘制一个点;选择"多点"命令,一次可绘制多个点,直至按[Esc]键结束。

②定数等分对象 可以在指定的对象上绘制等分点或者在等分点处插入块。选择"绘图"/"点"/"定数等分"命令(DIVIDE),可将图12-2(a)中的圆等分为指定的六部分。

③定距等分对象 可在指定的对象上按指定的长度绘制点或者插入块。选择"绘图"/"点"/"定距等分"命令(MEASURE),输入等分段数长度,可将图12-2(b)中的样条曲线定距等分。

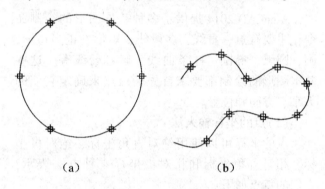

图12-2 绘制点
(a)定数等分圆 (b)定距等分样条曲线

(3)绘制直线

选择"绘图"/"直线"命令(LINE),或在功能区的"绘图"面板中单击"直线"按钮绘制,绘制连续折线时,在输入"Line"命令后指定第一点,然后连续指定多个点,按"Enter"命令结束。折线若需闭合,可输入"C",如要删除刚刚绘制的上一条直线,则可输入"U"。在绘制直线的过程中,可灵活运用直角坐标和极坐标、绝对坐标和相对坐标,并结合AutoCAD所提供的对象捕捉、对象追踪和极轴捕捉等辅助绘图功能。

(4)绘制多段线

多段线是由一系列相连的直线或圆弧组成的一个图形对象。选择"绘图"/"多段线"命令(PLINE),或在功能区的"绘图"面板中单击"多段线"按钮绘制,绘制好的多段线各段直线或圆弧可以一起编辑,也可以分别编辑。

(5)绘制矩形

选择"绘图"/"矩形"命令(RECTANGLE),或在功能区的"绘图"面板中单击"矩形"按钮,即可绘制出倒角矩形、圆角矩形、有厚度的矩形等,如图12-3所示的多种矩形。默认情况下,可通过指定两个对角点来绘制矩形。

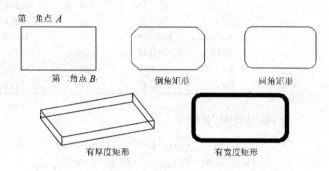

图12-3 矩形的多种绘制样式

(6)绘制正多边形

选择"绘图"/"正多边形"命令(POLYGON),或在功能区的"绘图"面板中单击"正多边形"按钮,可以绘制边数为3~1024的正多边形。默认情况下,可以使用正多边形的外接圆或内切圆来绘制正多边形。若选择"边(E)"选项,将以指定的两点间距作为多边形一条边的两个端点来绘制多边形。

(7)绘制圆

选择"绘图"/"圆"命令中的子命令,或在功能区的"绘图"面板中单击"圆"按钮即可绘制圆。在AutoCAD 2014中,可以使用6种方法绘制圆,其中"两点"绘制圆是指圆上某一直径的两个端点。

(8)绘制圆弧

AutoCAD 2014提供了11种绘制圆弧的方法。点击"绘图"/"圆弧"命令(ARC),在下拉列表中可以选择某一种绘制方法。也可通过点击工具栏中的图标或输入命令,结合命令行提示绘制。如"绘图"/"圆弧"/"三点"是第一种绘制方法,即绘制通过指定3点的一段圆弧,即圆弧的起点、通过的第二点和端点。

(9)绘制椭圆或椭圆弧

选择"绘图"/"椭圆"命令(ELLIPSE),或在功能区的"绘图"面板中单击"椭圆"或"椭圆弧"按钮即可绘制椭圆或椭圆弧。

在 AutoCAD 2014 中，可以通过以下方法绘制椭圆：根据指定的椭圆中心、一个轴的端点（主轴）以及另一个轴的半轴长度来绘制椭圆；指定一个轴的两个端点（主轴）和另一个轴的半轴长度绘制椭圆。也可以通过旋转圆并投影的方法来绘制椭圆。系统默认根据椭圆弧的包含角来确定椭圆弧，也通过指定的参数来确定椭圆弧。

(10) 绘制样条曲线

在园林工程制图中，样条曲线经常用于绘制园林道路、水面、绿地和模纹花坛等。样条曲线是一种通过或接近指定点拟合生成的光滑曲线。选择"绘图"/"样条曲线"命令（SPLINE），或在功能区的"绘图"面板中单击"样条曲线"按钮，即可绘制样条曲线。

默认情况下，可以指定样条曲线的起点，然后指定样条曲线的另一个点后，系统将提示"指定下一点或 [闭合（C）/拟合公差（F）] <起点切向>："。可通过继续定义样条曲线的控制点来创建样条曲线，也可以使用其他选项绘制样条曲线。在完成控制点的指定后，要求确定样条曲线在起点处和端点处的切线方向，可在该提示下直接输入表示切线方向的角度值，或者通过移动鼠标的方法来确定样条曲线的切线方向。通过"闭合"选项（C）可以绘制出一条封闭的样条曲线，此时需要指定起点和端点的公共切线方向。

(11) 绘制修订云线

修订云线命令用于绘制由连续的圆弧线组成的图形，在园林图中多用于绘制一些不规则的图形，如成片的树林、灌木丛和自然的模纹图案等。选择"绘图"/"修订云线"命令（REVCLOUD），或在功能区的"绘图"面板中单击"修订云线"按钮，即可绘制修订云线。

12.2.2 图形编辑

为了提高绘图效率，保证作图的精确性，图形绘制的过程中需要频繁使用编辑命令。二维图形编辑命令主要包括删除、复制、镜像、偏移、阵列、移动、旋转、缩放等。在编辑图形前首先要知道如何选择图形对象。

(1) 选择编辑对象

在 AutoCAD 2014 中，选择对象的方法很多，通常可以通过单击选取对象，按住[Shift]键单击可以从选择集中去除对象，还可以用矩形窗口（WINDOW）或交叉窗口（CROSSING）来选择多个对象。其中矩形窗口选择是将光标从图形的左边向右边选择，完全处于矩形框内的对象将被选中；交叉窗口选择是将光标从图形的右边向左边选择，矩形框包围和相交的对象都被选中。除此之外，还有栏选、编组、圈交和单个等选择方法。

(2) 删除

选择"修改"/"删除"命令（ERASE），或在功能区的"修改"面板中单击"删除"按钮，选择要删除的对象，然后按 Enter 键或鼠标右键即可删除选择的对象。还可以通过点击键盘的[Delete]键来删除对象。

(3) 复制

选择"修改"/"复制"命令（COPY），或在功能区的"修改"面板中单击"复制"按钮，选择需要复制的对象，然后指定位移的基点和位移矢量（相对于基点的方向和大小），可将已有的对象复制出副本，并放到指定的位置，"复制"命令可以同时创建多个副本。

(4) 镜像

选择"修改"/"镜像"命令（MIRROR），或在功能区的"修改"面板中单击"镜像"按钮，选择要镜像的对象，然后通过两点指定镜像线，可将对象以镜像线对称复制。

(5) 偏移

选择"修改"/"偏移"命令（OFFSET），或在功能区的"修改"面板中单击"偏移"按钮，指定偏移的距离，再选择对象，然后指定偏移的方向即可偏移选择对象。常利用"偏移"命令的特性创建平行线、绘制地形图或等距离分布图形。

(6) 阵列

选择"修改"/"阵列"，或在功能区的"修改"面板中单击"阵列"按钮，AutoCAD 2014 有 3 种阵列方式可供选择，它们分别是矩形阵列（ARRAYRECT）、路径阵列（ARRAYPATH）和环形阵列（ARRAYPOLAR）。其中矩形阵列方式复制对象如

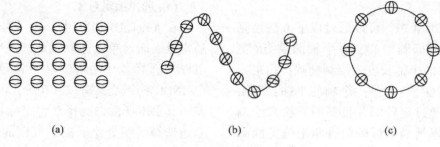

图 12-4 阵 列
(a)矩形阵列 (b)路径阵列 (c)环形阵列

图 12-4(a)所示,路径阵列方式复制对象如图 12-4(b)所示,环形阵列方式复制对象如图 12-4(c)所示。

(7)移动

选择"修改"/"移动"命令(MOVE),或在功能区的"修改"面板中单击"移动"按钮,选择要移动的对象,然后指定位移的基点和位移矢量来移动对象。

(8)旋转

选择"修改"/"旋转"命令(ROTATE),或在功能区的"修改"面板中单击"旋转"按钮,选择要旋转的对象,指定旋转的基点,命令行将显示"指定旋转角度或[复制(C)参照(R)]<O>"提示信息,直接输入角度值,对象将绕基点转动该角度,角度为正时逆时针旋转,角度为负时顺时针旋转。

(9)缩放

选择"修改"/"缩放"命令(SCALE),或在功能区的"修改"面板中单击"缩放"按钮,可以将对象按指定的比例因子相对于基点进行比例缩放。

(10)修剪

如果图形对象超过某界线,需修剪时,选择"修改"/"修剪"命令(TRIM),或在功能区的"修改"面板中单击"修剪"按钮,可以以某一对象为基准,修剪其他对象。默认情况下,选择被修剪的对象,系统将以剪切边为界,将被剪切对象上位于拾取点一侧的部分剪切掉。

(11)延伸

选择"修改"/"延伸"命令(EXTEND),或在功能区的"修改"面板中单击"延伸"按钮,可以延长指定的对象与另一对象相交。延伸命令的使用方法和修剪命令的使用方法相似。

(12)倒角

若要对图形对象倒角时,选择"修改"/"倒角"命令(CHAMFER),或在功能区的"修改"面板中单击"倒角"按钮,选择进行倒角的两条相邻直线,然后按指定的倒角大小对这两条直线修倒角。

(13)圆角

选择"修改"/"圆角"命令(FILLET),或在功能区的"修改"面板中单击"圆角"按钮,选择要进行圆角处理的两条直线(非平行线),则会按照指定的圆角半径大小对这两条直线倒圆角。

(14)打断

对象需部分删除或分解时,选择"修改"/"打断"命令(BREAK),或在功能区的"修改"面板中单击"打断"按钮,在需要打断的直线上拾取两点,这两点间的线段被删除。如果对圆、矩形等封闭图形使用打断命令时,AutoCAD 将沿逆时针方向把第一断点到第二断点之间的那段圆弧或直线删除。

如果在确定第二个打断点时,在命令行输入"@"并回车,可以使第一和第二断点重合,即将对象一分为二。

(15)打断于点

或在功能区的"修改"面板中单击"打断于点"按钮,可以将对象在一点处断开成两个对象,它是从"打断"命令中派生出来的。

(16)合并

如果多个图形对象需要合并时,选择"修改"/"合并"命令(JOIN),或在功能区的"修改"面板中单击"合并"按钮。选择需要合并的对象,按[Enter]键即可将这些对象合并成一个图形对象。注意,合并的前提条件是所选对象能够合并成一条直线、一段圆弧或一个圆。

(17) 分解

由多个图形对象组成的组合对象，如块、矩形、多段线和正多边形等，有时需要对单个图形进行编辑，就需要先将图形分解开。选择"修改"/"分解"命令(EXPLODE)，或在功能区的"修改"面板中单击"分解"按钮，选择需要分解的对象后按[Enter]键，即可将选中的图形对象分解成多个单独的图形对象。

12.2.3 块和图案填充

园林工程制图中，常常需要绘制一些重复出现的复杂图形，如树木和花坛等。AutoCAD 提供的"块"和"图案填充"命令，可方便地绘制与编辑这些较为复杂的图形和图案。

(1) 创建与编辑块

块是一个或多个对象组成的对象集合，具有特定的名称和属性。使用块可提高作图效率，节省存储空间。

①创建块　选择"绘图"/"块"/"创建"，执行 BLOCK 命令，打开"块定义"对话框，可将已绘制的对象创建为块。

②插入块　选择"插入"/"块"命令，可按照一定的比例与旋转角度插入块。

③存储块　使用 WBLOCK 命令可以将块以文件的形式写入磁盘，供其他的图形引用，也可以单独打开。

④创建带属性的块　属性是块中的文本信息，它只有和图块联系在一起才有用处。一般先绘制构成图块的实体图形，然后选择"绘图"/"块"/"定义属性"来给图块定义属性，最后执行 BLOCK 或 WBLOCK 命令将图形和属性一起定义成图块。

⑤块编辑器　园林工程图中，有时要在整个图形中创建一个块并复制很多个，AutoCAD 提供了方便修改的块编辑器，只需编辑其中一个块，整个图形中的所有相同的块都会得到修改。选中需要编辑的块，单击右键，在下拉菜单中选择"块编辑器"，就可对块进行编辑。

(2) 图案填充

将图案填充至某个区域，以表达该区域的特征，称为图案填充。在园林工程图中，图案填充的应用非常广泛。

选择"绘图"/"图案填充"命令(BHATCH)，或在功能区的"绘图"面板中单击"图案填充"按钮，显示"图案填充和渐变色"对话框的"图案填充"选项卡，如图 12 - 5 所示。

①类型和图案　设置图案填充的类型和图案本身的样式。

②角度和比例　可根据需要设置填充图案的角度，默认旋转角度为零。当图案填充时，有时不能显示或过于密集，可通过修改图案填充时的比例值进行调整。

③边界　设置被填充图案的边界。点击"拾取点"按钮，将切换到绘图窗口，在需要填充的区域内任意指定一点，系统会自动计算出包围该点的封闭填充边界，同时亮显该边界。点击"选择对象"按钮，将切换到绘图窗口，直接选择填充区域的边界。

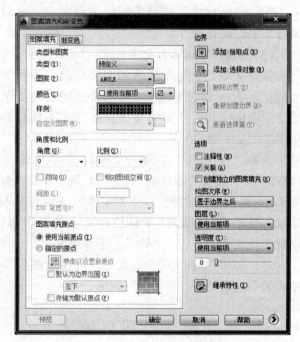

图 12 - 5　图案填充对话框

12.2.4 文字注写

文字普遍存在于园林工程图中，如施工要求、材料说明、明细表等。

(1)创建文字样式

AutoCAD 2014 默认使用当前的文字样式,也可以根据具体要求重新设置文字样式或创建新的样式。文字样式包括文字"字体""大小""效果"等参数。

选择"格式"/"文字样式",打开"文字样式"对话框,用于创建一种新的文字样式,或对一种已经存在的文字样式进行修改。

(2)创建和编辑单行文字

在 AutoCAD 2014 中,单行文字用于创建文字内容较简短的文字对象,每一行都是一个文字对象,可进行单独编辑。

选择"绘图"/"文字"/"单行文字"命令(DTEXT 或 TEXT),或在功能区的"注释"面板中单击"单行文字"按钮,可创建单行文字对象。默认情况下,通过指定单行文字行基线的起点位置创建文字。如果当前文字样式的高度设置为0,系统将要求指定文字高度和旋转角度,最后输入文字即可。在绘图窗口中双击要编辑的单行文字,可对单行文字的内容进行编辑。

(3)创建和编辑多行文字

多行文字是更易于管理的文字对象,各行文字都是作为一个整体处理,常用于创建较为复杂的文字说明。相对于单行文字,多行文字具有非常强大的文字编辑功能。

选择"绘图"/"文字"/"多行文字"命令(MTEXT),或在功能区的"注释"面板中单击"多行文字"按钮,在绘图窗口中指定多行文字的输入区域,打开"文字格式"工具栏和文字输入窗口,设置多行文字的样式、字体及大小等属性。

多行文字的编辑同单行文字,可在绘图窗口中双击要编辑的多行文字进行编辑。

12.3 标注尺寸与图形输出

AutoCAD 2014 提供了多种标注工具,以方便快捷的标示图形的尺寸值。可以满足园林工程图纸中各种类型尺寸标注的要求。

12.3.1 尺寸的标注方法

对园林工程图进行尺寸标注,首先要建立符合园林制图标准的尺寸标注样式,然后使用尺寸标注命令进行标注。

12.3.1.1 建立标注样式

选择"格式"/"标注样式"命令,打开"标注样式管理器"对话框,单击"新建"按钮,在打开的"创建新标注样式"对话框中设置了新样式的名称、基础样式和使用范围后,单击"继续"按钮,弹出如图 12-6 所示的"新建标注样式"对话框。该对话框中有7个选项,可按照国家制图标准创建标注中的尺寸线、符号和箭头、文字、单位等内容。

图 12-6 "新建标注样式"对话框

12.3.1.2 尺寸标注命令

AutoCAD 2014 中的尺寸标注命令可归纳为以下3类:长度型尺寸标注;半径(直径)标注、圆心标注和角度标注;其他类型的标注。

(1)长度型尺寸标注

长度型尺寸标注用于标注图形中两点间的长度。长度型尺寸标注包括线性标注、对齐标注、弧长标注、基线标注和连续标注等。可选择"标注"菜单中的"线性""对齐"与"弧长"等命令进行标注。

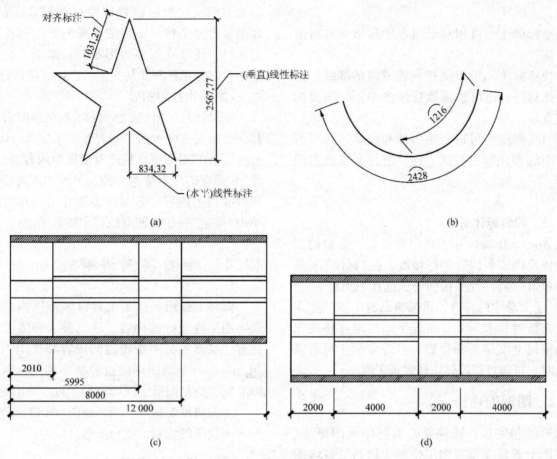

图 12-7 长度型尺寸标注
(a)线性标注和对齐标注 (b)弧长标注 (c)基线标注 (d)连续标注

①线性标注 可创建用于标注用户坐标系 XY 平面中的两点之间的距离测量值,并通过指定点或选择一个对象来实现,分为水平标注和垂直标注等。如图 12-7(a)所示。

②对齐标注 在对直线段进行标注时,如果该直线的倾斜角度未知,那么使用线性标注方法将无法得到准确的测量结果,这时可以使用对齐标注。如图 12-7(a)所示。

③弧长标注 可标注圆弧线段或多段线圆弧线段部分的弧长。当指定了尺寸线的位置后,系统将按实际测量值标注出圆弧的长度。另外,如果选择"部分(P)"选项,可标注选定圆弧某一部分的弧长。如图 12-7(b)所示。

④基线标注 可创建一系列由相同的标注原点测量出来的标注。在进行基线标注之前须先创建(或选择)一个线性、坐标或角度标注作为基准标注,然后执行基线命令进行标注。如图 12-7(c)所示。

⑤连续标注 可创建一系列端对端放置的标注,每个连续标注都从前一个标注的第二个尺寸界线处开始。在进行连续标注之前,必须先创建(或选择)一个线性、坐标或角度标注作为基准标注,以确定连续标注所需要的前一尺寸标注的尺寸界线,然后进行标注。如图 12-7(d)所示。

(2)半径(直径)标注、圆心标注和角度标注

可以使用"标注"菜单中的"半径""直径"与"圆心"命令,标注圆或圆弧的半径尺寸、直径尺寸及圆心位置。角度标注可标注圆和圆弧的角度、两条直线间的角度,或者三点间的角度。

(3)其他类型的标注

可选择"标注"菜单中的"坐标""快速标注"与"引线"等命令,进行坐标标注、快速标注和引线标注等。

①坐标标注　可相对于用户坐标原点进行坐标标注。

②快速标注　可以快速创建成组的基线、连续、坐标标注，也可快速地标注多个圆、圆弧的半径或直径。

③引线标注　可以创建引线和注释，并且可以设置引线和注释的样式，还可进行形位公差的标注。

12.3.1.3 编辑标注对象

在 AutoCAD 2014 中，可以对已标注对象的文字、位置及样式等内容进行修改。在"标注"工具栏中，单击"编辑标注"按钮，或选择"标注"/"对齐文字"子菜单中的命令，可编辑已有标注的文字内容及其放置位置。默认情况下，可通过移动光标来确定尺寸文字的新位置。当许多标注对象需要修改时，可通过修改标注样式来实现。

12.3.2 图形的输出

图形绘制完后，通常要输出打印到图纸上。输出打印设置首先要在图纸空间中进行，打印的图形可以包含图形的单一视图，或者更为复杂的视图排列。

(1) 图纸空间布局

布局是一种图纸空间环境，一个布局代表一张可以使用一种或多种比例显示视图的图纸，并提供直观的打印设置。

①创建布局　默认情况下，绘图区域左下角已有两个布局选项卡，在其中一个上单击右键菜单，选择"新建布局"可新建一个布局，还可根据制图的需要新建多个布局。

②设置布局　点击布局选项卡右键菜单中的"页面设置管理器"，在弹出的对话框中选择"新建"或"修改"按钮，可以新建或修改页面设置。

③创建布局视口　一般应为视口设置专门的图层，如将视口图层关闭，则视口边界不再显示。将视口图层设置为当前图层，单击视口工具栏上的单个视口图标，在图纸范围内拉出一个新的视口，里面将显示整个图形，在视口内双击，进入模型空间，在比例设置框中可选择合适的比例。如果需要多个视口，则按同样的方法可再建立新的视口，还可绘制多边形视口。最后，在图纸空间中绘制标题栏并注写文字后，便可进行打印。

(2) 输出打印图形

安装好打印机(或绘图仪)并在绘图窗口中选择一个布局选项卡后，选择"文件"/"打印"命令打开"打印"对话框。打印对话框中内容与"页面设置"对话框的内容基本一致，另外，需要设置打印份数等相关内容。各部分设置完后，在对话框中单击"确定"按钮，便可以打印图形了。

12.4　绘图实例讲解

园林工程图表达了工程区域范围内总体设计及各项工程设计的内容、施工要求和施工做法等内容。虽然各类图纸表达的内容和作用不同，但用 AutoCAD 绘制图形的过程基本相同，即设置绘图环境、绘制图形、图纸布局、打印输出等。

下面通过绘制某广场平面图(图 12-8)，说明园林工程图的绘制方法和步骤。

12.4.1 设置绘图环境

绘制广场平面图之前，首先新建一个名为"总平面图"的图形文件，然后进行单位、图层、文字样式等的设置。

(1) 设置绘图单位

选择菜单"格式"/"单位"命令(UNITS)，弹出"图形单位"对话框，将精度设置为"0.00"，缩放单位为"米"，单击"确定"完成设置。

园林工程总平面图通常面积较大，绘制单位可采用"米"，精度设置为"0.00"。尽量采用 1:1 的比例因子绘图，这样所有的图形都可以以真实大小来绘制，只是在打印输出时将图形按图纸大小进行缩放。但对于建筑小品的施工图，如广场的花架施工详图一般采用"毫米"为单位，精度设置为"0"。

(2) 设置图层

选择"格式"/"图层"命令(LAYER)，打开"图层特性管理器"对话框，根据广场平面图的设

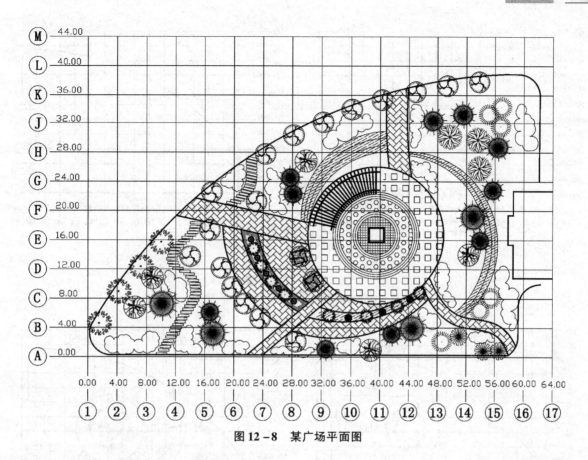

图 12-8 某广场平面图

计内容,建立网格、广场、道路、建筑小品、铺装填充、植物、文字等图层,并设置图层特性。线型默认为 Continuous,其中道路和建筑轮廓可适当加粗,有些图层可随用随建。

(3) 设置文字样式

选择"格式"/"文字样式"命令(STYLE),根据相关制图标准,创建文字样式。

12.4.2 绘制图形

为保证绘图的准确性,需根据广场平面图提供的尺寸进行范围放线,然后绘制各造景要素。

12.4.2.1 范围放线

根据广场的大小设置网格单位为 4m×4m。将"网格"图层设置为当前,点击"直线"命令绘制长为 64m 的水平线和长为 44m 的垂直线,两条线相交在左下位置;然后用矩形阵列命令,将垂直线向右阵列,水平线向上阵列线形成网格。

在图样的下方与左侧标注定位轴线编号,横向编号用阿拉伯数字 1~17 从左至右顺序编写,竖向编号用大写拉丁字母 A~N,从下至上顺序编写,如图 12-9(a)所示。最后将广场轮廓绘制在网格的适当位置,如图 12-9(b)所示。

12.4.2.2 绘制图形

广场内容主要有中心广场、道路、建筑小品、花坛绿篱等,可将这些图形分别逐层绘制。

(1)中心广场

将"广场"图层设置为当前,确定中心广场圆心的位置(距离右侧建筑边缘和广场下边界分别为 18m 和 16.5m),绘制半径为 10m 的圆形广场。再用"偏移"命令,将圆连续偏移 7 次,偏移数值分别为 4、4.3、4.6、4.9、8、8.3、8.6,偏移方向为内侧,依次形成外侧环形广场、4 级台阶、下沉环形广场、3 级台阶及内侧的上升圆形广场。最后用矩形命令绘制内侧圆形广场的雕塑基座,如图 12-10(a)所示。

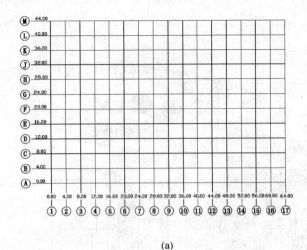
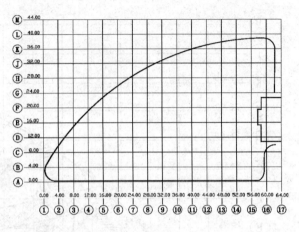

图 12-9 范围放线
(a)绘制网格 (b)绘制广场轮廓

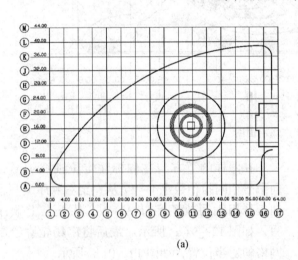
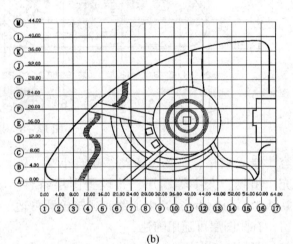

图 12-10 绘制广场和道路
(a)绘制中心广场 (b)绘制道路

(2)道路

将"道路"图层设置为当前。依据网格确定道路曲线的控制点,点击"样条曲线"命令绘制道路的一条边,使用偏移命令得到道路的另一条边,其中偏移距离根据道路的宽度决定。至于绘制由长方形石板组成的步石,首先用矩形命令绘制一个石板,然后沿路线复制而成。另外,道路和广场上的圆形和矩形花坛轮廓可用矩形和圆命令绘制,放到相应的位置。绘制结果如图 12-10(b)所示。

(3)建筑小品

将"建筑小品"图层设置为当前。广场上的建筑小品主要是弧形花架,可在空白处绘制完成,然后移到广场的适当位置。

弧形花架平面图形是由直线和圆弧组成。首先绘制其中的直线,以广场圆心为一端点,画长为 9.3m 的垂线,从上端截取 3.6m 作为矩形的长,以宽为 0.1m 画矩形,如图 12-11(a)所示。以"项目总数"为 25,"填充角度"为 78 环形阵列该矩形,效果如图 12-11(b)所示。

然后绘制其中的圆弧,以广场圆心为圆心,分别以 8.7m 和 6.2m 为半径画圆,如图 12-11(c)所示。在圆上用直线截取弧长分别为 12.88m 和 9.5m 的圆弧并与矩形相交,再用剪切命令将其

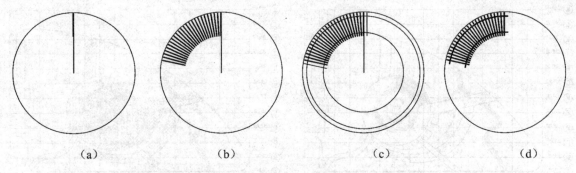

图 12-11 花架平面绘制过程
(a)过圆心作辅助垂线 (b)阵列矩形 (c)绘制花架圆弧 (d)绘制花架完成

余圆弧剪掉。用偏移命令分别将两弧向外偏移 0.1m,去掉辅助垂线后花架平面图绘制完成,如图 12-11(d)所示。最后选取花架,复制到广场的适当位置,如图 12-13(a)所示。

与此同时,为了给将来绘制花架施工详图做准备,将花架以毫米为单位标注尺寸,如图 12-12 所示,然后复制到文件名为"花架施工详图"的新建文件中并保存。

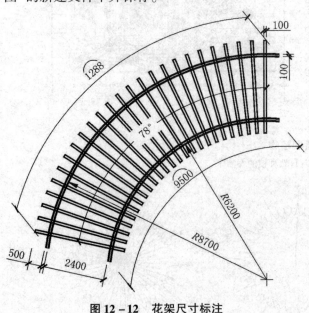

图 12-12 花架尺寸标注

(4)铺装填充

广场平面图中道路和广场需要填充铺装图案。首先将"填充"图层设置为当前,然后使用多段线命令重新绘制需填充的边界,并使其闭合。点击"图案填充"命令,根据不同的铺装材料选择合适的填充图案和比例,分别填充广场和道路的铺装图案,如图 12-13(b)所示。

(5)植物

将"植物"图层设为当前。广场种植形式主要有规则式绿篱和自然式种植的乔灌木,可在空白处绘制完成,然后移到广场的适当位置。

规则绿篱主要以圆弧的形状出现,确定圆弧的圆心,画弧与道路相交得到绿篱外形,圆弧中间用不同的图案填充,表示绿篱的植物种类不同。如图 12-14(a)所示。

对于自然式种植的乔木,首先绘制好单株乔木的图例,然后将各个图例移放至合适的位置。这里以雪松图例为例,说明植物图例的绘制方法。

首先绘制树木的部分树叶,如图 12-15(a)所示。对已绘制的部分树叶进行环形阵列,于"项目总数"文本框中输入 12,"填充角度"文本框中输入 360,环形阵列效果如图 12-15(b)所示。再以中心点为一端绘制一线段作为雪松的枝干,如图 12-15(c)所示。以同一个中心点阵列,于"项目总数"文本框中输入 48,"填充角度"文本框中输入 360,绘制效果如图 12-15(d)所示。

图例绘制完后并不是一个整体;为选取和复制方便,可将雪松图例创建成名为"雪松"的块。

用同样的方法绘制"榉树""樱花""金枝槐""丁香""紫薇"等图例并创建成块,插入到图形中的相应位置。插入过程中可根据树木的大小设置适合的缩放比例。

对于自然式种植的灌木,用修订云线命令即可按照大小灵活绘制。绘制结果如图 12-14(b)所示。

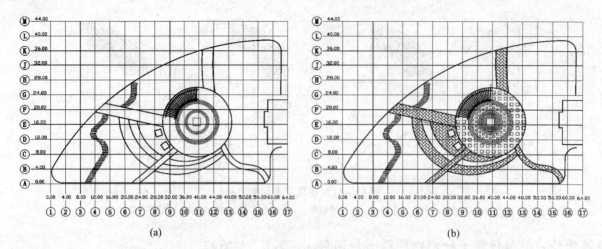

图 12-13 绘制建筑小品和铺装填充
(a)绘制建筑小品 (b)铺装填充

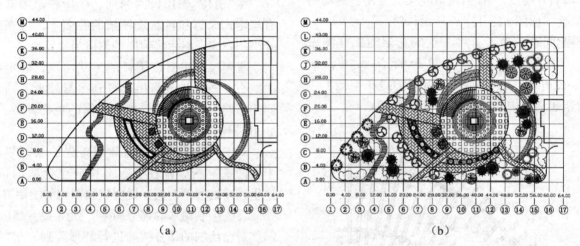

图 12-14 绘制植物
(a)绘制规则绿篱 (b)绘制自然种植的乔灌木

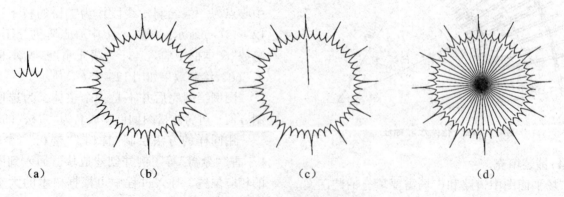

图 12-15 绘制雪松图例

12.4.2.3 绘制图框、标题栏

将图框和标题栏绘制成一个外部块，就可在图形文件中随意调用，这种方法经常用到。

(1) 绘制图框和标题栏

首先按国家标准绘制图框和标题栏，再用文字命令输入标题栏中的固定文字，在标题栏中需要每次修改内容的格子添加一条对角斜线。以后其他图纸要引用该标题栏时，只需在对角斜线标示的格子中填入相应内容即可。有时为方便对标题栏内容的修改，也可将标题栏中需要经常变化内容的单元格定义属性。

(2) 存储块

执行 WBLOCK 命令打开"写块"对话框。点击"基点"选项里的"拾取点"按钮，选择图框左下角点，点击"选择对象"按钮，将图框和标题栏全部选择结合成块，并保存到相应的位置以备使用。

(3) 插入和编辑图框

当要使用图框和标题栏时，执行"插入"/"块"命令，确定适当的比例与旋转角度，即可为当前图纸插入图框和标题栏。

12.4.2.4 创建布局

广场平面图绘制好后，图形将以1：100的比例打印在 A1 图纸上。图形打印前首先要进入图纸空间布局，单击"布局1"选项卡，打开"页面设置管理器"后选择新建布局，进入"页面设置"对话框。确定好各项参数后进入图纸空间，在图纸上自动生成一个视图窗口，模型空间中的图形在窗口中显示，这个窗口称为视口。选中视口边界将其删除，插入"图框和标题栏"图块。

在"视口"工具栏中单击"单个视口"图标，按照图纸的大小新建一个视口，则图形显示在视口中，在视口工具栏中调整视图比例为10：1。将鼠标移到视口区域内双击，进入浮动模型空间，用实时平移工具将图形调整好位置，然后将鼠标移到视口区外双击，退出浮动模型空间。

将"文字"图层置为当前图层，为避免文字图层和图形的比例出现混乱，在布局中直接添加说明文字、标题等内容，而且按图纸要求1：1书写。

将预先绘制的指北针图块插入到图形中，图纸布局结果如图 12-16 所示。

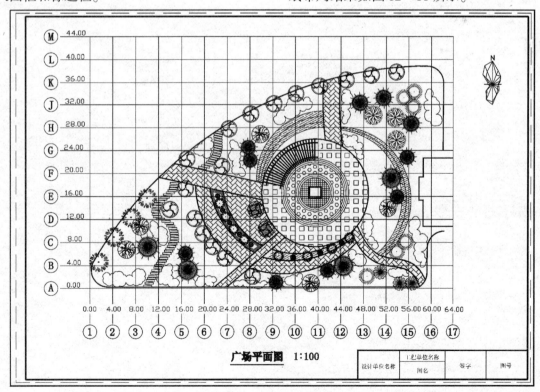

图 12-16　图纸空间布局

小　结

AutoCAD 2014 是当前应用最为普及的计算机设计与绘图软件。本章从其软件界面和基本操作方法入手，较为系统地介绍了二维图形的绘制与编辑方法，块与图案填充的相关内容，对文字注写和标注尺寸也做了较为详细的叙述，同时也简要介绍了图形打印输出的基本方法。最后，通过某广场平面图的实例讲解，阐述了绘制园林工程图的一般步骤与方法。

思考题

1. 常用的选取对象的方法有哪些？它们各自的特点是什么？
2. 简述块命令的创建、编辑和使用方法，如何用块命令制作植物图标？
3. 二维图形常用的编辑命令有哪些？如何操作？
4. 定距等分和定数等分的区别是什么？园林工程图在什么情况下可运用这两种方法？
5. 怎样创建一个新的布局？打印输出的一般方法是什么？

建筑设计说明

一. 本设计为××公园售卖亭。
二. 建筑耐久年限：二级；建筑物抗震设防烈度：8度；建筑物耐火等级：四级。
三. 面积指标：建筑面积22.1m^2；木廊架面积13.7m^2；总建筑面积：35.8m^2。
四. 建筑层数：一层。
五. 结构形式：砖混。
六. ±0.000 相对于绝对标高值现场定。
七. 尺寸单位：标高尺寸以米为单位，其余以毫米为单位。
八. 设计依据：甲方同意之设计方案。
国家及省市现行的有关法规规范。

九. 本设计不含二次装修设计，仅给出尺度、材料、色彩等要求；二次装修设计与设计院协商确定后，方可进行实施，以确保室内外设计风格的统一。
十. 彩钢门窗应选择有相应设计、生产、施工资质的企业进行设计、制作、安装。
十一. 钢筋混凝土墙体定位尺寸以结施图为准。
十二. 未标注墙体厚度均为240轴线居中。
十三. 装饰木梁为防腐实木梁。
十四. 本工程在施工前须先进行场地勘察。
十五. 设计未尽事宜多方协商解决。

建筑用料说明

详见陕02J01《建筑用料与作法》

项目	适用范围	类别	编号	附注
散水	建筑物四周	细石混凝土散水	散3	散水宽900
墙身防潮层	墙身	防水砂浆防潮层	潮1	
外墙	外墙1	贴面砖墙面	外22	砖红色三色砖
室内地面	全部	铺地砖地面	地29	褐色面砖 规格600×600
踢脚板	全部	与地面材料同	踢1、踢19	高120
内墙面	全部	油漆、乳胶漆墙面	内17	白色
顶棚	全部	板底乳胶漆底棚	棚6	白色
屋面	全部	卷材自带保护层屋面	屋II4(A150)	
台阶	全部	混凝土台阶	台1	混凝土灰色

门窗表

类别	编号	洞口尺寸	樘数	采用标准图集及代号		备注
		（宽×高）	总数	图集代号	编号	
彩钢窗	CGC-1	650×2100	1			见详图
彩钢窗	CGC-2	2700×1400	1	陕02J06-5	ZTC-12	
彩钢窗	CGC-3	1500×1400	1	陕02J06-5	TC-17	
彩钢门	M1	1000×2100	1	陕02J06-5	PM2-27	
夹板门	M2	1000×2100	1	陕02J06-1	M9-1021	

门窗说明：
平开内门立樘与开启方向墙面平。

××建筑设计有限责任公司						工程名称	×××公园景观设计	工程号	
项目负责	项目负责		专业负责	专业负责		建设单位		图别	建筑
专业审定	审定人		设计	设计人		图名	建筑设计说明、门窗表、用料说明	图号	建施—01
校对	校对人		制图	制图人				日期	X年X月X日

附图 I －1　建筑施工图设计说明

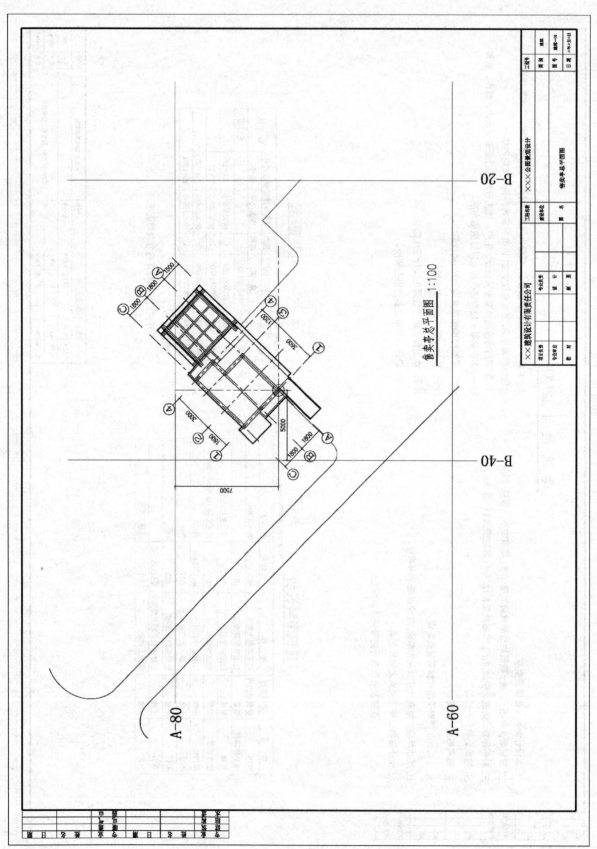

附图Ⅰ-2 建筑施工图总平面图

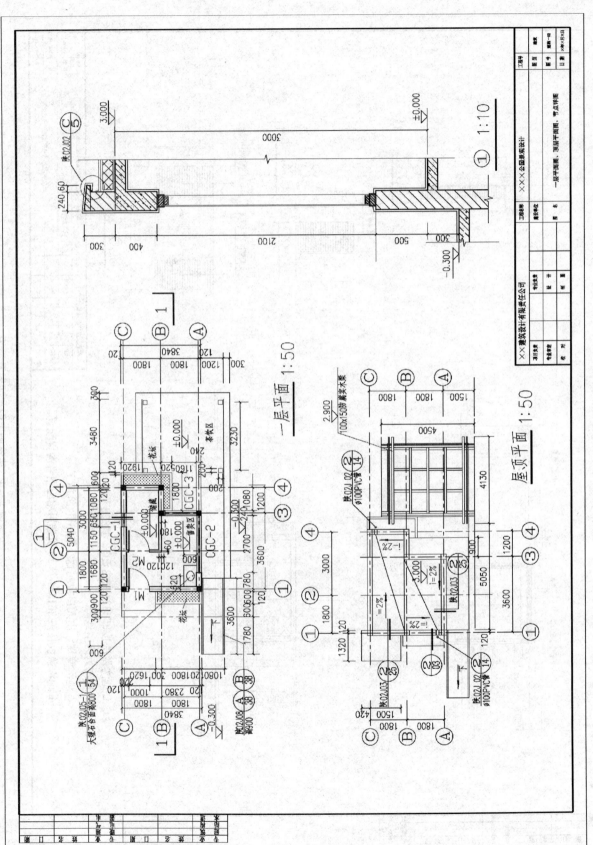

附图 I-3 建筑施工图平面图

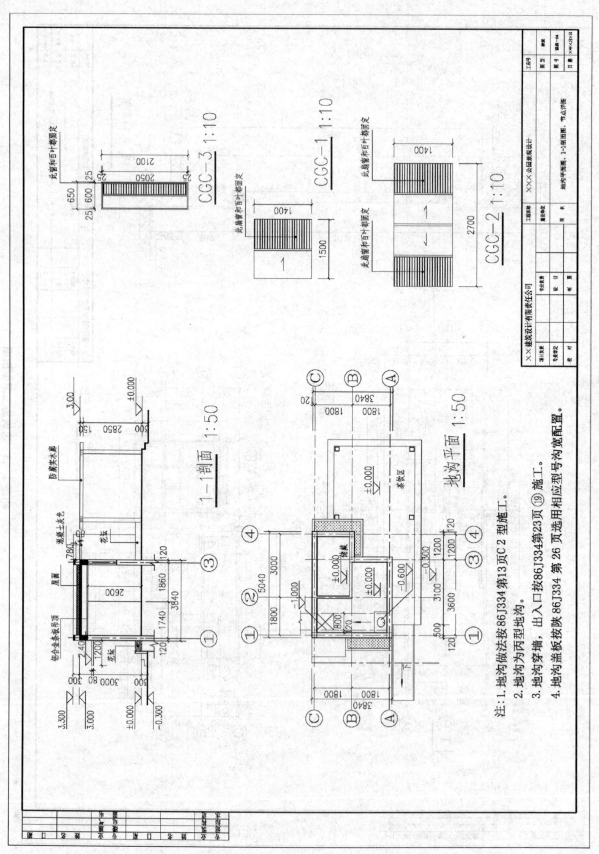

附图 I-4 建筑施工图剖面图及详图

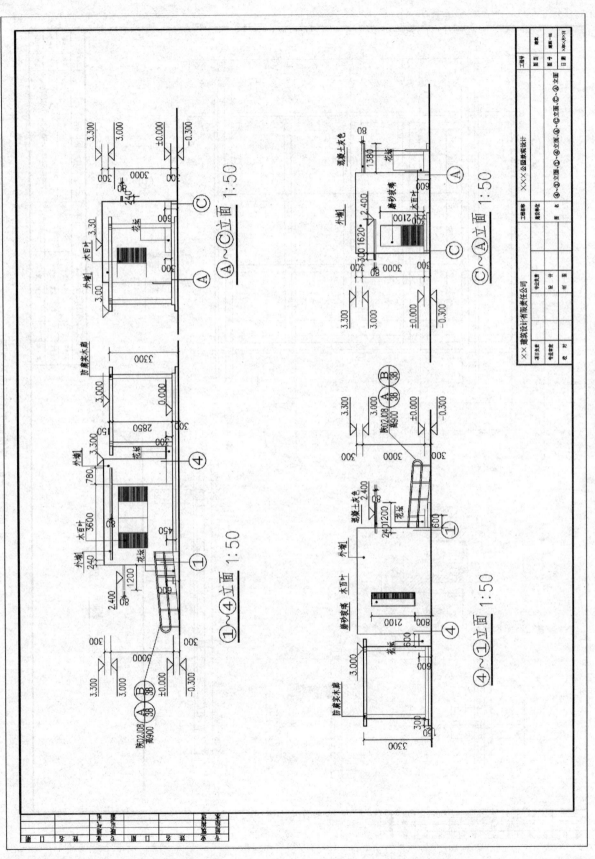

附图Ⅰ-5 建筑施工图立面图

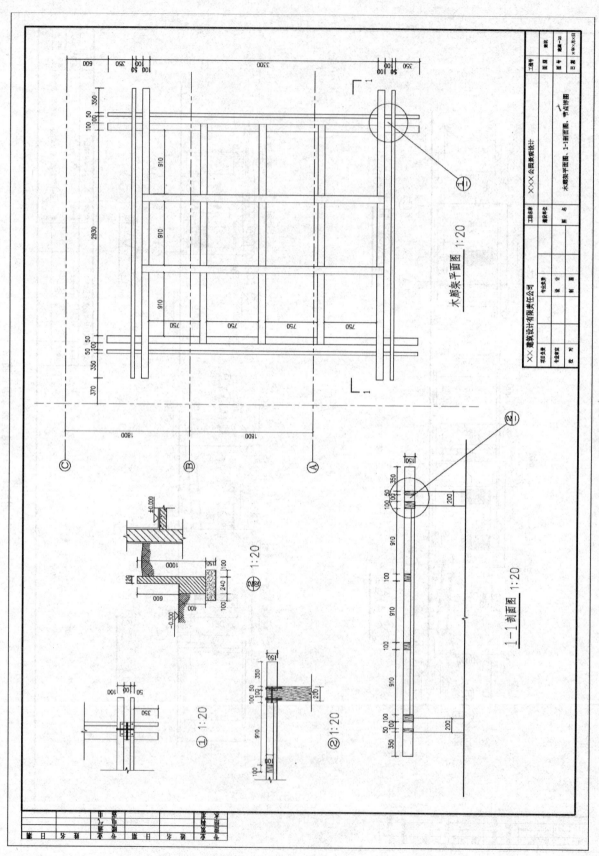

附图Ⅰ-6 建筑施工图平面及详图

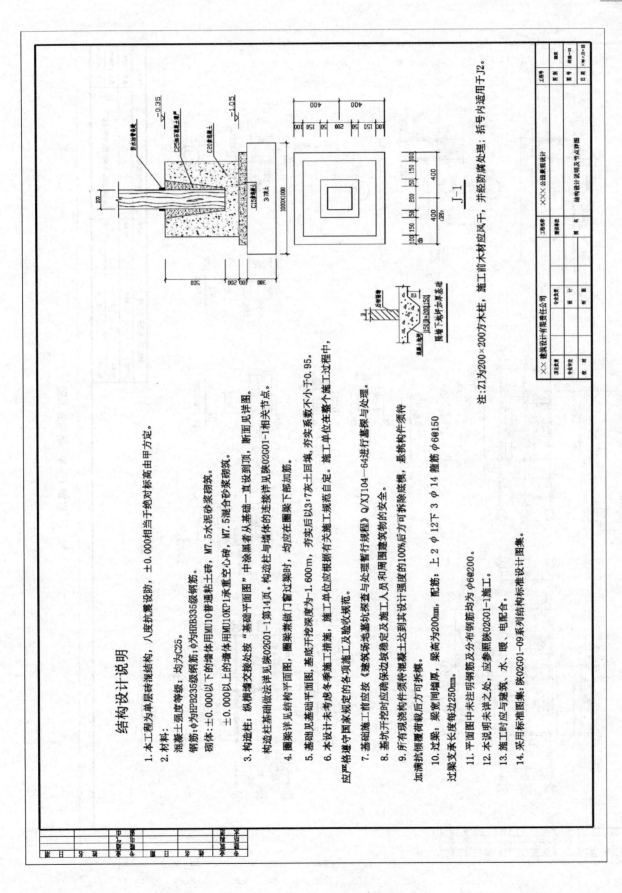

附图 Ⅰ-7 结构施工图设计说明

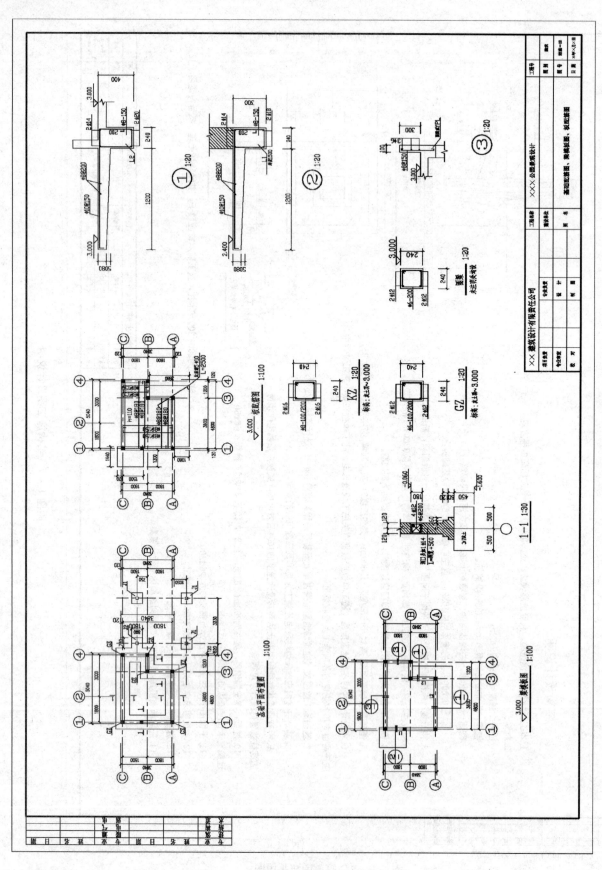

附图Ⅰ-8 结构施工图

附录二

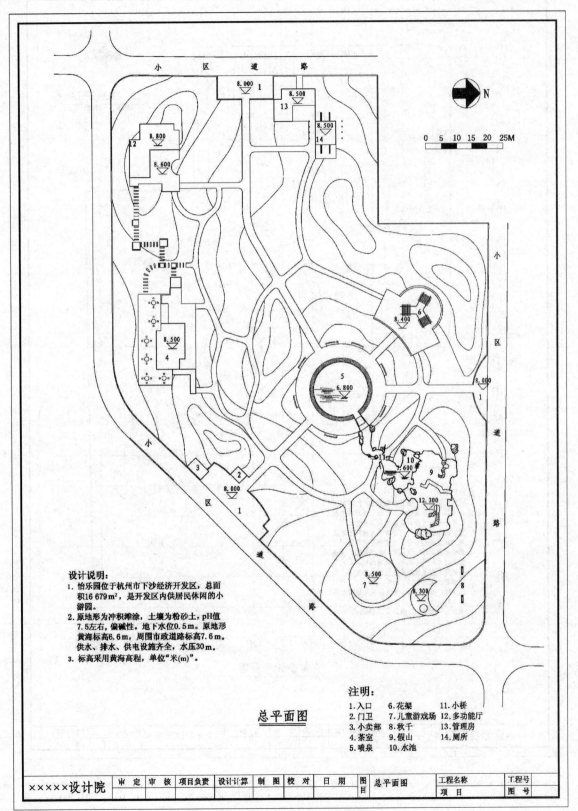

附图 II-1 某游园总平面图

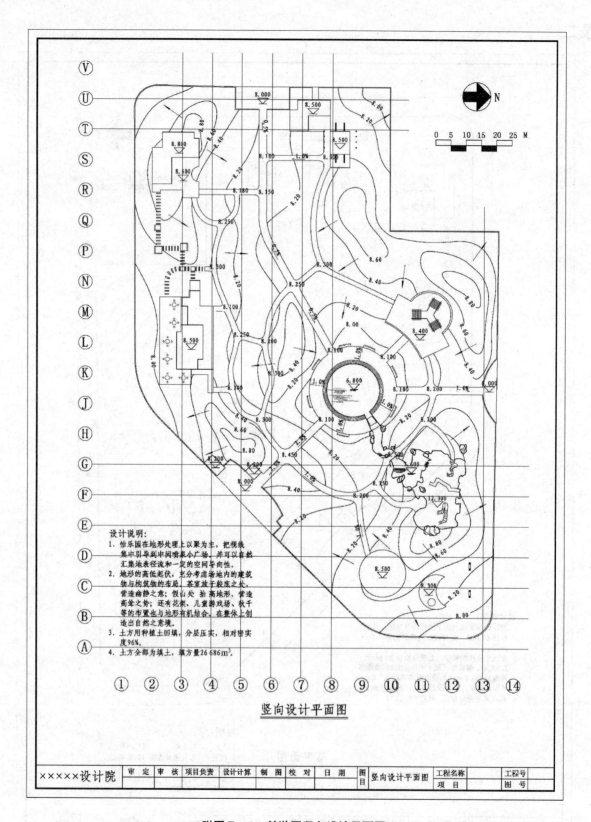

附图Ⅱ-2　某游园竖向设计平面图

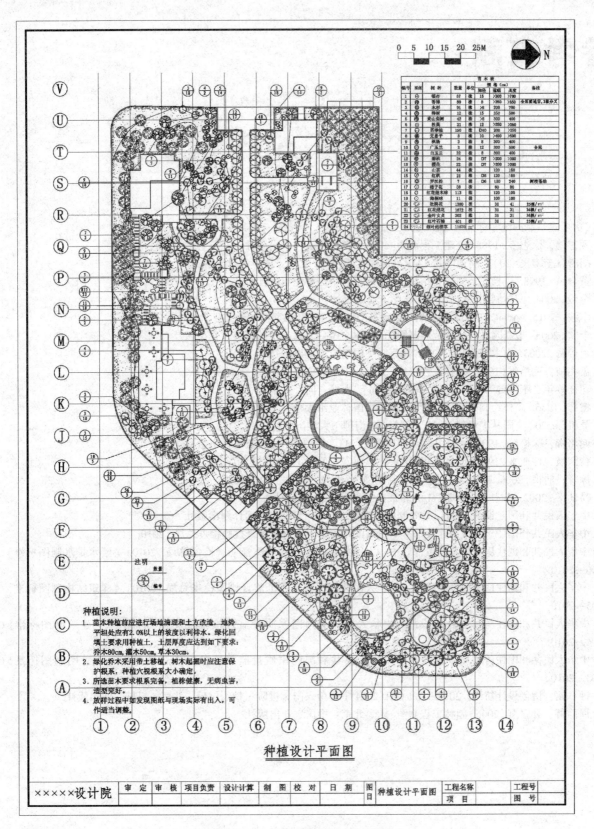

附图 II-3 某游园种植设计平面图

参考文献

《房屋建筑制图统一标准》GB/T 50001—2010.
顾善德，徐志宏.1988.土建工程制图[M].上海：同济大学出版社.
胡腾，李增民.2007.精通 AutoCAD 2008 中文版[M].北京：清华大学出版社.
黄金锜.1998.风景建筑构造与结构[M].北京：中国林业出版社.
金煜.2004.园林制图[M].北京：化学工业出版社.
李波.2015.AutoCAD2014园林景观设计技巧精选[M].北京：电子工业出版社.
李欣.2008.最新园林设计规范与制图标准图集[M].北京：中国科技文化出版社.
卢传贤.2003.土木工程制图[M].北京：中国建筑工业出版社.
孟兆祯，毛培琳.1996.园林工程[M].北京：中国林业出版社.
司徒妙年，李怀健.2001.土建工程制图[M].上海：同济大学出版社.
檀馨.1986.怎样绘制园林图[M].北京：中国林业出版社.
吴机际.2004.园林工程制图[M].广州：华南理工大学出版社.
谢培青，徐松照.1986.画法几何与阴影透视[M].北京：中国建筑工业出版社.
行淑敏，穆亚平.1994.园林工程制图[M].西安：西北工业大学出版社.
徐峰，曲梅.2006.AutoCAD 辅助园林制图[M].北京：化学工业出版社.
易幼平.2002.土木工程制图[M].北京：中国建材工业出版社.
中华人民共和国建设部.2003.建筑制图标准汇编[M].北京：中国计划出版社.
中华人民共和国住房和城乡建设部.中华人民共和国国家质量监督检验检疫总局.2010.
中华人民共和国住房和城乡建设部.中华人民共和国国家质量监督检验检疫总局.2010.《给水排水制图标准》GB/T 50106—2010.
中华人民共和国住房和城乡建设部.中华人民共和国国家质量监督检验检疫总局.2010.《建筑结构制图标准》GB/T 50105—2010.
中华人民共和国住房和城乡建设部.中华人民共和国国家质量监督检验检疫总局.2010.《建筑制图标准》GB/T 50104—2010.
中华人民共和国住房和城乡建设部.中华人民共和国国家质量监督检验检疫总局.2010.《总图制图标准》GB/T 50103—2010.
钟日铭，博创设计坊组.2013.AutoCAD 2014 中文版入门·进阶·精通[M].北京：机械工业出版社.
周静卿，孙嘉燕.2006.园林工程制图[M].北京：中国农业出版社.